U0131741

高等院校计算机系列规划教材

Visual FoxPro 数据库技术及应用

曾碧卿　杨　滨　李国伟　主编

许烁娜　汪红松　陈赣浪　邓会敏　参编

机　械　工　业　出　版　社

本书根据全国计算机等级考试二级 Visual FoxPro 考试大纲要求，以 Visual FoxPro 6.0 为平台，介绍了数据库的操作和可视化程序设计方法。全书共分 12 章，主要内容有数据库基础及 Visual FoxPro 入门、数据及数据运算、数据表的设计与操作、数据库的设计、SQL 结构化查询语言、视图与查询、Visual FoxPro 的程序设计技术、表单设计技术、报表设计技术、菜单设计技术、系统开发实例。

本书可作为高等学校本、专科“Visual FoxPro 数据库应用”及相关课程的教材，也可作为全国计算机等级考试二级 Visual FoxPro 的辅导教材。

本书配有课后习题的参考答案课程电子教案和教案配套的示例文件，以及上机实验的源文件，方便读者的使用。

图书在版编目(CIP)数据

Visual FoxPro 数据库技术及应用/曾碧卿，杨滨，李国伟主编. —北京：机械工业出版社，2009.1
(高等院校计算机系列规划教材)
ISBN 978-7-111-25861-2

Ⅰ. V… Ⅱ. ①曾… ②杨… ③李… Ⅲ. 关系数据库－数据库管理系统，Visual FoxPro－高等学校－教材 Ⅳ. TP311.138

中国版本图书馆 CIP 数据核字（2009）第 010402 号

机械工业出版社（北京市百万庄大街 22 号 邮政编码 100037）
责任编辑：赵 轩
责任印制：杨 曦

北京外文印刷厂印刷

2009 年 2 月第 1 版·第 1 次印刷
184mm×260mm·18.25 印张·449 千字
0001—3000 册
标准书号：ISBN 978-7-111-25861-2
定价：30.00 元

凡购本书，如有缺页、倒页、脱页，由本社发行部调换
销售服务热线电话：(010)68326294 68993821
购书热线电话：(010)88379639 88379641 88379643
编辑热线电话：(010)88379753 88379739
封面无防伪标均为盗版

前　言

近年来，随着计算机技术的进步，数据库管理系统软件得到了快速的发展，Visual FoxPro 从 dBase、FoxBASE、FoxPro 发展至今，版本不断升级，功能也越来越强大。在数据操作方面，它基本具备了大型 SQL 数据库管理系统的特征，如视图、关联、数据字典、触发器、存储过程等；在数据库设计方面，它提供了各种数据库组件的设计向导；在程序设计方面，它可以像 VB、VC 等工具一样方便地进行可视化程序设计。使用 Visual FoxPro 可以方便地开发各类数据库应用系统，它是国内外流行的数据库程序设计工具之一。

本书语言简练，图文并茂，对 Visual FoxPro 6.0 的基础知识进行了详细全面的叙述，大量结合简单实用的例子，力求通过本教程学习后，读者能够充分掌握 Visual FoxPro 的基本知识和使用方法。

全书共分 12 章，大致上可以归纳为以下 6 部分内容。

第 1 ~3 章，主要介绍了数据库系统和数据模型的基本概念与知识，Visual FoxPro 的安装及简单操作方法，最后详细讲解了有关数据类型、常量与变量、函数、表达式等重要概念，是学好 Visual FoxPro 的基础。

第 4 ~6 章，主要讲解了 Visual FoxPro 数据表和数据库的基本操作，详细说明在交互方式下用户如何建立、维护和使用数据表及数据库；如何增删或修改表中的记录、统计汇总数据、按关键字排序；如何建立、修改和使用查询与视图等内容。该部分的内容主要涉及数据库管理方面的操作，让用户可以在不编写程序的情况下管理数据库。

第 7 章，主要介绍了关系数据库标准语言 SQL，描述了 SQL 语言的数据定义、数据操作方面的功能及用法，并列举了大量的实例加以讲解。用户掌握了 SQL 语言，就可以更加灵活方便地使用 Visual FoxPro 开发数据库应用系统。

第 8 章，主要介绍了程序设计的基本思想，顺序、分支和循环 3 种基本程序结构，过程、子程序的创建及使用方法，这部分是程序设计的基础。

第 9 ~11 章，主要介绍了面向对象可视化程序设计的概念、方法和术语。着重介绍了利用各种设计器设计表单、报表和菜单的方法和步骤。从某种意义上说，面向对象程序设计的关键就是对应用程序用户界面的设计，而组成用户界面的各种窗口和对话框则都是表单的不同表现形式，因而表单设计是该部分的重中之重。

第 12 章，提供了一个应用系统的开发实例，详细地介绍了开发一个基于数据库的应用系统所需要的各个阶段，其中包括需求分析阶段、数据库设计阶段、应用程序设计阶段、软件测试阶段、应用程序生成和发布阶段及运行维护阶段。该实例是对前面各章所讲述知识的综合应用。

本书由曾碧卿、杨滨、李国伟主编，陈赣浪、许烁娜、汪红松、邓会敏老师参与了编写了，并且得到胡绪英教授许多宝贵的意见和帮助，在此表示感谢。

本书可作为高等学校本、专科“Visual FoxPro 数据库应用”及相关课程的教材，也可作为全国计算机等级考试二级 Visual FoxPro 的辅导教材。

由于水平有限，时间仓促，书中疏漏之处在所难免，恳请读者批评指正。

编　者

目　　录

第 1 章　数据库基础理论

自从在 1946 年发明计算机后，计算机作为具有极高的速度、巨大的数据储存能力及各种算术运算和逻辑运算的现代化计算工具，已经被广泛地应用于社会各个领域。计算机技术的高速发展被认为是人类进入信息时代的标志。在信息时代，人们需要对大量的数据进行加工处理，在这一过程中应用数据库技术，一方面促进了计算机技术的高度发展，另一方面也形成了专门的数据库管理系统。从某种意义上说，数据库管理系统软件正是计算机技术和信息时代相结合的产物，它是信息处理或数据处理的核心，同时也是计算机科学一个重要分支。

1.1　数据库系统概述

1.1.1　数据管理技术的发展

数据库技术诞生于 20 世纪 60 年代，随着计算机软件和硬件技术的发展，数据处理过程发生了划时代的变革。而数据库技术的发展，又使数据处理跨入了一个崭新的阶段，数据管理技术的发展大致经历了 4 个阶段：人工管理阶段、文件管理阶段、数据库系统管理阶段和分布式数据库系统阶段。

1. 人工管理阶段

人工管理阶段出现在计算机应用于数据管理的初期。由于没有软件、硬件环境的支持，用户只能直接在裸机上操作。应用程序中不仅要设计数据的逻辑结构，还要阐明数据在存储器上的存储地址。这个时期，数据管理的特点是：

1）数据与程序不具有独立性：因为一组数据对应于一组程序，程序依赖于数据。如果数据的类型、格式或存取方法等发生改变，就必须修改程序。

2）没有统一的数据管理软件：数据面向应用程序，主要依靠应用程序管理数据。因此程序员不仅要规定数据的逻辑结构，还要设计数据的物理存储结构。

2. 文件管理阶段

文件管理阶段出现在 20 世纪 50 年代后期到 60 年代，计算机软、硬件技术均有了飞速发展。在硬件方面出现了能存储大量数据的磁鼓、磁盘；软件方面出现了高级语言和操作系统，操作系统则提供了文件管理功能。文件系统是操作系统的高层部分。用户和应用程序通过文件系统对文件中的数据进行存取和加工。此时，程序与数据有了一定的独立性，有了程序文件和数据文件之分。和人工管理阶段相比，文件管理系统阶段的优点是：

1）数据能以文件的形式长期保存在磁盘等辅助存储器中。

2）数据与程序之间的独立性增强了。

数据可不再属于某个特定的应用程序，不同的程序可以使用相同的数据，一个程序也可以使用多个文件中的数据。

虽然文件管理阶段比人工管理阶段前进了一步，但是仍有以下一些缺点：

1）数据冗余度大。所谓数据冗余，是指数据不必要的重复存储。文件系统缺乏对更加细微的数据元素的管理功能，同一数据项会经常出现在多个文件中。

2）缺乏数据独立性。因为数据没有集中管理，所以数据和程序之间仍有很强的相互依赖性。此外，数据的安全性也得不到很好的保证。

3. 数据库系统管理阶段

为了适应迅速增长的数据处理需要，人们开发出了更加强大的数据管理软件系统，这就是数据库管理系统（DataBase Management System，DBMS）。数据库系统管理阶段即对所有的数据实行统一规划管理，形成一个数据中心，构成一个数据“仓库”。数据库中的数据能够满足所有用户的不同要求，供不同用户共享使用。在这一管理方式下，应用程序不再只与一个孤立的数据文件相对应，而是取整体数据集的某个子集作为逻辑文件与其对应，通过数据库管理系统实现逻辑文件与物理数据之间的映射。

在数据库系统管理的系统环境下，应用程序对数据的管理和访问灵活方便，而且数据与应用程序之间完全独立，使程序的编制质量和效率都有所提高；由于数据文件间可以建立关联关系，数据的冗余大大减少，数据的共享性增强。

4. 分布式数据库系统阶段

分布式数据库系统是数据库技术和计算机网络技术紧密结合的产物。在分布式网络环境中，数据可以分布在网络的各台机器上。一种重要的分布式体系结构是客户端/服务器（Client/Server，C/S）体系结构，建立在这种体系结构上的应用程序，具有本地客户用户界面，但访问的是远程服务器上的数据。C/S 体系结构的优点是可以均衡分配客户机和服务器的工作，将功能强大、使用方便的图形化的工作留给客户机，将高级查询、报表和数据处理工作留给服务器，并使客户机具有一定的独立性。

随着 Internet 的兴起，浏览器/服务器（Browser/Server，B/S）体系结构得到了极大的应用，B/S 结构是对 C/S 结构的一种变化或者改进的结构，在很多方面已经取代了 C/S。在这种结构下，用户工作界面是通过浏览器来实现，浏览器只负责发送接收数据，几乎不进行数据的处理，主要的任务在服务器端处理。一次典型的 B/S 应用过程是浏览器接受用户的输入，以超文本形式向 Web 服务器提出访问数据库的要求，Web 服务器接受客户端请求后，并交给数据库服务器，通过特定的 DBMS 进行数据处理，然后再将处理后的结果以 HTML 文档形式，转发给客户端浏览器。B/S 结构能实现不同的人员，从不同的地点，以不同的接入方式访问数据库。

1.1.2 数据库简介

数据库是在计算机系统中按一定的数据模型组织、存储和使用的相关联的数据集合。在现代数据库中，一个数据库往往由一个或多个数据表组成。通常，各个数据表是相互关联着的。

使用数据库来管理数据，具有以下优点：

1. 减少数据冗余

在非数据库系统中，每种应用方法使用自己的数据来处理，经常会造成数据的重复建立，而且彼此之间的数据格式也不同，无法交互使用。而在数据库系统中，通过建立共用的数据库，其余的应用程序都可以使用这个数据库，冗余度大大减少。

2. 避免数据矛盾

如果数据存在于不同的系统中而不通过数据库进行管理,当数据变更时,可能因为变更操作的不同步,造成数据矛盾。在数据库系统中,则仅需要改变一份数据,因此可避免数据的相互矛盾。

3. 数据可以共享

所有的应用程序都存取同一份数据库,数据完全共享。

4. 数据独立

应用程序不需要了解数据实际的存取方式,通过执行数据库系统存取指令,就可以得到需要的数据。因此,当数据的存储结构变更时,只需要更改数据库系统的内部程序,而无须改变外部的应用程序。

1.1.3 数据库系统的基本概念

数据库系统是采用数据库技术构建的一个计算机系统,包括4个要素:数据库、数据库管理系统、计算机硬件及人员。

1. 数据库

所谓数据库(DataBase,DB),即在计算机系统中按一定的数据模型组织、存储和使用的相关联的数据集合。

2. 数据库管理系统

数据库管理系统(DataBase Management System,DBMS)是管理数据库资源的系统软件,为用户实现数据库的建立、使用和维护。它是连接数据库和用户之间的纽带,是软件系统的核心。有以下几个优点:

1) 提供对数据库资源进行统一管理和控制的功能,数据与应用程序隔离。数据具有独立性,使数据结构及数据存储具有一定的规范性,减少了数据的冗余,并有利于数据共享。

2) 提供安全性和保密性措施,使数据不被破坏、不被窃用。

3) 提供并发控制,在多用户共享数据时保证数据库的一致性。

4) 提供恢复机制,当出现故障时,使数据恢复到某时刻的状态。

3. 计算机硬件及相关软件

计算机硬件是数据库系统的物理支撑,是保证数据库系统顺利工作的必要条件,它包括CPU、内存储器、外存储器及输入/输出设备。

相关软件主要是指操作系统、开发应用系统的高级语言及工具软件等,它们为开发应用系统提供了良好的环境。

4. 人员

这里是指管理、开发和使用数据库系统的全部人员,主要包括数据库管理员、系统分析员、应用程序员和用户。

不同的人员涉及不同的数据抽象级别,其中数据库管理员负责管理和控制数据库系统;系统分析员负责应用系统的需求分析和规范说明,确定系统的软硬件配置、系统的功能及数据库概念设计;应用程序员负责设计应用系统的程序模块,根据数据库的外模式来编写应用程序;用户通过应用系统提供的用户界面使用数据库。

1.2 数据模型

数据库中数据的结构形式称为数据模型,它是指数据库中数据与数据之间的关系,是数据库系统的数据组织、信息表示和操作手段的一种模型化表示。数据模型不同,相应的数据库系统就完全不同。实际上,一种数据模型定义了一个具体的数据库。

数据库中常用的数据模型有层次模型、网状模型、关系模型和面向对象数据模型。

1.2.1 层次模型

用树形结构表示实体及实体之间联系的模型称为层次模型。层次模型像一棵倒置的树,根结点在上,层次最高,子结点在下,逐层排列。其主要特征是仅有一个无双亲的根结点;根结点以外的子结点向上仅有一个父结点,向下有若干子结点。例如,一个学校有若干个系,一个系有若干专业,层次模型的示例如图 1-1 所示。

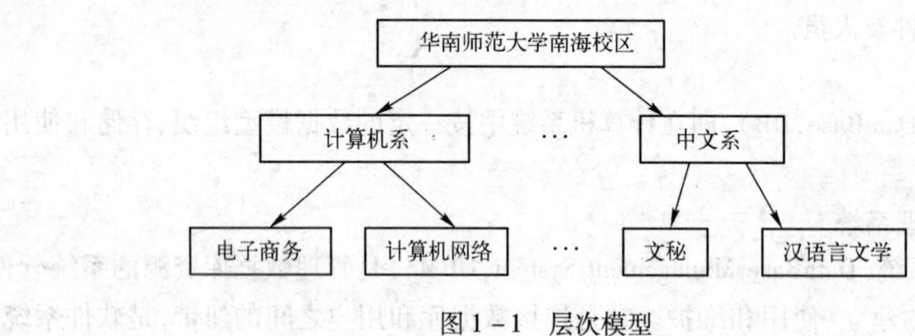

图 1-1 层次模型

1.2.2 网状模型

用网状结构表示实体及实体之间联系的模型称为网状模型。网状模型是层次模型的扩展,以记录为结点,它表示多个从属关系的层次结构,呈现出一种交叉关系的网络结构。其主要特征是:有一个以上的结点无双亲;至少有一个结点有多个双亲。

网状模型可以表示较复杂的数据结构,即可以表示数据间的纵向与横向关系。这种数据模型在概念上、结构上都比较复杂,操作上也有很多不便。

1.2.3 关系模型

层次模型和网状模型是早期的数据模型,在 20 世纪 70 年代被更优越的关系模型所取代。

1970 年,美国 IBM 公司的科学家 E. F. Codd 在美国计算机学会会刊《Communication of the ACM》上发表了题为"A Relational Model of Data for Shared Data Banks"的论文,开创了数据库系统的新纪元。在 20 世纪 80 年代,关系型 DBMS 已占据主流市场,关系模型也成为最重要的数据模型。目前,主流数据库产品均属于关系模型,如著名的 Oracle、DB2、Sybase、SQL Server 等。

关系模型用二维表的形式来表示实体和实体间的联系。例如,表 1-1 和表 1-2 分别代表学校的系和教师两个关系。

表 1-1　学校的系关系

系编号	系名
001	计算机科学和技术系
002	无线电电子学系
003	电子商务系

表 1-2　教师关系

教师编号	所属系号	姓名	性别	出生日期	职称	工资
1986082	001	欧阳江	男	1956-10-21	教授	4000
1990420	001	李冬萍	女	1967-6-3	副教授	3500
1995011	002	张丽	女	1972-3-18	讲师	3000
1999163	003	常少乐	男	1965-6-10	副教授	3600

以上两表其实就是关系模型。

表格中的每一数据都可看成独立的数据项，它们共同构成了该关系的全部内容。表格中的每一横行称为一个元组，对应存储文件中的一个记录值。例如，表 1-1 的系关系有 3 个元组，表 1-2 的教师关系有 4 个元组。

表格中的每一竖列称为一个属性，又称为字段。属性表示关系模型中某竖列全部数据项的类型，每个属性都有一个名字称为属性名。例如，表 1-1 系关系中各列的属性名分别是系编号、系名。

属性的取值范围称为域，如表 1-2 教师关系中的性别属性的域只能取男或女。能唯一标识一个元组的属性或属性组称为关键字，如表 1-1 系关系中的系编号就是关键字。若一个关系有多个关键字，则可以选定一个为主关键字。

关系模型的主要特征有以下几点：

1）每一竖列的分量是同属性的，列数根据需要而设，各列的顺序是任意的。

2）每一行由一个元组事物的多个属性构成，各行的顺序可以是任意的。

3）一个关系就是一张二维表，不允许有相同的属性名，也不允许有相同的元组。

1.2.4　面向对象数据模型

利用面向对象理论建立的数据模型就是面向对象模型。它是面向对象的概念与数据库技术相结合的产物。

面向对象模型中最基本的概念是对象和类。在这种模型中，将所有现实世界中的实体都模拟为对象，小至一个螺丝、一只蚂蚁，大至一架飞机、一家公司等，都可以看成对象。

对象与记录的概念相似，但更为复杂。一个对象包含若干属性，用以描述对象的状态、组成和特性。属性也是对象，它又可以包含其他对象作为其属性。这种递归引用对象的过程可以继续下去，从而组成各种复杂的对象，而且同一个对象又可以被多个对象引用。

除了属性外，对象还包含若干方法，用以描述对象的行为特性。将类似的对象归并为类，在一个类中的每个对象称为实例。同一类的对象具有共同的属性和方法。

1.3 关系数据库

1.3.1 关系数据库概述

按关系模型组织和建立的数据库称为关系数据库。这是目前实际使用中最常见的一种数据库。新设计的数据库系统,尤其是微型计算机的数据库管理系统,绝大多数都是关系数据库管理系统。

关系数据库有以下特点:

1)关系数据库是若干个关系的集合。也可以说,关系数据库是由若干张二维表组成的。

2)每一个数据表都具有相对的独立性,这一独立性的唯一标志是数据表的名字,称为表文件名。数据库中不允许有重名的数据表。

3)在关系数据库中,数据表之间具有相关性。数据表之间的这种相关性是依靠每一个独立的数据表内部具有相同属性的字段建立的。一般,两个数据表之间建立关联关系,是将一个数据表视为父表,另外一个数据表视为子表,其中把子表中与父表主关键字段相对应的字段作为外键,数据表之间的关联就是通过主键与外键作为纽带实现的。

关系数据库中二维表的特征在关系模型章节已有介绍,在此不进行重复。

关系数据库主要优点有以下几点:

1)以面向系统的观点组织数据,使数据具有小冗余度,支持复杂的数据结构。

2)具有高度的数据和程序独立性,应用程序与数据的逻辑结构及物理存储方式无关。

3)由于数据具有共享性,使数据库中的数据能为多个用户服务。

4)关系数据库允许多个用户同时访问,并且提供了各种控制功能,保证数据的安全性、完整性和并发性控制。其中,安全性控制可防止未经允许的用户存取数据;完整性控制可保证数据的正确性、有效性和相容性;并发性控制可防止多用户并发访问数据时由于相互干扰而产生的数据不一致。

1.3.2 规范化原则

数据以什么样的结构存入到关系数据库中是数据库最重要的操作之一,它是数据库应用系统开发的关键。通常,先把收集来的数据存储在二维表中,但是如果把许多相关的数据集中到一张二维表,数据之间的关系就会变得十分复杂,而且表中的数据量太多时,就会出现大量数据重复的现象。如果这些表格设计得不理想,常常会增加编程和维护程序的难度,严重情况下会使数据库应用程序无法实现。

一个组织良好的数据结构,不仅可以方便地解决应用问题,还可以为解决一些不可预测的问题带来便利。因此往往要求数据库中的数据尽量满足关系规范化原则。

关系模型是以关系集合理论中最基本的数学原理为基础的,通过确立关系中的规范化准则,既可以方便数据库中的数据的处理,又可以给程序设计带来方便,这一规范化准则称为关系规范化。

关系规范化的理论认为,关系数据库中的每一个关系都要满足一定的规范。根据满足规范的条件不同,可以分为6个等级:第一范式(1NF)、第二范式(2NF),第三范式(3NF)、修正的第三范式(BCNF)、第四范式(4NF)和第五范式(5NF)。通常,在解决一般性问题时,只要把数据表规范到第三个范式标准,就可以满足需要。

关系规范化的三个范式原则如下:

(1) 第一范式:在一个关系中消除重复字段,且各字段都是不可分的基本数据项。

(2) 第二范式:若关系模型属于第一范式,且所有非主属性都完全依赖关键字段。

(3) 第三范式:若关系模型属于第二范式,且关系中所有非主属性都直接依赖关键字段。

1.4 关系及关系运算

关系运算是以关系为运算对象的运算,在关系运算中变量是关系,运算结果仍然是关系。常见的关系运算有选择、投影和连接3种。

1.4.1 选择

选择(Select)运算是从关系中选择某些满足条件的记录组成一个新的关系。也可以说,选择运算是在关系 R 中选择满足给定条件的元组。记作:$\sigma_{<条件表达式>}(R)$,其中 R 为关系名称。

【例1-1】从表1-2教师关系中选出所有男同志的记录,其选择运算记作:$\sigma_{<性别=“男”>}$(教师关系),运算结果如表1-3所示。

表1-3 选择运算结果

教师编号	所属系号	姓名	性别	出生日期	职称	工资
1986082	001	欧阳江	男	1956-10-21	教授	4000
1999163	003	常少乐	男	1965-6-10	副教授	3600

1.4.2 投影

投影(Project)运算是从关系中选择某些属性的所有值组成一个新的关系。也可以说,投影运算是在关系 R 中选择出若干属性列。记作:$\Pi_A(R)$,其中 A 为关系 R 的属性列表。

【例1-2】若将“教师关系”中的教师编号、姓名、性别、出生日期从关系中选出,其投影运算记作:$\Pi_{教师编号,姓名,性别,出生日期}$(教师关系),运算结果如表1-4所示。

表1-4 投影运算结果

教师编号	姓名	性别	出生日期
1986082	欧阳江	男	1956-10-21
1990420	李冬萍	女	1967-6-3
1995011	张丽	女	1972-3-18
1999163	常少乐	男	1965-6-10

1.4.3 连接

连接(Join)运算是将两个或多个关系通过连接条件组成一个新的关系。也可以说,连接运算是在关系 R 和关系 S 中选择属性满足一定条件的元组,记作:$R \bowtie S$。

【例 1－3】将表 1－1 系关系和表 1－2 教师关系进行连接（等值连接）组成的新关系，运算结果如表 1－5 所示。

表 1－5　连接运算结果

教师编号	所属系号	姓　名	性　别	出生日期	职　　称	工　资	系　名
1986082	001	欧阳江	男	1956-10-21	教授	4000	计算机科学和技术系
1990420	001	李冬萍	女	1967-6-3	副教授	3500	计算机科学和技术系
1995011	002	张丽	女	1972-3-18	讲师	3000	无线电电子学系
1999163	003	常少乐	男	1965-6-10	副教授	3600	电子商务系

从关系数据库的角度，可以理解选择运算、投影运算是以一个数据表为操作对象的内部运算，连接运算是以两个数据表为操作对象的数据表间的运算。其中，选择运算是对数据表中记录的选择操作；投影运算是对数据表中字段的选择操作；连接运算是对两个数据表中满足条件的记录进行连接操作。

习　题　一

1. 单选题

1）计算机数据管理技术的发展可以划分为 3 个阶段，其中不包括________。

A. 人工管理阶段　　B. 计算机管理阶段

C. 文件系统阶段　　D. 数据库系统阶段

2）数据模型是数据库领域中定义数据及其操作的一种抽象表示。用树形结构表示各类实体及其联系的数据模型称为________。

A. 层次　　B. 网状　　C. 关系　　D. 面向对象

3）关系运算是以关系为运算对象的运算，下面哪种运算不属于关系运算________。

A. 选择　　B. 投影　　C. 连接　　D. 取余

4）Visual FoxPro 6.0 是一种________。

A. 数据库系统　　B. 数据库管理信息系统

C. 数据库管理系统　　D. 数据库

5）数据库系统和文件系统的主要区别是________。

A. 数据库系统复杂，而文件系统简单

B. 文件系统不能解决数据冗余和数据独立性问题，而数据库系统可以解决

C. 文件系统只能管理程序文件，而数据库系统能够管理各种类型的文件

D. 文件系统管理的数据量较少，而数据库系统可以管理庞大的数据量

6）关系数据库的 4 个层次结构是________。

A. 属性、元组、关系模式和关系

B. 数据库、数据表、记录和字段

C. 表结构、表记录、字段和属性

D. 字段、记录、自由表和数据库表

7）下列关于数据库管理系统 DBMS、数据库系统 DBS 和数据 DB 之间关系的叙述中，正

确的是________。

A. DBMS 包含着 DBS 和 DB

B. DB 包含着 DBS 和 DBMS

C. DBMS 为 DB 的存在提供了环境和条件

D. DB、DBS 和 DBMS 互不依赖

8）用二维表的形式来表示实体和实体间的联系的数据模型是________。

A. 层次　　B. 网状　　C. 关系　　D. 面向对象

9）在数据模型中，实体所具有的某一特性称为________。

A. 属性　　B. 实体集　　C. 实体型　　D. 码

10）在关系中，能唯一标识一个元组的属性或属性组称为________。

A. 字段　　B. 关键字　　C. 属性　　D. 域

2. 简答题

1）简述计算机数据管理技术的几个发展阶段。

2）常用的数据模型有几种，它们的主要特征是什么？

3）数据库系统由哪几部分组成？

4）数据库是如何分类的？

5）常见的关系运算有哪几种？

第2章 Visual FoxPro入门

2.1 Visual FoxPro概述

Visual FoxPro是基于Windows平台和服务器的可视化关系数据库系统，它既吸收了Microsoft公司的Visual系列产品的长处，如功能强大、操作简便、可视化强、面向对象等特点，又兼有传统FoxPro的长处，是计算机上使用非常广泛的数据库管理系统。

2.1.1 Visual FoxPro的发展及特性

1. Visual FoxPro的发展

在20世纪80年代，随着PC的广泛使用，美国Ashton-Tate公司开发的dBASE数据库管理系统迅速成为PC上的主流DBMS。随着这个市场的迅速扩大，很多公司相继开发出许多既能与dBASE兼容、又具有更强功能的产品，其中美国FOX软件公司推出的FOXBASE最为突出，它比dBASE快，且与dBASE完全兼容，逐渐成为微机DBMS领域的主导产品。此后，FOX公司又推出了FoxPro，从而使微机数据库产品产生极大飞跃。

1991年，FOX软件公司推出了FoxPro 2.0，引入了查询化技术、结构化查询语言(SQL)、自动报表生成技术、程序生成器技术等一系列先进技术，初步具备了大型数据库管理系统的一些特点，同时该软件使用更加方便，运行更加迅速。随后，FOX公司被Microsoft收购，1993年Microsoft推出能够在DOS和Windows等多种操作系统下运行的FoxPro 2.5。1994年，Microsoft公司又推出了改进产品FoxPro 2.6。

1995年，Microsoft公司推出了Visual FoxPro 3.0，全面引进了面向对象程序设计和可视化概念，同时明确建立了客户/服务器体系结构。另外，它首次引进逻辑数据库结构的概念，使低版本中零乱的表得到全面管理。所以Visual FoxPro 3.0是FoxPro历史发展的又一里程碑。

此后，Microsoft公司又于1997年推出Visual FoxPro 5.0，1998年推出Visual FoxPro 6.0，2000年随着Microsoft公司.NET系统软件的推出，Visual FoxPro 7.0版本也随之发布。如今市面上已出现Visual FoxPro 9.0版本。

2. Visual FoxPro的特性

Visual FoxPro有如下的功能及特性：

(1) 用户界面良好

Visual FoxPro系统提供了一个由菜单驱动，辅以对话窗口的简洁友好、功能全面的用户界面。用户可以通过输入命令或使用菜单，实现对Visual FoxPro的各种功能的操作，完成数据管理的任务。

Visual FoxPro系统的输入/输出界面允许采用窗口方式，各种操作大多在不同类型的系统窗口中进行，而且有些窗口之间可以互相切换，大大方便了用户进行不同的操作。除系统窗口外，用户还可以根据自己的要求设计输入/输出窗口。

Visual FoxPro 系统提供了字块剪切、删除、复制、粘贴、字符串查找和替换、取消、恢复等编辑操作功能，为程序或文本的编辑提供了方便灵活的手段。

(2) 面向对象编程技术功能强

Visual FoxPro 的命令和语言功能强，有数百条命令和标准函数。Visual FoxPro 不仅支持传统的过程式编程技术，还支持面向对象可视化编程技术。

通过 Visual FoxPro 对象和事件模型，用户可以充分利用可视化的编程工具完成面向对象的程序设计，包括使用类，并给每一个类以属性、事件和方法的定义，快捷、方便地进行系统开发。另外可以将类存于类库中，并在应用程序中使用，从而减少程序重新开发及多次进行程序编辑、编译的过程，大大加快应用程序的开发速度。

(3) 快捷创建应用程序

用户可以使用 Visual FoxPro 提供的项目管理器、向导、生成器、工具栏、设计器等软件开发和管理工具编制系统程序。这些工具极大地提高了程序设计的自动化程度，减少了程序的设计、编辑的时间，也方便了用户对程序的操作。

(4) 数据库的操作简便

Visual FoxPro 中的数据库，是以数据表的集合形式出现的，每一个表有一个数据字典，允许用户为数据库中的每一个表增加规则、视图、永久关系及连接。每个 Visual FoxPro 系统数据库都可以由用户扩展，并通过语言和可视化设计工具来操作。

(5) 多个用户可以一起开发程序

Visual FoxPro 提供允许同时访问数据组件的能力，使多个用户能够一起开发应用程序。

(6) 可与其他应用程序交互操作

Visual FoxPro 可以使用来自其他应用程序的对象，并与其他程序之间导入导出数据，还可以与其他 Microsoft 应用程序实现数据共享。

(7) 可以升级早期版本

Visual FoxPro 对 FoxPro 生成的应用程序向下兼容。在 Visual FoxPro 环境下，用户可直接运行 Visual FoxPro 程序，可以编辑已有的 FoxPro 程序，也可以更新 FoxPro 程序，从而提高 FoxPro 程序的性能，实现了低版本程序向高版本程序的过渡。

2.1.2 Visual FoxPro 6.0 的安装

安装任何一个系统软件，都要先了解该系统软件的安装环境，当确保其拥有的环境具备安装条件后再按照系统软件的安装方法进行安装。本节主要介绍 Visual FoxPro 6.0 系统的安装（包括安装前的准备和安装过程）。

1. 安装环境

(1) 硬件环境

- PC 兼容机，具有 80486 50 MHz 以上处理器。
- 内存为 16 MB 以上。
- 硬盘：最小化安装的硬盘空间为 15 MB，用户自定义安装需 100 MB 硬盘空间，完全安装需 240 MB 的硬盘空间。
- VGA 或更高分辨的显示器。
- 鼠标。

对于网络操作,需要一个与 Windows 兼容的网络和一个网络服务器。

(2) 软件环境

中文 Windows 95/98 或 Windows NT 以上操作系统。

2. 安装方法

将 Visual FoxPro 系统光盘插入到 CD-ROM 驱动器中,自动运行安装程序,然后选择系统提供的安装方式,按步骤选择相应的选项来完成安装过程。

其具体安装步骤如下:

1) 将 Visual FoxPro 6.0 中文版的光盘插入光驱中,启动安装程序,进入"Microsoft Visual FoxPro 6.0 中文版安装程序"窗口,如图 2-1 所示。稍候片刻,进入"Visual FoxPro 6.0 安装程序"窗口,如图 2-2 所示。

图 2-1 "Microsoft Visual FoxPro 6.0 中文版安装程序"窗口

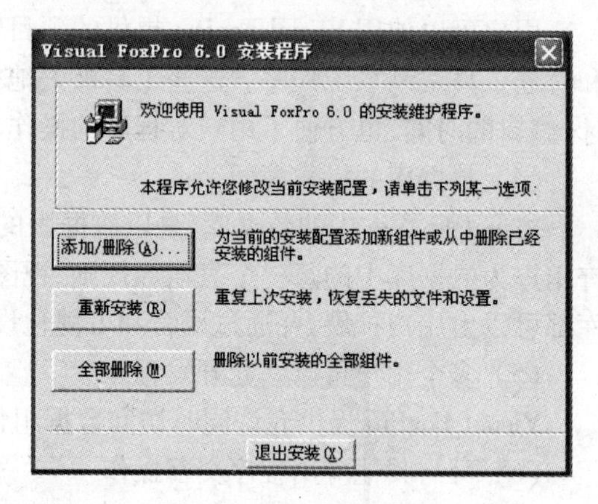

图 2-2 "Visual FoxPro 6.0 安装程序"窗口

2) 在"Visual FoxPro 6.0 安装程序"窗口,通过按钮可以选择 3 种不同的安装方式。

- 单击"添加/删除"按钮,为当前安装添加新组件,或删除已有的安装组件。
- 单击"重新安装"按钮,重复上一次的安装,恢复丢失的文件和重新设置系统。
- 单击"全部删除"按钮,删除已有的全部组件。

如果你是第一次安装 Visual FoxPro 6.0,或想添加一些新组件,可单击"添加/删除"按钮;如果想仅恢复丢失的文件,则应单击"重新安装"按钮;如果想卸载 Visual FoxPro 6.0,就请单击"全部删除"按钮。

3) 当确定安装方式后,在安装过程中还要回答安装程序所提出的各种问题,按步骤选择相应的选项,才能完成安装过程。

注意:一旦安装完成,"Microsoft Visual FoxPro"将被装入在 Windows 的程序组文件夹中。若不能用自启动程序安装,则应打开光盘,通过双击安装程序文件 SETUP.EXE 来安装。

2.1.3 Visual FoxPro 的启动与退出

1. Visual FoxPro 的启动

启动 Visual FoxPro 有如下多种方法。

- 从"开始"菜单启动:选择"开始"→"程序"→"Microsoft Visual FoxPro 6.0"→"Microsoft Visual FoxPro 6.0"命令,便可启动 Visual FoxPro。

- 从资源管理器中启动：选择“开始”→“资源管理器”命令，进入“资源管理器”窗口；利用资源管理器找到\VFP98 目录，再从\VFP98 目录下找到 VFP6 图标，在 VFP 图标上双击，完成 Visual FoxPro 的启动。

2. Visual FoxPro 的退出

退出 Visual FoxPro 系统，可以使用以下几种方法：

- 在 Visual FoxPro 主菜单下，打开“文件”菜单，选择“退出”命令。
- 按 <Alt + F4> 组合键。
- 单击 Visual FoxPro 主窗口的“关闭”按钮。
- 在“命令”窗口中输入命令“QUIT”，并按 <Enter> 键，如图 2－3 所示。

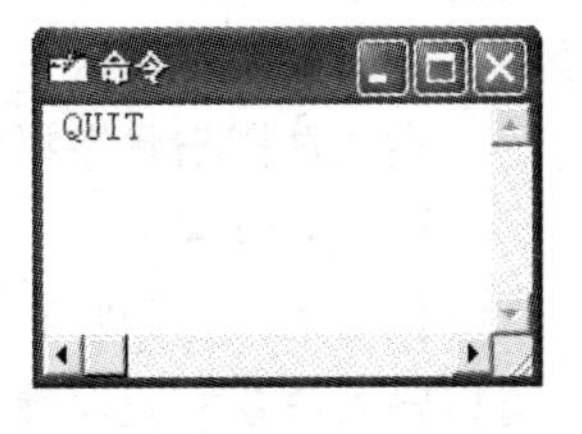

图 2－3　执行“QUIT”命令退出 VFP

2.1.4　Visual FoxPro 的用户界面

Visual FoxPro 启动后的界面如图 2－4 所示。这是一个含有窗口、图标、菜单和对话框的集成环境。

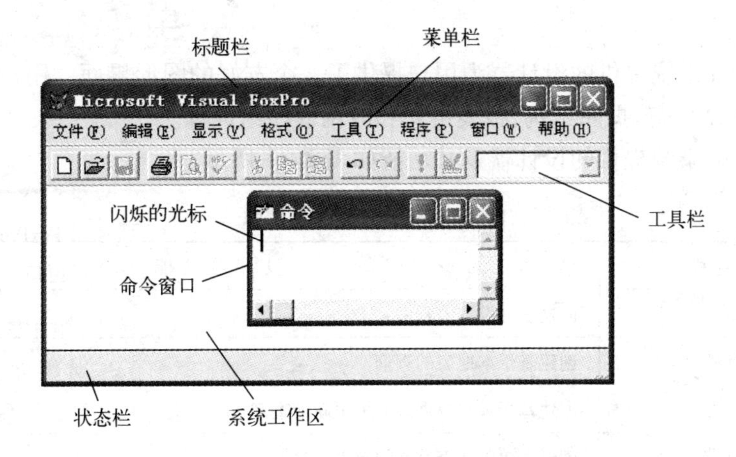

图 2－4　Visual FoxPro 集成操作环境窗口

从图 2－4 可以看到，Visual FoxPro 集成环境操作窗口大体上包括以下几个部分：

(1) 标题栏

位于界面的第一行，它包含系统程序图标、主屏幕标题、最小化按钮、最大化按钮和关闭按钮 5 个对象。

(2) 菜单栏

位于标题栏的下面，显示了当前主菜单项。注意这个菜单不是固定不变的，它会根据当前操作的状态进行动态调整。

(3) 工具栏

位于菜单栏的下面，显示了常用工具图标。系统提供了 10 几个工具栏，图 2－4 显示的是常用工具栏，将鼠标移到这些图标上会自动显示其功能含义。

(4) 状态栏

位于屏幕的最底部，用于显示数据管理系统对数据进行管理的状态。状态栏可以随时关闭或打开。使用“Set Status”命令可以设置状态栏;如果执行“Set Status off”命令,屏幕上将不出现状态栏;而执行“Set Status on”命令,则出现状态栏。

如果当前工作区中没有表文件打开,状态栏的内容是空白,否则状态栏显示的是表名、表所在的数据库名、表中当前记录的记录号、表中的记录总数、表中的当前记录的共享状态等内容。

(5) 系统工作区

在工具栏与状态栏之间的一大块空白区域就是系统工作区。通常用于显示输出结果。

(6) 命令窗口

位于菜单栏和状态栏之间,是 Visual FoxPro 系统命令执行、编辑的窗口。在命令窗口中,可以输入命令实现对数据库的操作管理,也可以用各种编辑工具对操作命令进行修改、插入、删除、剪切、复制、粘贴等操作,还可以在此窗口中建立并运行命令文件。

命令窗口的使用可以通过“窗口”菜单控制。在“窗口”菜单下,选择“隐藏”命令可以关闭命令窗口;选择“命令窗口”,则可以弹出命令窗口。

2.1.5 Visual FoxPro 的设计与管理工具

1. 设计器

Visual FoxPro 系统提供的设计器为用户提供了一个友好的图形界面。用户可以通过它创建并定制数据表结构、数据库结构、报表格式和应用程序组件等。

Visual FoxPro 系统提供的设计器及其功能如表 2-1 所示。

表 2-1 设计器及其功能

设计器名称	设计器功能
表设计器	创建表并设置表索引
查询设计器	创建基于本地表的查询
视图设计器	创建基于远程数据源的可更新的查询
表单设计器	创建表单以便查看并编辑表中数据
数据库设计器	建立数据、查看并创建表间的关系
报表设计器	创建报表以便显示和打印数据
标签设计器	创建标签布局以便显示和打印标签
连接设计器	为远程视图创建连接
菜单设计器	创建菜单栏或者快捷菜单
数据环境设计器	帮助用户创建和修改表单、表单集及报表的数据环境

如图 2-5 所示的是表单设计器。

2. 向导

Visual FoxPro 系统为用户提供许多功能强大的向导。用户通过这些向导不用编程就可以创建良好的应用程序界面,并完成许多有关对数据库的操作。

Visual FoxPro 系统提供的向导及功能如表 2-2 所示。

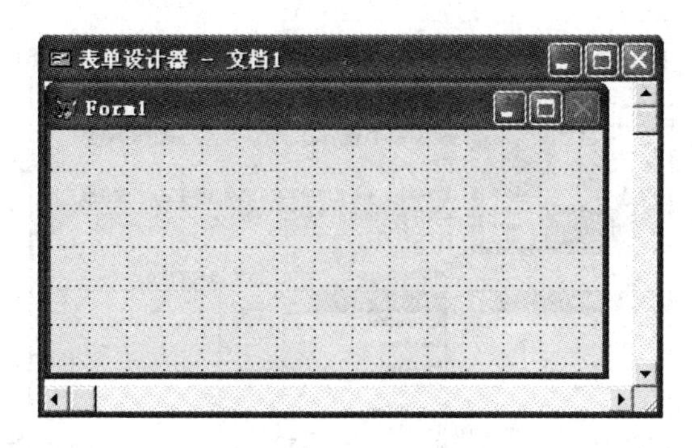

图 2-5　表单设计器

表 2-2　向导及其功能

向导名称	向导功能
表向导	引导用户在 Visual FoxPro 表结构的基础上创建新表
报表向导	引导用户利用单独的表来创建报表
一对多报表向导	引导用户从相关的数据表中创建报表
标签向导	引导用户创建标签
分组/总计报表向导	引导用户创建分组统计报表
表单向导	引导用户创建表单
一对多表单向导	引导用户从相关的数据表中创建表单
查询向导	引导用户创建查询
交叉表向导	引导用户创建交叉表查询
本地视图向导	引导用户利用本地数据创建视图
远程视图向导	引导用户利用 ODBC 数据源来创建视图
导入向导	引导用户导入或添加数据
文档向导	引导用户从项目文件和程序文件的代码中产生格式化的文本文件
图表向导	引导用户创建图表
应用程序向导	引导用户创建 Visual FoxPro 应用程序
SQL 升迁向导	引导用户尽可能利用 Visual FoxPro 数据库功能创建 SQL Server 数据库
数据透视表向导	引导用户创建数据透视表,数据透视表是一个交互式的工作表工具,使总结和分析已有表的数据简单化
安装向导	引导用户从文件中创建一整套安装磁盘

如图 2-6 所示的是表向导。

3. 生成器

Visual FoxPro 系统提供的生成器,可以简化创建和修改用户界面程序的设计过程,提高软件开发的质量。每个生成器都由一系列选项卡组成,允许用户访问并设置所选对象的属性。用户可以将生成器生成的用户界面直接转换成程序代码,把用户从逐条编写程序,反复调试程序的工作中解放出来。

图 2-6 “表向导”对话框

Visual FoxPro 系统提供的生成器及功能如表 2-3 所示。

表 2-3 生成器及其功能

生成器名称	生成器功能
自动格式生成器	用于格式化一组控件
参照完整性生成器	用于建立参照完整性规则
组合框生成器	用于建立组合框
命令组生成器	用于建立命令按钮组
编辑框生成器	用于建立编辑框
表达式生成器	创建并编辑表达式
列表框生成器	用于建立列表框
选项组生成器	用于建立选项按钮组
网格生成器	用于建立网格
文本框生成器	用于建立文本框
表单生成器	用于建立表单

如图 2-7 所示的是表单生成器。

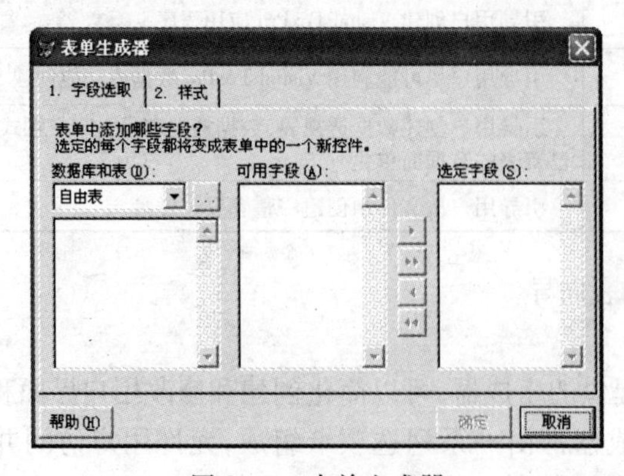

图 2-7 表单生成器

2.2 Visual FoxPro 的基本操作

Visual FoxPro 的基本操作可以有以下两种方式实现。

1）交互方式：使用命令操作或菜单操作的方法与 VFP 系统进行交互操作。

- 命令方式是指在 Visual FoxPro 的命令窗口中输入并执行命令来完成任务。在命令窗口可以输入和执行命令，也可以运行程序。执行命令或运行程序的结果将显示在屏幕上。
- 菜单方式是指在 Visual FoxPro 中，使用菜单中的各个选项完成大部分的功能。

2）程序运行方式：指用户根据实际应用的需要，将一系列的 Visual FoxPro 命令编写成程序，通过运行程序，让系统自动执行其中的命令，达到应用目的。

2.2.1 Visual FoxPro 的语法规则及命令执行方式

大多数的命令都可以在命令窗口中输入执行，这些命令都有固定的格式和语法，本教材在语法书写过程中有如下的约定。

- < >：表示必须提供一个特定类型的值以满足尖括号内项的要求。
- [ ]：表示方括号中的项是可有可无的。
- / ：表示在其中可选择一项。

命令窗口中执行的结果总会以某种形式显示在主窗口中，这给用户进行交互操作提供了极大的方便。命令窗口中的交互操作，使用户能够在这种操作的过程中加深对命令格式及其功能的了解，这将给用户日后编写复杂的代码段带来极大的帮助。

1. 命令的输入及编辑

与其他的文档窗口一样，命令窗口也是一个可以编辑的窗口。用户可以在命令窗口中进行各种编辑操作，如插入、删除、复制等。

当要输入一条与已执行过的某条命令相似的命令时，只需移动光标到这条相似的命令上，然后补充输入或删除命令的不同部分，最后按 <Enter> 键，便可执行这条新的命令了。如果要重复执行已执行过的某一条命令时，则只需将光标移到该命令上，再按下 <Enter> 键即可。

2. 命令的缩写及续行符

在 Visual FoxPro 6.0 中，一般情况下，命令和函数名可以只输入前 4 个字母，如修改表结构命令“MODIFY STRUCTURE”可以简写成“MODI STRU”，统计当前数据表记录总数函数“RECCOUNT()”可以缩写成“RECC()”。当然并不是所有的命令和函数都可以缩写，在某些特殊情况下应该写上全部组成字符，如修改主窗口参数命令“MODIFY WINDOW SCREEN …”中的“SCREEN”便不能简写成“SCRE”，对话框函数“MESSAGEBOX(…)”也不能缩写成“MESS(…)”。

当我们在命令窗口中输入命令或编写程序时，对于较长的命令行，虽然也能够通过左右滚动窗口在一行中把它输完，但这样会给代码段的阅读编辑带来不便。这时，我们可以使用续行符“;”把一条长命令分成两行或多行来输入。分号用来表示下行仍是当前行命令的一部分。例如，以下是一条命令，为了方便阅读，把它分为两行，第一行用“;”结尾。

```
ALTER TABLE 选课信息 ADD FOREIGN KEY 学号 TAG 学号 ;
REFERENCES 学生信息 TAG 学号
```

在中文环境下输入命令时,特别要注意全角/半角字符的问题。所有的命令词、运算符及定界符都必须采用半角字符。要强调的是,字符串的定界符、标点符号最好是在"英文"方式下输入,否则极有可能输入的是全角形式。

3. 出错处理

用户在命令窗口中输入命令时,难免会出现一些错误,这时系统会给出一个简短的出错信息,提示出用户的错误并试图告诉用户到底是哪个地方出错了。例如,将命令"CREATE A1"(建立数据表命令)错误的输入为"CRETAE A1",此时,VFP 系统将会给出"不能识别的命令谓词"的提示信息,告诉用户可能是命令词输入错误;若输入"A = '123' + 10"(赋值命令)后,VFP 系统则会给出"操作符/操作数类型不匹配"的错误提示信息,提示用户可能是两个操作数类型不匹配,或是所提供的两个操作数不适合这种运算。

在 Visual FoxPro 6.0 中,错误信息以对话框的形式显示出来。在这种对话框中有"确定"和"帮助"两个按钮,"确定"按钮将关闭错误信息对话框,"帮助"按钮可寻求在线帮助,以找到问题产生的所在位置。

4. 改变字体

命令窗口是一个文本编辑窗口,用户可以改变命令窗口中的字形、字号、行间距等特性。具体方法:可选择"格式"→"字体"命令来改变这些特性的默认值。需注意的是,命令窗口的字体设置不会影响其他窗口中的字体。

5. 默认路径的设定

默认路径为 Visual FoxPro 每次打开或存放文件提供了一个默认的空间,使用户能方便而快捷的操作。初始的系统默认路径就是系统文件所在的文件夹,通常为"C:\Program File\Microsoft Visual Studio\VFP98"。但是,对数据库进行操作一般不宜使用初始系统默认路径,用户可以在命令窗口中执行以下命令来改变系统的默认路径。

```
SET  DEFAULT  TO <路径>
```

例如,把默认路径修改为 E:\MyVFP 的命令如下:

```
SET  DEFAULT  TO  E:\MyVFP
```

用户也可以通过执行"工具"→"选项"命令,在弹出的"选项"对话框中选择"文件位置"选项卡中的"默认目录"选项,然后单击"修改"按钮来完成默认路径的设置。如图 2-8 所示,把默认目录修改为 E:\MyVFP。

2.2.2 Visual FoxPro 的菜单

1. 系统菜单

VFP 的系统菜单包含文件、编辑、显示、格式、工具、程序、窗口和帮助 8 个菜单选项,如图 2-9 所示。当单击其中一个菜单选项时,就可以打开一个对应的"下拉式"菜单,在该"下拉式"菜单下,通常还有若干个子菜单选项,当选择某一个子菜单选项时,就可以执行一个操作。VFP 系统的大部分功能可以通过菜单实现。

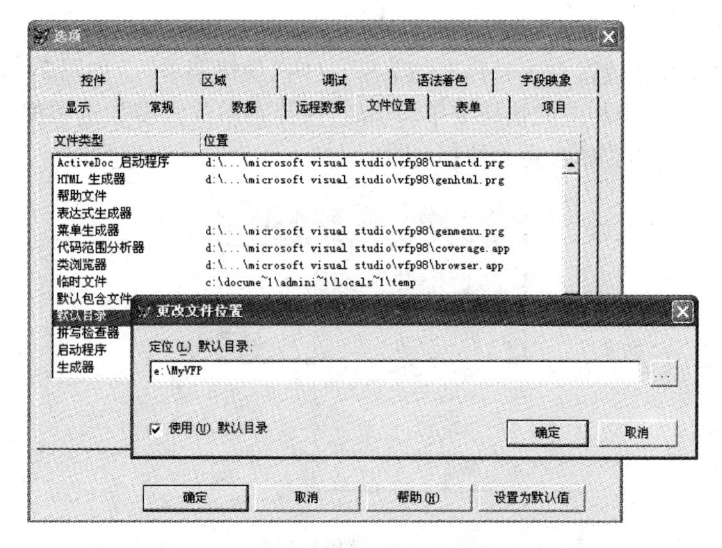

图 2－8　“选项”对话框的“文件位置”选项卡

图 2－9　系统主菜单

2. 动态菜单

所谓动态菜单，是指当程序执行了某项功能时，在系统主菜单栏上或者是某个子菜单中会增加或减少相应的子菜单，例如在打开了一个表单设计器时，在主菜单栏上会增加一个“表单”的子菜单，如图 2－10 所示。而在打开了某个数据表后，在“显示”菜单中将会增加“浏览”和“表设计器”两个命令，前后对比效果如图 2－11 和图 2－12 所示。

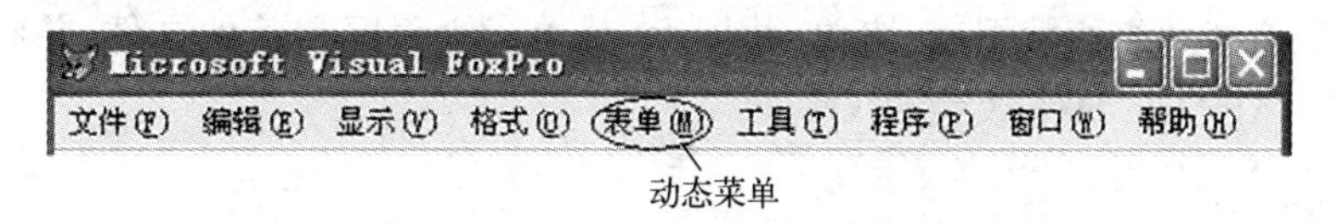

图 2－10　打开表单设计器时的菜单

图 2－11　没有数据表被打开时的“显示”菜单

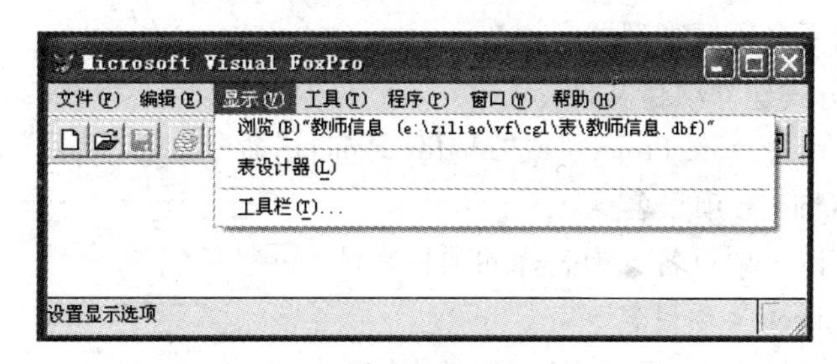

图 2－12　打开了数据表后的“显示”菜单

3. 弹出菜单

所谓弹出菜单,是指通过右击时弹出的菜单,又叫“快捷菜单”。如图 2-13 所示,在命令窗口中右击时会弹出一个相应的快捷菜单。当然,快捷菜单的大多数选项都可在相应的菜单中找得到,只是使用弹出菜单会更加快捷、方便。

图 2-13 弹出式菜单

2.3 项目管理器的使用

Visual FoxPro 通过“项目”把一个应用程序的大量内容组织成一个有机的整体,而“项目管理器”则是管理项目的有力工具,是 Visual FoxPro 的控制中心。

项目管理器是按一定的顺序和逻辑关系,对数据库应用系统的文件进行有效组织的工具。项目是文件(包括程序文件、查询文件、文本文件和其他各种文件),数据(如数据库、表、索引和视图等),文档(如表单、报表和标签)和 Visual FoxPro 对象的集合。

使用项目管理器可以用最简单可视化的方法对数据表和数据库进行管理。在进行应用程序开发时,可以有效地组织数据表、表单、数据库、菜单、类、程序和其他文件,并将它们编译成可独立运行的 .APP 或 .EXE 文件。

2.3.1 创建项目

项目是有关文件、数据及对象的集合。项目文件的扩展名是 PJX,在 Visual FoxPro 系统环境下,可以利用项目管理器创建。主要有菜单方式和命令方式两种创建方法:

(1) 通过菜单方式建立项目文件

打开“文件”菜单,选择“新建”命令,或者单击常用工具栏中的“新建”按钮,从弹出的“新建”对话框中选中“项目”选项,然后单击“新建文件”按钮,并指定新建项目文件的名字及要保存的位置,便可调出一个项目管理器。

(2) 通过命令方式建立项目文件

在命令窗口中,用“Create Project”或“Modify Project”命令创建“项目”文件。

格式:Create Project <项目名>

功能:创建一个以<项目名>为名称的项目文件。

格式:Modify Project <项目名>

功能:创建或打开一个以<项目名>为名称的项目文件。

2.3.2 使用项目管理器

“项目管理器”中共有6张选项卡,其中“数据”、“文档”、“类”、“代码”、“其他”选项卡用于分类显示各种文件,它们都集中显示在“全部”选项卡中。当项目中的文件很少时,用“全部”选项卡查看非常方便,但当项目中包含很多文件时,分类显示更加方便。

1. 使用“数据”选项卡管理数据

使用“数据”选项卡,可以组织和管理项目文件中包含的所有数据,如数据库、数据表、查询等。

【例2-1】使用项目管理器中的“数据”选项卡,给项目文件“项目1”添加数据库“学生信息”。

其操作步骤如下:

1) 在Visual FoxPro系统主菜单下,打开“文件”菜单,选择“打开”命令,进入“打开”窗口后,输入要打开的项目文件名“项目1”,单击“确定”按钮,进入“项目管理器”窗口。

2) 在“项目管理器”窗口,选择“数据”选项卡,单击“添加”按钮,在“打开”窗口中选择要添加的数据库“学生信息”,把该数据库添加到项目文件中。添加后,在“数据库”类型符号的左边显示一个“+”,如图2-14所示。

3) 如果单击这个“+”,将展开该类型所包含的文件和组件,同时“+”变成“-”;如果想对项目文件中的某一具体文件进行操作,则单击要使用的数据库文件的名字,项目管理器中的所有操作按钮被激活,如图2-15所示。

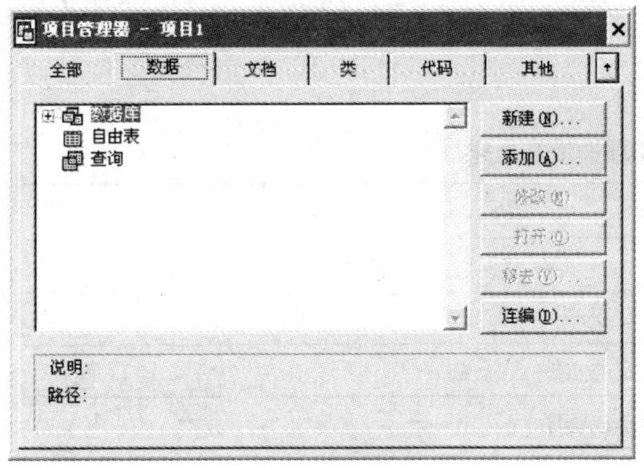

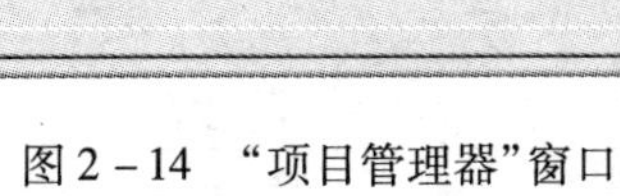
图2-14 “项目管理器”窗口

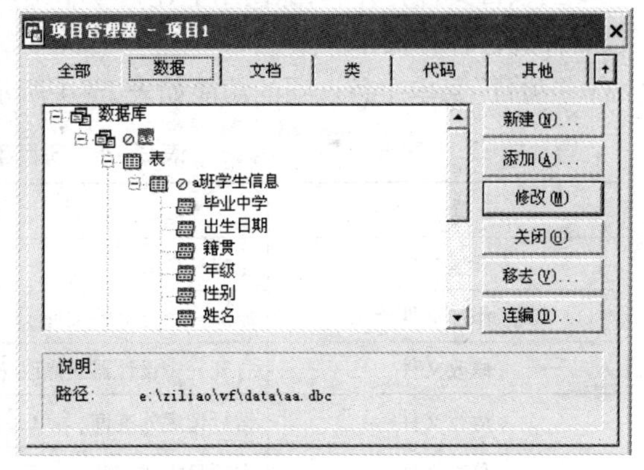

图2-15 添加数据库后的项目管理器窗口

2. 使用“文档”选项卡管理文档

使用“文档”选项卡,可以组织和管理项目文件中利用数据进行操作的文件,如表单、报表、标签等。

【例2-2】利用项目管理器中的“文档”选项卡,给项目文件“项目2”添加表单“教务管理”。

其操作步骤如下:

1) 打开项目文件“项目2”,进入“项目管理器”窗口。在“项目管理器”窗口中,选择“文档”选项卡,单击“添加”按钮,在“打开”窗口中选择要添加的表单“教务管理”,把该表单添加到项目文件中，添加后在表单类型符号的左边显示一个"＋"，如果单击这个"＋"也会展开表单类型所包含的文件和组件，如图 2－16 所示。

2）如果想对项目文件中的某一具体表单进行操作，则单击要使用的文件名，项目管理器中的所有操作按钮将被激活。这样，可以使用表单设计器创建、修改或从项目管理器中将其移走。

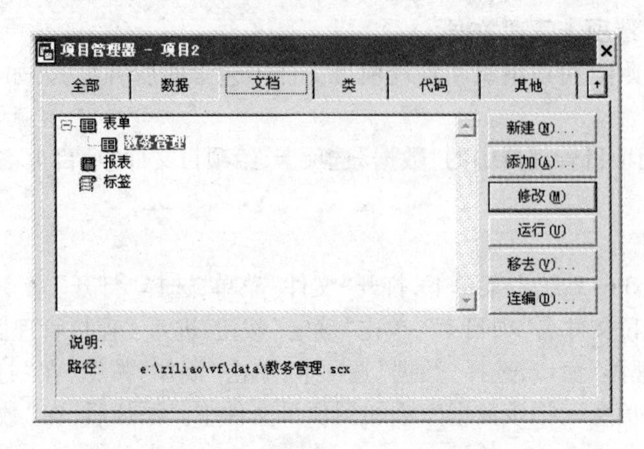

图 2－16　项目管理器中的"文档"选项卡

项目管理器中其他几个选项卡的操作相类似，在此不进行介绍。

3. 通过菜单的方式使用项目管理器

当项目文件打开后，除使用上述选项卡对项目文件操作外，还可以使用"项目"菜单对项目文件进行各种操作。

"项目"菜单中各选项的功能如表 2－4 所示。

表 2－4　项目菜单选项及功能

菜单选项	功　　能
新建文件	生成一个文件
添加文件	添加一个已有的文件
修改文件	打开一个设计器或修改选定的文件
运行文件	运行选定的查询、菜单、表单或程序
移去文件	在项目中或在磁盘上删除已选中的文件
重命名文件	给已选中的文件重新命名
包含	把项目文件未包含的文件标为包含
设置主文件	设置选中的文件为应用程序的主程序
编辑说明	编辑当前文件的注释说明
项目信息	调出项目信息对话框，观察、编辑相关信息
错误	在编辑窗口显示选中的应用程序文件的错误信息
连编	调出"连编选项"对话框，建立、更新应用程序和项目文件
清理项目	运行 pack 命令，移走带有删除标记的文件

2.3.3 定制“项目管理器”

在“项目管理器”窗口,可以移动“项目管理器”的位置、改变“项目管理器”的大小,还可以改变“项目管理器”的显示方式。

【例2-3】打开项目文件“项目1”,定制“项目管理器窗口”。

其操作步骤如下:

1)打开项目文件“项目1”,进入“项目管理器”窗口。在该窗口中,单击右上角的按钮,则“项目管理器”窗口会被压缩成如图2-17所示的效果。在被压缩的“项目管理器”窗口中,右上角的按钮已变成按钮,单击该按钮则可使被压缩的“项目管理器”窗口还原。

图2-17 压缩的“项目管理器”窗口

2)在被压缩的“项目管理器”窗口,拖动“数据”和“文档”选项卡,则这两个选项卡会从被压缩的“项目管理器”窗口中分离出来,如图2-18所示。

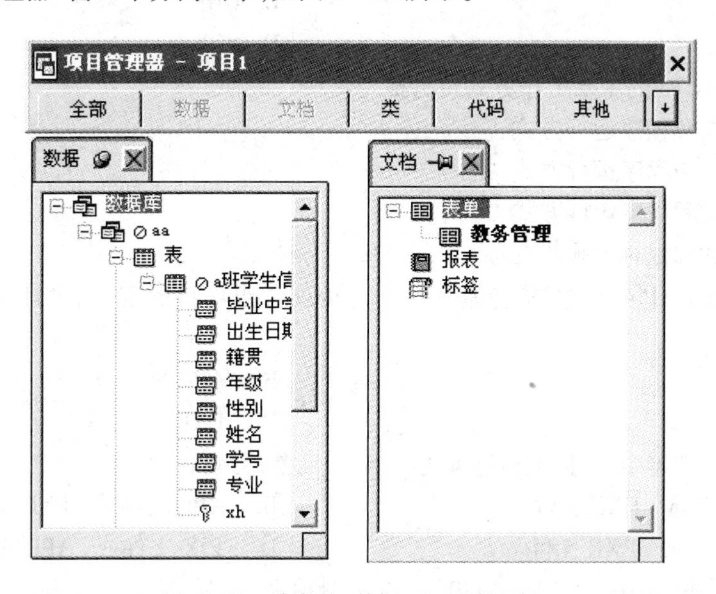

图2-18 分离的“数据”和“文档”窗口

3)在被压缩的“项目管理器”窗口,若在“数据”选项卡上右击,则弹出与“数据”选项卡相对应的快捷菜单。用户可以通过该菜单对“项目管理器”中的数据资源进行操作。

4)若单击“数据”选项卡的“关闭”按钮,则被分离出来的“数据”选项卡又将返回到被压缩的“项目管理器”窗口。

习　题　二

1. 单选题

1）当程序执行了某项功能时，在系统主菜单栏上或者是某个子菜单中会增加或减少相应的子菜单，则该菜单称为________。

A. 系统菜单　　B. 动态菜单　　C. 弹出菜单　　D. 快捷菜单

2）在“选项”对话框中的“文件位置”选项卡中，可以设置________。

A. 表单的默认大小　　B. 日期和时间的格式

C. 默认目录　　D. 程序代码的颜色

3）显示与隐藏“命令”窗口的操作是________。

A. 单击“常用”工具栏上的“命令窗口”按钮

B. 通过“窗口”菜单下的“命令窗口”命令来切换

C. 直接按 <Ctrl + F2> 或 <Ctrl + F4> 组合键

D. 以上方法均可

4）项目文件的扩展名是________。

A. PJX　　B. DBF

C. DBC　　D. SCX

5）Visual FoxPro 的主要工作方式可分成________两种。

A. 菜单方式和程序运行方式

B. 命令方式和程序运行方式

C. 交互方式和程序运行方式

D. 交互方式和鼠标方式

6）在 Visual FoxPro 中，扩展名为________的文件跟项目的定义、设计和使用无直接的关系。

A. . PJX　　B. . APP

C. . DOC　　D. . EXE

7）在项目管理器中，可把项目连编为________，然后运行。

A. . PJX 文件或 . EXE 文件　　B. . APP 文件或 . FXP 文件

C. . APP 文件或 . EXE 文件　　D. . PJX 文件或 . APP 文件

8）若在命令窗口中输入“A = ‘489’ + 12”（赋值命令）后，VFP 系统则会给出________的错误提示信息。

A. 操作符/操作数类型不匹配

B. 不能识别的命令谓词

C. 参数太少

9）在命令窗口中输入命令或编写程序时，对于较长的命令行可以使用________把一条长命令分成两行或多行来输入。

A. 逗号（，）　　B. 分号（；）

C. 句号（。）　　D. 省略号（…）

10）状态栏位于屏幕的最底部,用于显示数据管理系统对数据进行管理的状态。状态栏可以随时关闭或打开。使用________命令则屏幕上不出现状态栏。

A. SET Mark TO　　B. SET Century ON

C. SET Date TO　　D. SET Status OFF

2. 简答题

1）运行 VFP 需要什么样的硬件环境和软件环境?

2）简述 VFP 的特性。

3）如何更改系统的默认路径?

4）设计器、生成器和向导的作用是什么?

5）VFP 6.0 的用户界面由哪几部分组成?

6）建立一个项目,将其命名为“个人项目”。

第3章　数据及数据运算

为了便于用户开发程序,很多数据库管理系统不仅提供管理数据库的强大功能,而且还提供一整套程序设计语言,Visual FoxPro 也不例外。本章将学习 Visual FoxPro 的主要语法规则、常用命令和函数。

3.1　数据类型、常量和变量

3.1.1　数据类型

数据类型的定义是一套语言系统最基本的内容。数据有"类型"和"值"两个属性,"类型"是数据的分类,"值"是数据的具体表示。数据类型决定了数据的存储方式和使用方式。Visual FoxPro 系统为了使建立和使用数据库更加方便,将数据分为以下几种类型。

1. 字符型

字符型(Character)数据是描述不具有计算能力的文字数据类型,由英文字符、数字字符、中文字符、空格和其他专用符号组成,最大长度是 254 个字符。

2. 数值型

数值型数据是描述数量的数据类型,在 Visual FoxPro 系统中被细分成以下几种类型。

- 数值型(Numeric):数据是由数字(0~9)、小数点和正负号组成的,最大长度为 20 个字节。
- 整型(Integer):是不包含小数点部分的数值型数据,存储时为二进制的形式。
- 浮点型(Float):浮点型数据是数值型数据的一种,与数值型数据完全等价,只是在存储形式上采用浮点格式,而且数据的精度要比数值型数据高。
- 货币型(Money):该数据类型是数值型数据的一种特殊形式,在数据的第一个数字前加上一个货币符号"$"。货币型数据小数位的最大长度是 4 个字符,如果小数位超过 4 个字符,系统会按四舍五入原则自动截取。
- 双精度型(Double):是更高精度的数值型数据。只用于数据表中的字段类型的定义,并采用固定长度浮点格式存储。

3. 逻辑型

逻辑型(Logic)数据是描述客观事物真假的数据,常表示逻辑判断的结果。只有真和假两种值,长度固定为 1 个字节。

4. 日期型

日期型(Date)数据用于表示日期,长度固定为 8 个字节。包括年、月、日 3 个部分,每部分之间用规定的分隔符分开。由于各部分的排列顺序及分隔符不同,日期型数据的表现形式也很多。

5. 日期时间型

日期时间型(Date Time)用于表示日期和时间,包括年、月、日、时、分、秒,以及上午、下午等内容。长度固定为8个字节。

6. 备注型

备注型(Memo)数据用于存放较长的字符型数据类型。备注型数据没有数据长度限制,仅受限于现有的磁盘空间。它只用于数据表中的字段类型的定义,其字段长度固定为4个字节,而实际数据被存放在与数据表文件同名的备注文件中,长度根据数据的内容而定。

7. 通用型

通用型(General)数据是用于存储OLE对象的数据。通用型数据中的OLE对象可以是电子表格、文档、图片等。它只用于数据表中的字段类型的定义。该数据类型的长度固定为4个字节,实际长度仅受限于现有的磁盘空间。

3.1.2 常量

常量(Constant)是一个不变的值,常量类型有字符型、数值型、逻辑型、日期型、日期时间型。

1. 数值型常量

由数字(0~9)、小数点、正负号和字符“e”组成。例如,-123.45、789、-123e+12(科学计数法,表示-123×10^{12})都是合法的数值型常量。

2. 字符型常量

字符型常量是用定界符括起来的一串字符。定界符可以是双引号、单引号或中括号,例如,“中国”、‘abc’、[10+20]等都是合法的字符型常量。在使用时必须注意以下几点:

- 字符串中的字母大小写并不等价。
- 不包含任何字符的字符串""称为空串,它的长度为0,与包含空格的字符串" "不同。
- 定界符必须成对匹配,当某种定界符本身就是字符串常量的一个组成字符时,就应该选用另一种定界符表示该字符串,如["abc"defg]。

3. 逻辑型常量

由表示逻辑判断结果为“真”或“假”的符号组成。“.”为逻辑常量的定界符,不能省略。以下是合法的逻辑型常量。

- 逻辑真:.t.、.T.、.y.、.Y.
- 逻辑假:.f.、.F.、.n.、.N.

4. 日期型常量

该常量必须用大括号括起来,如{^2008/06/06}。日期常量常用的系统输入格式为{^yyyy/mm/dd}或{^{^yyyy-mm-dd}},输出格式为mm/dd/yy。其中,mm代表月,dd代表日,yy或yyyy代表两位或四位数的年份。

日期常量的格式还可以通过下面几个SET命令来确定。

(1) SET MARK TO [日期分隔符]

功能:用于确定日期数据的分隔符号。

【例3-1】在命令窗口中输入?{^2009/03/01},则输出结果为03/01/09。若在命令窗口中输入下列命令:

```
SET MARK TO "-"
? {^2009/03/01}
```

则输出结果为03-01-09。

(2) SET CENTURY ON/OFF

功能:用于确定日期数据的年份字符数,其中ON表示年份是4个字符,OFF是两个字符。

【例3-2】若在命令窗口中输入如下命令:

```
SET CENTURY ON
? {^2009/03/01}
```

则输出结果为03/01/2009。

(3) SET DATE TO American/Mdy/Ymd

功能:用于确定日期数据的指定格式。其中,American指定的格式是mm/dd/yy,Mdy指定的格式是mm/dd/yy,Ymd指定的格式是yy/mm/dd。

5. 日期时间型常量

日期时间常量常用的系统输入格式为{^yyyy/mm/dd hh:mm:ss}。例如,{^2008/10/20 10:01:01}。

3.1.3 变量

变量是程序的基本单元。变量的值在程序执行过程中可动态改变。在Visual FoxPro中,变量分为内存变量、系统变量和字段变量3种。

1. 内存变量

在多数情况下,内存变量可简称为变量。它是由用户或程序员定义的内存中的一个或一组存储单元,由变量名进行标识,并通过变量名来读写。

(1) 内存变量的命名

每个内存变量都需要有一个名称,建立名称时必须遵循以下规则:

- 由字母、汉字、数字、下画线等符号组成。
- 首个字符只能是字母、汉字或下画线,不能是数字。
- 不能与系统的保留字相同。
- 最长只能为254个字符。

例如,下面的变量名是合法的:

```
abc    a2b3    张三    _ab
```

下面的变量名是不合法的:

```
33ab    display    a@bc
```

要注意的是,该命名规则通用于函数名、数据库名、数据表名、字段名等。但是数据表名不能以下画线开头。

(2) 内存变量的类型

内存变量可分为数值型、浮点型、字符型、逻辑型、日期型、日期时间型6种类型,内存变量的类型是根据所赋值的内容决定的。

(3) 内存变量的赋值

内存变量是内存中的临时存储单元,用户可以根据需要定义内存变量的类型,它的类型取决于它所接受的数据的类型。也就是说,内存变量的定义是通过赋值语句来完成的。给内存变量的赋值命令有 Store 和“ = ”。

注意:除非用内存变量文件来保存内存变量值,否则,当退出 Visual FoxPro 系统后,内存变量将会消失。

格式 1:STORE <表达式> TO <内存变量表>

功能:计算 <表达式> 的值,并将 <表达式> 的值赋给内存变量表中的每一个变量。<内存变量表> 可以是一个变量,也可以是多个变量,如果是多个变量,则各个变量之间用逗号隔开。

格式 2:<内存变量> = <表达式>

功能:计算 <表达式> 的值,并将 <表达式> 的值赋给内存变量。

【例 3 - 3】给内存变量 A1、A2、A3 赋值。在命令窗口中输入下列命令:

```
A1 = 20 + 456
STORE "北京" TO A2,A3
```

(4) 表达式的输出命令

格式:? / ?? <表达式表>

功能:依次计算 <表达式表> 中表达式的值,并将各表达式表的值在屏幕上输出。其中,使用? 命令,显示结果会在下一行输出;而使用?? 命令,显示结果会在当前行末尾输出。若命令不带 <表达式表>,则使用? 命令会输出一个空行。

【例 3 - 4】给 A、B 两个内存变量赋值,并在屏幕上显示这两个内存变量的值。

在命令窗口中输入下列命令:

```
A = 5
B = 6
? A
? B
? A * B
?? A,B,A * B
```

输出结果如图 3 - 1 所示。

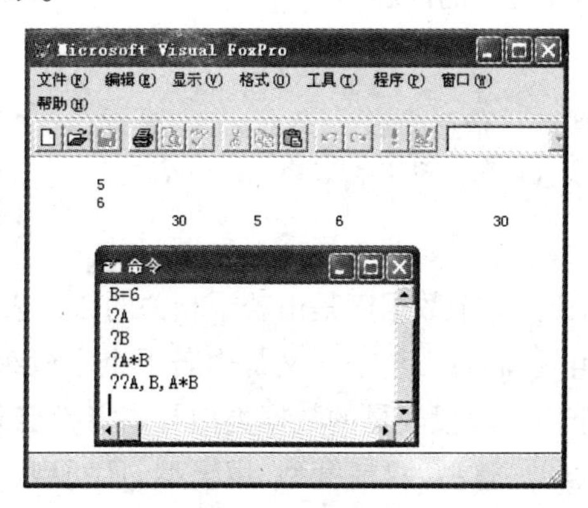

图 3 - 1 输出结果

(5) 内存变量的显示

用? 和?? 命令可以分别显示单个或一组变量的值。但有时用户还需了解变量其他相关信息,如数据类型、作用范围,或了解系统变量的信息。Visual FoxPro 系统提供了相应操作命令。其格式如下:

LIST|DISPLAY MEMORY [LIKE <通配符>][TO PRINT]

功能:显示当前已定义的内存变量,包括变量名、有效范围、类型和值。

【举例】

```
LIST MEMORY                  && 滚动显示所有变量
DISPLAY MEMORY               && 分屏显示所有变量
DISPLAY MEMORY LIKE a *      && 分屏显示所有以字母 a 开头的变量
LIST MEMORY TO PRINT         && 打印输出所有变量
```

(6) 内存变量的清除

在程序运行的过程中,经常对内存变量进行清理会提高程序的运行速度和质量。可以用 Release 命令来清除内存变量。

格式:RELEASE ALL

功能:清除所有的内存变量。

格式:RELEASE [内存变量表]

功能:清除指定的内存变量。

例如,要清除 A,B 两个变量,可以使用如下命令:

```
RELEASE A, B
```

2. 系统变量

为了方便程序员和用户,Visual FoxPro 提供了很多事先定义好的变量,称为系统变量。系统变量是以下画线"_"开始,所以我们在定义内存变量时要避免以下画线开始,以免和系统变量冲突。

【例 3-5】标题栏中的主屏幕标题是系统定义的该窗口名称,可以使用(_SCREEN 或_VFP)命令,根据自己的兴趣改变它的内容。

在命令窗口中可以输入以下命令:

```
_SCREEN. CAPTION = "信息系统"      && 标题设置为"信息系统"
或: _VFP. CAPTION = "VFP"
```

3. 字段变量

通过前面的学习已经知道,一个数据库是由若干相关的数据表组成的,一个数据表是由若干个具有相同属性的记录组成,而每一个记录又是由若干个字段组成的。字段变量就是指数据表中已定义的任意一个字段。字段变量的数据类型与该字段定义的类型一致。字段变量的类型有数值型、字符型、浮点型、整型、双精度型、逻辑型、日期型、日期时间型、备注型和通用型等。

注意:若内存变量与数据表中的字段变量同名时,用户在引用内存变量时要在其名字前加一个 m. 或(m - >),用来强调这一变量是内存变量。

例如,若同时存在字段变量“性别”和内存变量“性别”,则语句“? 性别”输出的是字段变量的内容,语句“? M. 性别”输出的是内存变量的内容。

使用字段变量先要建立数据表,建立数据表时首先定义的是字段变量属性(包括名称、类型和长度)。字段变量的定义及字段变量数据的输入、输出需要在表设计器和表浏览、编辑窗口中进行。这部分的内容将在第 4 章数据表的设计与操作中详细介绍。

3.2 运算符和表达式

3.2.1 运算符

运算符是对变量操作的符号,可用于操作同类型的数据。Visual FoxPro 中的运算符分为算术运算符、字符运算符、日期和日期时间运算符、关系运算符和逻辑运算符。

1. 算术运算符

算术运算符也称为数值运算符,用于操作数值型数据。常用的算术运算符如表 3 - 1 所示。

表 3 - 1 算术运算符

运 算 符	功 能
**,^	幂
*,/	乘,除
%	模(取余)
+, -	加,减

2. 字符运算符

对字符串的操作有 + , - 和$等几种,用于连接和比较字符串。字符运算符如表 3 - 2 所示。

表 3 - 2 字符运算符

运 算 符	功 能
+	连接两个字符型数据,结果仍是字符串
-	删除运算符左侧字符串尾部空格后连接两个字符型数据,结果是字符串
$	查看左串是否包含在右串中,结果是逻辑值

3. 日期和日期时间型运算符

日期和日期时间型运算符只有“ + ”和“ - ”两个。日期运算符中“ + ”的运算结果是在已给的日期上再加天数;日期运算符中“ - ”运算结果是计算已给的两个日期相差的天数。而日期时间型运算符中“+”、“-”运算结果是在已给的日期时间上加减一定秒数。

4. 关系运算符

关系运算符可用于任意数据类型的数据比较，但要求运算符两边操作数的类型相同。运算的结果为逻辑值。关系运算符及功能如表3-3所示。

表3-3 关系运算符

运 算 符	功 能
<	小于
>	大于
=	等于
<>,#,! =	不等于
<=	小于或等于
>=	大于或等于
==	字符串全等比较
$	查看左串是否包含在右串中

5. 逻辑运算符

逻辑运算符有3个：AND(与)、OR(或)、NOT(非，也可写成!)，运算结果为逻辑值。逻辑表达式在运算过程中要遵守其运算规则，运算规则如表3-4所示。

表3-4 逻辑运算规则

变量A的值	变量B的值	A and B	A or B	.not. A
.T.	.T.	.T.	.T.	.F.
.T.	.F.	.F.	.T.	.F.
.F.	.T.	.F.	.T.	.T.
.F.	.F.	.F.	.F.	.T.

3.2.2 表达式

1. 算术表达式

算术表达式可由算术运算符和数值型常量、数值型内存变量、数值型数组、数值型的字段、返回数值型数据的函数组成。算术表达式的运算结果是数值型常数。如2**8，96%12等都是算术表达式。在进行算术表达式计算时，要遵循优先顺序：先括号，在同一括号内，按先乘方(**)，再乘除(*，/)，再模运算(%)，最后加减(+，-)的顺序。

要注意的是，在输入表达式时，所有符号都必须一个个并排在同一横线上，原来在数学式中省略的内容必须写上，且所用括号都采用圆括号。如数学式$2\times[(X^2+3)/5]$，在VFP中就应该输入为2*((X^2+3)/5)。

2. 字符表达式

字符表达式由字符运算符和字符型常量、字符型内存变量、字符型数组、字符型类型的字段和返回字符型数据的函数组成。字符表达式运算的结果是字符型或逻辑型。如“北京”+“奥运会”的运算结果为“北京奥运会”;“北京”-“奥运会”的运算结果为“北京奥运会”;“计算机”$“计算机软件”的运算结果为.T.。

3. 日期、日期时间表达式

日期时间表达式由日期运算符和日期时间型常量、日期时间型内存变量和数组、返回日期时间型数据的函数组成。

例如,{^2008/10/10}+5 的运算结果为10/15/08。{^2008/10/15}-{^2008/10/10}的运算结果为5。

4. 关系表达式

关系表达式可由关系运算符和字符表达式、算术表达式、日期、日期时间表达式组成。当进行字符串比较时,要注意以下几点:

- 总是以相应字符的内码值进行比较。
- 相等和全等运算的差别只有在模糊比较时(SET EXACT OFF)才会体现出来,这时全等运算要求进行比较的两个字符串必须完全相同才能返回逻辑真。
- 相等运算的要求没那么严格,如果右边的字符串出现在左边字符串的前面,那么它们便认为是相等的。

【例3-6】在命令窗口中输入以下命令:

```
SET EXACT OFF          && 关闭模糊比较
?"abcd"= ="ab"         && 判断两个字符串是否全等,结果为.F.
?"abcd"="ab"           && 判断两个字符串是否相等,结果为.T.
```

输出结果如图3-2所示。

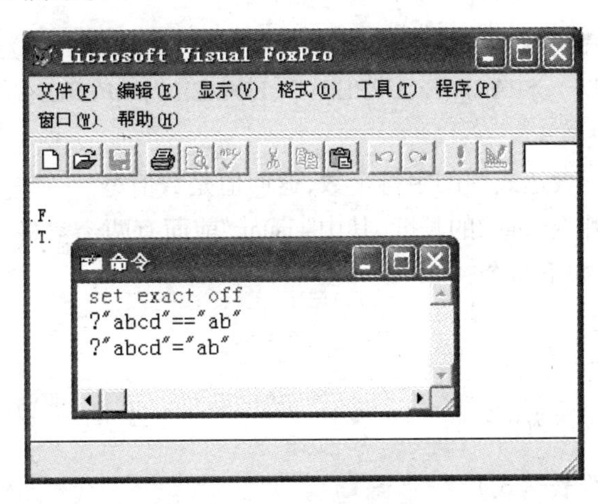

图3-2 模糊比较时相等和全等的区别

5. 逻辑表达式

逻辑表达式可由逻辑运算符和逻辑型常量、逻辑型内存变量、逻辑型数组、返回逻辑型数据的函数和关系表达式组成。

进行逻辑表达式计算时要遵循优先顺序:括号→.NOT.→.AND.→.OR.。

6. 运算符的优先级

在一个复杂的表达式中,可能会同时出现多种运算符,如同时出现数值运算符、关系运算符和逻辑运算符,或同时出现字符串运算符、关系运算符和逻辑运算符等情况,这时就要考虑到这些运算符的优先顺序问题。运算符的优先级如下:

- 括号→+(正号)和-(负号)→算术运算符→关系运算符→逻辑运算符。
- 括号→+和-(字符串连接符)→关系运算符→逻辑运算符。
- 括号→日期运算符→关系运算符→逻辑运算符。

3.3 常用函数

函数是一种预先编制好的程序代码,用于实现一定的功能,并供别的程序或函数调用。与其他程序设计语言一样,在 VFP 中,使用函数时必须按照事先设定好的格式输入函数,并把正确的参数写在一对圆括号中。函数的语法格式:

函数名(参数1,参数2,参数3,…)

VFP 中的函数有两种:一种是由系统提供的,称为标准函数;另一种是用户根据实际需要自行定义的,称为用户自定义函数。根据函数的功能,可将标准函数大致分为11类:数值计算函数、字符处理函数、数据转换函数、日期和时间函数、变量处理函数、数据库函数、测试函数、数据共享函数、输入输出函数、编程函数和动态数据操作函数。

下面将介绍4类常用函数。

3.3.1 字符处理函数

字符串函数用于字符型数据,常用的函数有 LEN()、ALLTRIM()、TRIM()、AT()、SUBSTR()、LEFT()、RIGHT()、SPACE()、UPPER()、LOWER()和 LIKE()等。

(1) LEN(字符表达式)

功能:返回指定字符表达式中的字符个数,返回值是数值型。

【例3-7】求字符串" visual "的长度,其中" visual "前面有两个空格,后面有一个空格。

在命令窗口中输入如下命令:

```
x ="  visual "
? LEN(x)
&& 命令执行的结果为9
```

(2) ALLTRIM(字符表达式)

功能:删除并返回字符表达式首尾两端前导和尾随的空格字符的字符串。返回值是字符型。

【例3-8】在命令窗口中分别输入以下命令,观察结果:

```
S = ALLTRIM("  visual ")
? S
&& 命令执行的结果为"visual"
```

(3) LTRIM(字符表达式)、RTRIM(字符表达式)

功能:删除指定字符表达式中的前导或尾部空格。返回值是字符型。

(4) AT(字符串1,字符串2,n)

功能:搜索字符串1在字符串2中第n次出现的位置,n的默认值是1。如果返回值是0,则表示在字符串2中没有适合条件的字符串1。

【例3-9】在命令窗口中分别输入以下命令,观察结果:

```
A="巴西巴拉圭是南美国家"
? AT("巴",A)        && 显示的结果为1
? AT("巴",A,2)      && 显示的结果为5,因为中文字符占两个字节
? AT("巴",A,3)      && 显示的结果为0
```

(5) SUBSTR(字符表达式,n,m)

功能:从字符表达式的第n个位置开始连续取出m个字符,省略m时则从第n个位置开始取出字符表达式右边的所有字符。

【例3-10】在命令窗口中分别输入以下命令,观察结果:

```
? SUBSTR("123456",2,3)     && 显示的结果为"234"
X="中国共产党党员"
? SUBSTR(X,11,4)           && 显示的结果为"党员"
```

(6) LIKE(字符表达式1,字符表达式2)

功能:用于确定字符表达式1是否包含字符表达式2的内容。

【例3-11】在命令窗口中分别输入以下命令,观察结果:

```
x="科学出版社"
? LIKE(X,"科学社")     && 命令执行的结果为.F.
```

(7) 其他一些常见的字符处理函数如表3-5所示。

表3-5 其他的字符处理函数

函　数	功　能
LEFT(字符表达式,数值表达式)	从指定字符串的最左边字符开始,返回指定数量的字符
RIGHT(字符表达式,数值表达式)	从指定字符串的最右边字符开始,返回指定数量的字符
LOWER(字符表达式)	把指定的字符表达式中的字母转变为小写字母
UPPER(字符表达式)	把指定的字符表达式中的字母转变为大写字母
SPACE(数值表达式)	返回由指定个数的空格字符组成的字符串

3.3.2 数值处理函数

数值函数用于处理数值型数据,返回值也为数值型。常用的数值处理函数如表3-6所示。

表 3-6　常用的数值处理函数

函　数	功　能
ABS(数值表达式)	返回表达式值的绝对值
COS(数值表达式)	返回表达式值的余弦值,自变量取弧度值
EXP(数值表达式)	返回表达式的 e 指数,即为 e 的指数函数值
INT(数值表达式)	计算一个表达式的值并返回它的整数部分
LOG(数值表达式)	返回表达式值的自然对数
MAX(数值表达式表)	返回这组表达式值的最大值,表达式之间用逗号分隔
MIN(数值表达式表)	返回这组表达式值的最小值,表达式之间用逗号分隔
MOD(整型表达式 1,整型表达式 2)	返回整数表达式 1 除以整数表达式 2 所得的余数
PI()	返回圆周率
RAND()	返回[0,1)上的一个随机数
ROUND(数值表达式,n)	返回数值表达式值的第 n+1 位小数四舍五入的结果
SIGN(数值表达式)	符号函数,返回数值表达式值的符号对应值,负数返回 -1,0 返回 0,正数则返回 1
SIN(数值表达式)	返回表达式值的正弦值,自变量为弧度值
SQRT(数值表达式)	返回表达式值的平方根,数值表达式的值不能为负数
IIF(逻辑表达式,表达式 1,表达式 2)	若逻辑表达式的值为真,则函数返回表达式 1 的值;否则,返回表达式 2 的值

【例 3-12】在显示器上输出 e^5 的值。在命令窗口应输入:

```
? EXP(5)
&& 输出结果是 148.41
```

【例 3-13】若 x=50,y=75,z=32,求 x+y 与 x+z 中的最大值,并在显示器上输出。在命令窗口中应输入:

```
x=50
y=75
z=32
a=MAX(x+y,x+z)
? a
&& 命令的执行结果为 125
```

【例 3-14】执行下列命令:

```
X=80
Y=60
? IIF(X>Y,50+X,100+Y)
&& 命令的执行结果为 130
```

注意:

1）数学式 SIN(30°)的 VFP 形式为 SIN(30*pi()/180)。

2）函数 MOD(m,n)的返回值与 n 同号,当 n 为正数时,取小于 m 的最近 n 倍值与其比较;当 n 为负数时,取大于 m 的最近 n 倍值与其比较。

3.3.3 日期时间函数

日期时间函数用于处理日期、日期时间数据，常见的有以下几种：

(1) DATE( )

功能：返回当前系统日期，返回值是 D 型。

【例 3-15】将系统日期赋给 x，并在显示器上输出 x 的值。

```
x = DATE( )
? x
&& 执行的结果是显示当前系统日期，10/29/08
```

(2) TIME( )

功能：返回当前系统时间，返回值是 C 型。

(3) DATETIME( )

功能：返回当前系统日期和时间，返回值是 T 型。

(4) YEAR(日期)、MONTH(日期)、DAY(日期)

功能：分别返回指定日期的年号、月份和日期，返回值是 N 型的。

(5) DOW(日期)

功能：返回指定日期的星期序号，星期天的序号为 1。

(6) HOUR(时间或日期时间)、MINUTE(时间或日期时间)、SECOND(时间或日期时间)

功能：分别返回指定时间或日期时间的小时数、分钟数及秒数。

3.3.4 数据类型转换函数

数据类型转换函数用于在各种数据类型之间对数据进行转换，常见的有以下几种：

(1) ASC(字符)

功能：返回字符串表达式最左边的字符的 ASCII 码值。

【例 3-16】? ASC("FoxPro")　　&& 显示 F 的 ASCII 码值为 70

(2) CHR(序号)

功能：返回 ASCII 码值为指定序号的字符。

【例 3-17】? CHR(66)　　&& 返回值为'B'

(3) CTOD(日期形式字符串)

功能：把字符串转换成日期常量。

【例 3-18】在命令窗口中分别输入以下命令，观察结果：

```
x = "05/01/08"
? CTOD(x)        && 返回值是 05/01/08
```

(4) DTOC(日期表达式)

功能：把日期转换成字符串，年号为两位数。

【例 3-19】在命令窗口中分别输入以下命令，观察结果：

```
x = {^2008/01/01}
```

```
? DTOC(x)           && 返回值为"01/01/08"
```

（5）TTOC(日期时间表达式)

功能:将日期时间表达式转换为指定的字符串。

（6）TTOD(日期时间表达式)

功能:将日期时间表达式转换成一个日期常量。

（7）VAL(字符表达式)

功能:返回字符表达式的数字值,直到遇到非数值型字符为止,若字符表达式的第一个字符不是数字,也不是正负号,则函数返回0。

【例3-20】在命令窗口中分别输入以下命令,观察结果:

```
? VAL("-12.3.456a")      && 返回值为-12.30
? VAL("12.345")          && 返回值为12.35
? VAL("abcd")            && 返回值为0.00
? VAL("10+20")           && 返回值为10.00,而不是30.00,是因为字符串中
                         && 的"+"并不代表数值加的意义
```

另外,通过执行"SET DECIMALS TO n"命令可以指定数字表达式中显示的小数位数。

如执行下列命令:

```
SET DECIMALS TO 1
? VAL("12.45678")        && 返回值为12.5
```

（8）STR(数值表达式1,数值表达式2,数值表达式3)

功能:将指定的数值表达式1按数值表达式2指定的长度及数值表达式3指定的小数位数,转换成相应的数字字符串。

说明:数值表达式2指定返回的字符串长度,默认是10,该长度包含小数点所占的字符和小数点后面数字的位数。如果指定的长度大于数值宽度,则用前导空格填充,如果指定长度小于数值宽度,函数返回一串星号。数值表达式3用于指定返回字符串中的小数位数,默认是0。如果指定的小数位数小于数值表达式1中的小数位数,则截去多余的数字。

【例3-21】在命令窗口中分别输入以下命令,观察结果:

```
? STR(12.3456)              && 返回值为长度是10的字符串"        12"
? STR (103.1416,2)          && 返回值为一串星号,因为指定的长度小于数值宽度
? STR (12.457,6)            && 返回值为长度为6的字符串"    12"
? STR (103.1416,6,2)        && 返回值为103.14
```

习 题 三

1. 单选题

1）以下日期型常量表达正确的是________。

A. "2005-10-08"　　　　B. {^2006-03-09}

C. {2007-10-05}　　　　D. 2007-04-01

2）表达式 2 * 3 +4 ** 2 +8/4 -3^2 的值为________。

A. 16　　B. 253　　C. 20　　D. 15

3）用 DIMENSION 命令定义了一个数组，数组元素在赋值前的默认值是________。

A. 0　　B. NULL　　C. .F.　　D. 不确定

4）? AT("大学","苏州大学计算机学院")的显示结果是________。

A. 2　　B. 3　　C. 4　　D. 5

5）在下列表达式中，运算结果为字符串的是________。

A. "1551" + "66"　　B. ABCD + XYZ = ABCDXYZ

C. DTOC(DATE()) > "08/13/98"　　D. CTOD("08/13/99")

6）STR(129.87,7,3)的值是________。

A. 129.87　　B. "129.87"　　C. 129.870　　D. "129.870"

7）如果内存变量 DT 是日期型的，那么给该变量赋值正确的操作是________。

A. DT = 08/10/97　　B. DT = "08/10/97"

C. DT = CTOD(08/10/97)　　D. DT = CTOD("08/10/97")

8）VFP 中内存变量的数据类型不包括________。

A. 数值型　　B. 货币型　　C. 备注型　　D. 逻辑型

9）下列正确表示日期型常量的是________。

A. "99/10/21"　　B. {"99/10/21"}　　C. {99/10/21}　　D. 99/10/21

10）下拉选项中，不是 VFP 合法的表达式的是________。

A. "1"$"1999"　　B. "1" < "1999"

C. "1" + "1999"　　D. "1"AND"1999"

2. 简答题

1）有哪些常用的数据类型？

2）如何给变量赋值？

3）内存变量、数组变量、字段变量有何区别？

第4章　数据表的设计与操作

数据表(.DBF文件)是VFP中用于保存数据的最主要、最基本的形式。数据表的每一列称为一个字段,每个字段都有一个名字称为字段名,不同的字段有不同的字段名;数据表中除了字段名所在行外的其他每行数据都称为一个记录,它是字段值的集合。每个数据表都有一个表名,该表名就是.DBF文件的文件名。

数据表可分成自由表和数据库表两种。自由表独立存在于任何数据库以外,数据库表则包含于某个数据库中,作为数据库的一个组成部分,同一个表不能属于两个不同的数据库。

本章主要介绍数据表的设计与操作,包括数据表结构的建立和修改;数据表的打开和关闭;数据表记录的定位和显示;数据表记录的插入、追加、删除和恢复;排序与索引;数据表的统计与汇总;工作区的概念及使用。

4.1　数据表的建立与修改

4.1.1　建立表结构

建立数据表的一般步骤如下:

1. 建表前的准备

在建立表前,需要根据需求分析设计适合需求的二维表。本章的示例用表是教师信息表,如表4-1所示。为方便阅读,命令操作的结果均隐藏"照片"与"备注"字段。

表4-1　教师信息表

序号	姓名	性别	出生日期	职称	电话	文化程度	工作日期	基础工资	婚否	照片	备注
1	陈茂昌	男	1968-9-6	高工	832962	大专	1989-3-13	950	TRUE	略	略
2	黄浩	男	1961-4-1	助理工程师	833698	大专	1982-4-18	950	TRUE	略	略
3	李华	女	1965-11-1	副教授	248175	本科	1982-9-11	902.9	TRUE	略	略
4	李晓军	男	1965-7-23	讲师	660420	硕士	1989-6-21	1531.5	TRUE	略	略
5	李元	女	1971-7-1	助理工程师	832188	大专	1993-1-5	967.96	FALSE	略	略
6	刘毅然	男	1964-7-1	助理工程师	832288	大专	1985-12-19	850	TRUE	略	略
7	王方	男	1945-12-21	副教授	832390	本科	1969-7-5	1844.3	TRUE	略	略
8	王静	女	1943-3-2	教授	833030	硕士	1965-7-14	1950	TRUE	略	略
9	伍清宇	男	1956-11-16	工程师	833242	本科	1976-1-4	1660	TRUE	略	略
10	许国华	男	1957-8-26	副教授	832613	本科	1976-8-21	1115.6	TRUE	略	略
11	张丽君	女	1976-7-26	助理实验师	832920	本科	1998-7-31	930.3	FALSE	略	略
12	朱志诚	男	1963-10-1	副教授	832378	本科	1985-7-15	972.9	TRUE	略	略

2. 设计表结构

设计表结构,需要完成以下内容。

（1）定义表名

创建表时，需要给该表指定一个表名，即表的文件名(.DBF 文件)。表名可采用 1 ~ 128 个字符，这些字符只能是字母、汉字、下画线和数字，首字必须是字母、汉字或下画线。为表命名时，要注意表名必须简明，最好能体现该表中存储的数据的特征，还应方便记忆。

（2）定义表的字段

定义表的字段包括指定表的字段个数，定义每个字段的字段名，字段类型、宽度及是否建立索引等。表 4 -2 所示为教师信息表的字段属性。

表 4 -2　教师信息表字段属性

字　段　名	字 段 类 型	字 段 宽 度	小 数 位 数	索　引　否
序号	数值型	3	0	普通索引
姓名	字符型	8		普通索引
性别	字符型	2		
出生日期	日期型	8		
职称	字符型	12		
电话	字符型	12		
文化程度	字符型	12		
工作日期	日期型	8		
基础工资	数值型	10	2	
婚否	逻辑型	1		
照片	通用型	4		
备注	备注型	4		

3. 建立表结构

（1）利用表设计器创建表

其具体操作步骤如下：

1）选择“文件”→“新建”命令，弹出“新建”对话框，如图 4 -1 所示。

2）在“新建”对话框中选择“表”，再单击“新建文件”按钮，进入“创建”对话框，如图 4 -2 所示。

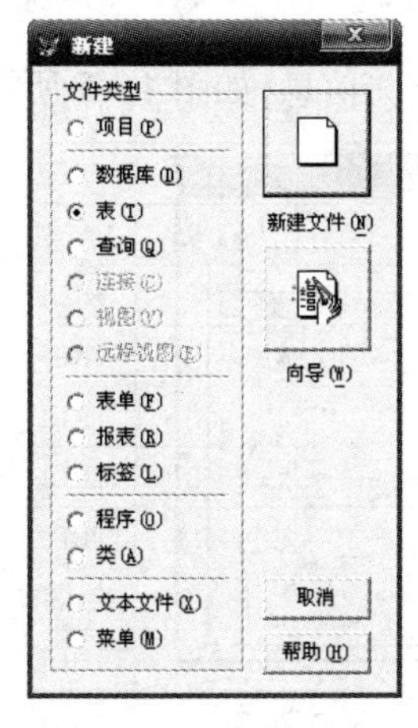

图 4 -1　“新建”对话框

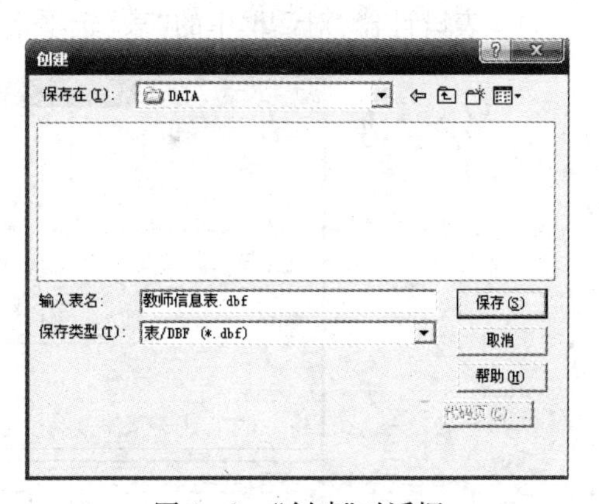

图 4 -2　“创建”对话框

3）选择保存位置并输入表名，单击“保存”按钮，进入“表设计器”对话框。

4）在“表设计器”对话框的“字段”选项卡中，逐一输入表中的各个字段属性，如图4-3所示。

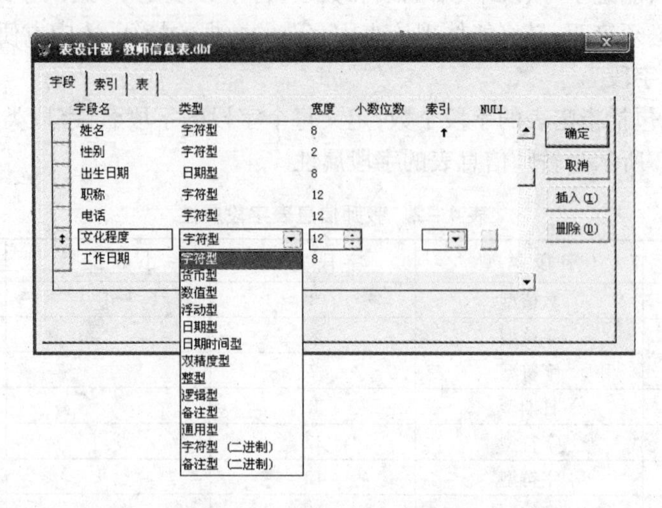

图4-3 “表设计器”对话框

5）选择“表设计器”对话框中的“索引”选项卡，定义索引，如图4-4所示。

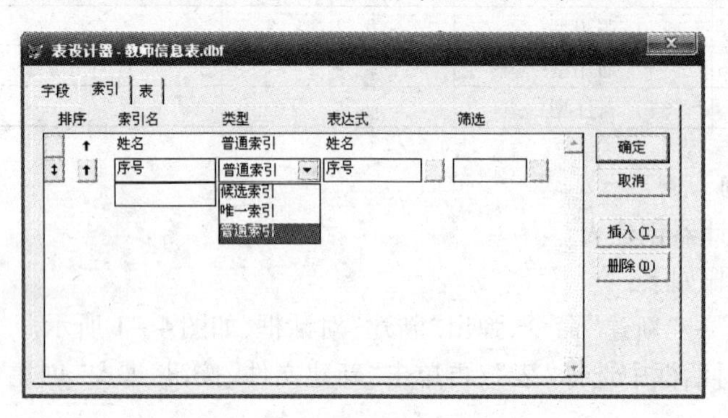

图4-4 “索引”选项卡

6）“表设计器”对话框中的“表”选项卡用于显示表的有关信息，如图4-5所示。

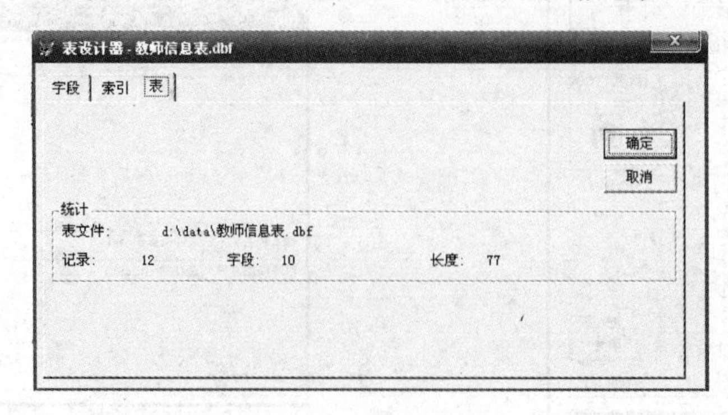

图4-5 “表”选项卡

7）在设置好表中的各个有关的选项后，单击“确定”按钮，将创建的数据表存盘，并弹出如图 4－6 所示的对话框，询问是否输入数据记录。选择“是”，将进入输入记录对话框。这里我们先选择“否”。

图 4－6　是否输入记录对话框

（2）用命令创建数据表

其具体操作步骤如下：

1）打开命令窗口。

2）在命令窗口中输入以下命令。

```
Create Table 教师信息表(序号 C(3),姓名 C(8),性别 C(2),出生日期 D(8),职称 C(12),电话
C(12),文化程度 C(12),工作日期 D(8),基础工资 N(10,2),婚否 L(1),照片 G(4))
```

（3）利用表向导创建表

利用 VFP 内置的表向导，系统将基于典型的表结构来创建表。经过一步步的向导，用户可以定制表结构，这种制作表的方法比较简单，在此不做详细介绍。

4. 输入表记录

（1）定义完表结构后直接输入记录

定义完表结构后，出现图 4－6 所示的询问框时选择“是”，将调用一个编辑窗口，用户可以开始在该窗口中输入记录内容。记录输入完毕后，关闭窗口，或按 <Ctrl + W> 组合键就可以保存输入的内容。

（2）在浏览窗口中添加记录

选择“显示”→“浏览”命令，或使用 BROWSE 命令，可调出当前已打开的表的浏览窗口，如图 4－7 所示，该窗口显示当前表的所有记录。

教师信息表

序号	姓名	性别	出生日期	职称	电话	文化程度	工作日期	基础工资	婚否	照片	备注
1	陈茂昌	男	09/06/68	高工	832962	大专	03/13/89	950.00	T	Gen	memo
2	黄浩	男	04/01/61	助理工程师	833698	大专	04/18/82	950.00	T	Gen	memo
3	李华	女	11/01/65	副教授	248175	本科	09/11/82	902.90	T	Gen	memo
4	李晓军	男	07/23/65	讲师	660420	硕士	06/21/89	1531.50	T	Gen	memo
5	李元	女	07/01/71	助理工程师	832188	大专	01/05/93	967.96	F	gen	memo
6	刘毅然	男	07/01/64	助理工程师	832288	大专	12/19/85	850.00	T	gen	memo
7	王方	男	12/21/45	副教授	832390	本科	07/05/69	1844.30	T	gen	memo
8	王静	女	03/02/43	教授	833030	硕士	07/14/65	1950.00	T	gen	memo
9	伍清宇	男	11/16/56	工程师	833242	本科	01/04/76	1660.00	T	gen	memo
10	许国华	男	08/26/57	副教授	832613	本科	08/21/76	1115.60	T	gen	memo
11	张丽君	女	07/26/76	助理实验师	832920	本科	07/31/98	930.30	F	gen	memo
12	朱志诚	男	10/01/63	副教授	832378	本科	07/15/85	972.90	T	gen	memo

图 4－7　数据表的浏览窗口

如果想在浏览窗口中添加一个或多个新记录，则选择“显示”→“追加方式”命令，可在浏览窗口中为该表追加一个或多个新记录。在输入过程中，可按 < Enter > 键或 < Tab > 键，从而把光标移到下一个字段。如果输入的数据不符合当前字段的数据类型（如对日期型数据输入字母时），VFP 会提示出错。

（3）备注型数据的输入

备注型字段长度不定，所以这种字段的数据不能在表的“编辑”窗口或“浏览”窗口直接输入。备注型字段数据的输入步骤如下：

1）打开表。

2）打开表的“编辑”或“浏览”窗口。

3）在表的“编辑”或“浏览”窗口下，把光标移到备注型字段下双击，进入备注型字段的编辑窗口如图 4 - 8 所示，在该窗口中可以编辑或修改备注型数据。

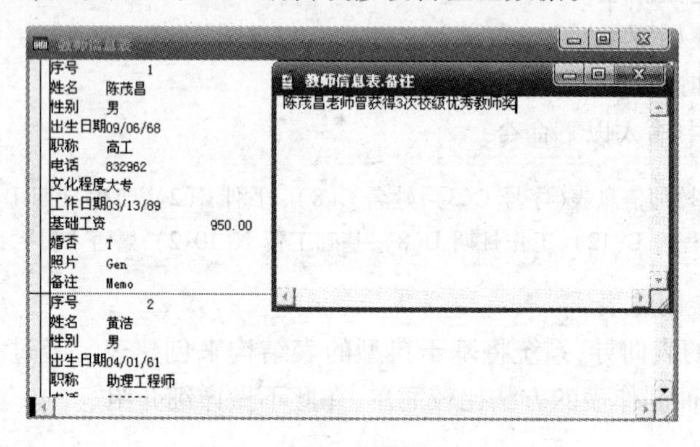

图 4 - 8　备注型数据输入窗口

（4）通用型数据的输入

通用型字段数据多数用于存放 OLE 对象，如图像、声音、电子表格或文字处理文档等，因为字段长度不一样，所以不能按常规的输入方法输入数据。通用型字段数据的输入步骤如下：

1）打开表的“编辑”或“浏览”窗口。

2）在表的“编辑”或“浏览”窗口下，把光标移到通用型字段下双击，进入通用型字段的编辑窗口，再打开“编辑”菜单，选择“插入对象”命令，在“插入对象”对话框中选择“由文件创建”单选按钮，选择插入的 BMP 图像文件，如图 4 - 9 所示。

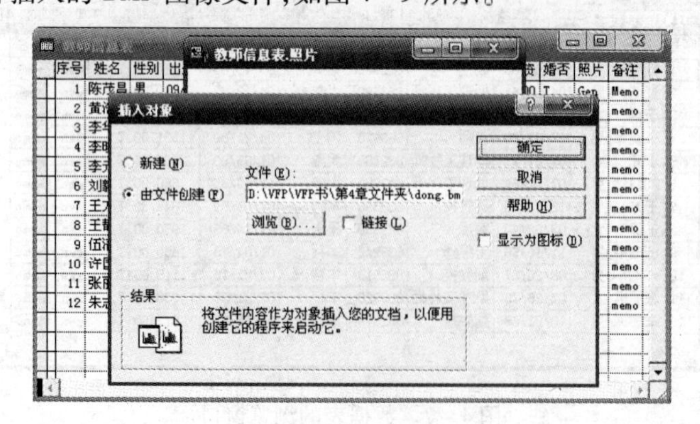

图 4 - 9　插入对象窗口

3）单击“确定”按钮，BMP 文件将被插入到通用字段中。

4.1.2 修改表结构

当表设计不尽合理时，需要对表的结构进行修改。对表结构的修改包括：对原有字段的字段名、字段类型、宽度及可能有的小数位数的更改，添加新的字段和删除已有的字段。可以利用表设计器修改表结构，也可以使用命令完成。

1. 通过表设计器修改表结构

方法1：使用菜单方式修改，其操作步骤如下：

1）在 VFP 主窗口中，选择“文件”→“打开”命令，弹出“打开”对话框。

2）在“打开”对话框中选择或输入要修改表结构的表名。

3）打开“显示”菜单，选择“表设计器”进入“表设计器”对话框。

4）在“表设计器”中，可添加新字段，修改已有字段的属性，也可以删除已有的字段。

方法2：使用 Modify Structure 命令修改表结构。命令格式如下：

```
Modify  Structure
```

在命令窗口中输入该命令后，将会出现当前表的表设计器，如果没有确定当前表，则可以使用 use 命令打开一个表(后面介绍 use 命令)。

2. 使用 Alter Table 命令修改表结构

Alter Table 命令可以修改已打开的表或还没打开的表的表结构，也可以修改自由表或数据表的表结构。下面分别介绍利用 Alter Table 命令增加新字段、删除新字段、修改已有的字段。

(1) 增加新的字段

格式：Alter Table 数据表名 ADD[Column] 字段名 字段类型[(宽度[,小数位])]

说明：该命令用于在指定表的末尾添加一个新字段，对于字符型和数值型字段，必须指定宽度(数值型字段还应指定小数位)。

【例4-1】为教师信息表添加 C 型字段和 D 型字段。

```
Alter Table 教师信息表 Add  部门 C(10)
Alter Table 教师信息表 Add 毕业日期 D
```

第一条命令是为“教师信息表”添加一个字符型的“部门”字段，宽度为10。第二条命令是为“教师信息表”添加一个日期型的“毕业日期”字段，宽度为默认的宽度8。利用 Alter Table 命令添加的字段总是在表的末尾，可以在表设计器中调整字段的顺序。

(2) 删除已有的字段

格式：Alter Table 数据表名 DROP[Column] 字段名

说明：该命令用于删除指定表的指定字段。

【例4-2】删除“教师信息表”中的“毕业日期”字段。

```
Alter Table 教师信息表 Drop 毕业日期
```

(3) 更改已有字段的类型或长度

格式：Alter Table 数据表名 Alter[Column] 字段名 新字段类型[(宽度[,小数位])]

说明:该命令用于修改指定表指定字段的字段类型或长度。

【例4-3】将"教师信息表"中"部门"字段的宽度修改为12。

```
Alter Table 教师信息表 Alter 部门 C(12)
```

(4) 更改已有字段的字段名

格式:Alter Table 数据表名 Rename [Column] 旧字段名 To 新字段名

说明:该命令用于修改指定表指定字段的字段名。

【例4-4】将教师信息表中的"部门"字段改为"所属部门"。

```
Alter Table 教师信息表 Rename 部门 To 所属部门
```

4.2 表的基本操作

4.2.1 表的打开与关闭

在使用已经创建的数据表前,必须先打开这个数据表;结束对数据表的访问后,最好能关闭这个表,避免误操作导致丢失数据。在实际应用中,通常需要用多个不同的数据表来存放不同的数据,不同数据表有一定的关联,这时必须同时打开多个数据表,以便关联数据的使用。VFP提供多种打开、关闭表的方法。

1. 打开数据表

(1) 使用菜单打开数据表

在VFP主窗口中,选择"文件"→"打开"命令,或在常用工具栏中单击"打开"按钮,都会弹出一个"打开"对话框,如图4-10所示。在"打开"对话框中选择要打开的表,单击"确定"按钮,或双击文件名,就可以打开一个已存在的数据表。如果选中"以只读方式打开"复选框,则数据表结构及记录均不能被修改;如果选中独占方式打开,则用户可以修改表结构和记录。

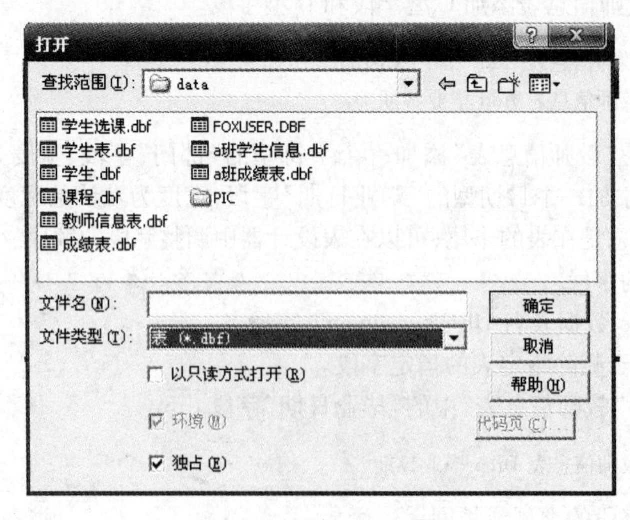

图4-10 "打开"对话框

(2) 使用 USE 命令打开数据表

格式:Use <数据表名> [Alias <别名>] [Exclusive/Shared] [NoUpdate] [IN 工作区号]

说明:该命令用于打开一个已有的数据表,并为该表指定一个别名。

在 VFP 中,任何已打开的数据表都有一个别名,该别名可以在 USE 命令中指定,也可以采用默认的别名。对于第一次打开的数据表,如果没有用 Alias 指定别名,则别名和表名相同。别名的详细使用方法在本章后面介绍。对命令中的各个选项的说明如下:

- 带 Exclusive 参数时,该数据表以独占方式打开,这时可以对表结构进行修改。
- 带 Shared 参数时,该数据表以共享方式打开,这时表结构不能被修改,默认为独占方式打开。
- 带 NoUpdate 参数时,数据表的记录不能被编辑(如修改、删除或添加),默认为可编辑。
- 若同时带 Shared 和 NoUpdate 参数时,则既不能修改表结构,也不能编辑表记录。
- 带 IN 子句时,该数据表可以在指定工作区中打开,对于在非当前工作区打开的数据表,用户无法直接对其进行存取操作。

【例 4-5】以共享方式打开"教师信息表",别名为 JSXXB。

```
USE 教师信息表 Alias JSXXB Shared
```

2. 关闭数据表

关闭数据表的命令格式:

Use [In 工作区号/别名]

该命令只能用来关闭一个数据表,当带有 IN 时,所关闭的是在指定工作区中所打开的或由别名所标示的数据表;如果不带 IN,则关闭当前数据表。当把数据表关闭后,其别名也随之消失。

在 VFP 中允许同时打开多个数据表(最多可达 32767 个)。用 USE 命令一次只能关闭一个表,如果同时关闭多个表,可使用以下命令之一:

- CLOSE TABLE
- CLOSE ALL
- CLEAR ALL

4.2.2 表的浏览

表的浏览可以包括表结构的浏览和表记录的浏览两种。

1. 显示表结构

(1) 在"表设计器"中显示

在 VFP 主菜单中,选择"显示"→"表设计器"命令,调出表设计器。

(2) 通过执行命令来显示

在 VFP 主窗口中显示当前表的表结构,可用以下命令之一。

- LIST STRUCTURE
- DISPLAY STRUCTURE

这两条命令的差别是前者一次性显示出表的结构信息,后者则逐屏显示表的结构信息,当结构信息显示满一个屏幕时，暂停显示，直到用户按任何键或单击鼠标后，才继续显示。

2. 显示表记录

(1) 在浏览/编辑窗口中显示

在 VFP 主窗口菜单中，选择“显示”→“浏览”命令，调出浏览窗口，如图 4－11 所示。从“浏览”窗口也可以切换成“编辑”窗口，选择“显示”→“编辑”或“显示”→“浏览”命令，便可以实现“浏览”窗口与“编辑”窗口的切换，编辑窗口如图 4－12 所示。

教师信息表

序号	姓名	性别	出生日期	职称	电话	文化程度	工作日期	基础工资	婚否	照片	备注
1	陈茂昌	男	09/06/68	高工	832962	大专	03/13/89	950.00	T	Gen	Memo
2	黄浩	男	04/01/61	助理工程师	833698	大专	04/18/82	950.00	T	Gen	memo
3	李华	女	11/01/65	副教授	248175	本科	09/11/82	902.90	T	Gen	memo
4	李晓军	男	07/23/65	讲师	660420	硕士	06/21/89	1531.50	T	Gen	memo
5	李元	女	07/01/71	助理工程师	832188	大专	01/05/93	967.96	F	gen	memo
6	刘毅然	男	07/01/64	助理工程师	832288	大专	12/19/85	850.00	T	Gen	memo
7	王方	男	12/21/45	副教授	832390	本科	07/05/69	1844.30	T	Gen	memo
8	王静	女	03/02/43	教授	833030	硕士	07/14/65	1950.00	T	gen	memo
9	伍清宇	男	11/16/56	工程师	833242	本科	01/04/76	1660.00	T	gen	memo
10	许国华	男	08/26/57	副教授	832613	本科	08/21/76	1115.60	T	gen	memo
11	张丽君	女	07/26/76	助理实验师	832920	本科	07/31/98	930.30	F	gen	memo
12	朱志诚	男	10/01/63	副教授	832378	本科	07/15/85	972.90	T	gen	memo

图 4－11 “浏览”窗口

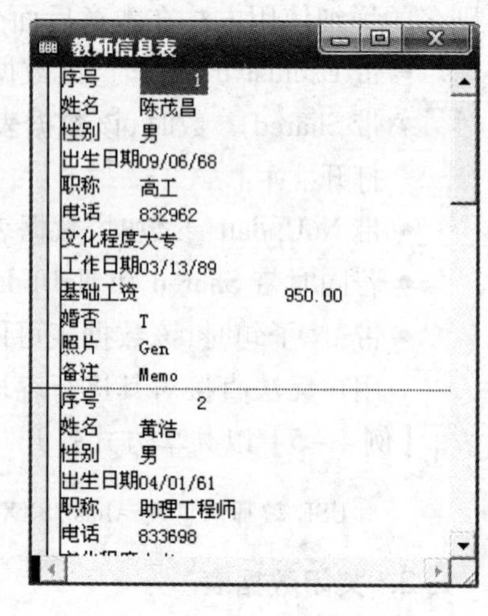

图 4－12 “编辑”窗口

另外，执行 Browse 命令可调出“浏览”窗口显示数据表记录，而执行 Edit 或 Change 命令则可以调出“编辑”窗口显示数据表记录。

【例 4－6】Browse 和 Edit 命令的使用。

```
USE 教师信息表
Browse        && 在"浏览"窗口中显示记录
Edit          && 在"编辑"窗口中显示记录
```

(2) 在 VFP 主窗口中显示

除了使用“浏览”窗口或“编辑”窗口显示记录外，还可以使用显示命令在 VFP 主窗口中显示当前表中的记录，显示命令有两条，即 List 和 Display。语法如下：

```
List [For 条件] [范围] [Fields <字段名表>] [OFF]
List [While 条件] [范围] [Fields <字段名表>] [OFF]
Display [For 条件] [范围] [Fields <字段名表>] [OFF]
Display [While 条件] [范围] [Fields <字段名表>] [OFF]
```

对命令的各个选项的说明如下：

- Fields 选项用于指定需要显示的字段，字段名之间用逗号分开。
- 不带任何选项的 List 命令将在 VFP 主窗口中显示数据表的所有记录，如果表记录很多，则只显示最后一页。命令执行后，指针指到文件末尾。
- 不带任何选项的 Display 命令将在 VFP 主窗口中显示数据表的当前记录，命令执行后，指针指到当前记录。

- 带 For 选项时，List/Display 命令都是把满足 For 条件的记录显示出来，命令执行后，指针指到文件末尾。
- 带 While 选项时，List/Display 命令都是把从当前记录到第一个不满足条件的记录之间的那些满足条件的记录显示出来，命令执行后，指针指到第一个不满足条件的记录。
- 带 < 范围 > 选项时，List/Display 命令都会在指定范围内寻找要显示的记录，并把它们显示出来。范围有 4 种，分别是：
  - All：所有记录。
  - Next n：从当前记录开始连续 n 个记录。
  - Record n：第 n 个记录。
  - Rest：从当前记录开始到文件末尾间的所有记录。

执行带 Rest 或 ALL 子句的 List/Display 命令后，指针指向文件末尾；范围为 Record n 时，命令执行后指针指向第 n 个记录；范围为 Next n 时，命令执行后指针指向该范围的最后一个记录。

- 带 OFF 选项时，显示记录时不带记录号。

【例 4－7】用 List 显示教师信息表的记录。

```
USE 教师信息表
LIST
```

执行命令后，VFP 主窗口显示如下所示内容，且指针指向文件末尾。

序号	姓名	性别	出生日期	职称	电话	文化程度	工作日期	基础工资	婚否
1	陈茂昌	男	09/06/68	高工	832962	大专	03/13/89	950.00	.T.
2	黄浩	男	04/01/61	助理工程师	833698	大专	04/18/82	950.00	.T.
3	李华	女	11/01/65	副教授	248175	本科	09/11/82	902.90	.T.
4	李晓军	男	07/23/65	讲师	660420	硕士	06/21/89	1531.50	.T.
5	李元	女	07/01/71	助理工程师	832188	大专	01/05/93	967.96	.F.
6	刘毅然	男	07/01/64	助理工程师	832288	大专	12/19/85	850.00	.T.
7	王方	男	12/21/45	副教授	832390	本科	07/05/69	1844.30	.T.
8	王静	女	03/02/43	教授	833030	硕士	07/14/65	1950.00	.T.
9	伍清宇	男	11/16/56	工程师	833242	本科	01/04/76	1660.00	.T.
10	许国华	男	08/26/57	副教授	832613	本科	08/21/76	1115.60	.T.
11	张丽君	女	07/26/76	助理实验师	832920	本科	07/31/98	930.30	.F.
12	朱志诚	男	10/01/63	副教授	832378	本科	07/15/85	972.90	.T.

第一行为字段名行，其后各行是具体的记录。若不想显示字段名行，则可以执行“Set Heading Off”命令。执行“Set Heading On”，可以恢复字段名行的显示。

【例 4－8】将指针移到教师信息表的第 2 个记录，执行 Display Next 3 后，屏幕将显示从第 2 个记录开始的连续 3 个记录，最后指针指到第 4 个记录。

```
USE 教师信息表
Goto 2              && 将指针移到第 2 个记录
Display Next 3
```

执行命令后，VFP 主窗口显示如下所示内容，且指针指向第 4 个记录。

记录号	序号	姓名	性别	出生日期	职称	电话	文化程度	工作日期	基础工资	婚否
2	2	黄浩	男	04/01/61	助理工程师	833698	大专	04/18/82	950.00	.T.
3	3	李华	女	11/01/65	副教授	248175	本科	09/11/82	902.90	.T.
4	4	李晓军	男	07/23/65	讲师	660420	硕士	06/21/89	1531.50	.T.

再执行？Recno( )，则屏幕显示 4。

```
? Recno()             && 显示当前记录号
```

【例 4-9】从教师信息表中用查找所有基础工资大于 1000 的记录。

```
USE 教师信息表
LIST FOR 基础工资 >1000
```

屏幕上显示如下所示的内容：

序号	姓名	性别	出生日期	职称	电话	文化程度	工作日期	基础工资	婚否
4	李晓军	男	07/23/65	讲师	660420	硕士	06/21/89	1531.50	.T.
7	王方	男	12/21/45	副教授	832390	本科	07/05/69	1844.30	.T.
8	王静	女	03/02/43	教授	833030	硕士	07/14/65	1950.00	.T.
9	伍清宇	男	11/16/56	工程师	833242	本科	01/04/76	1660.00	.T.
10	许国华	男	08/26/57	副教授	832613	本科	08/21/76	1115.60	.T.

再查看记录号：

```
? Recno()            && 屏幕显示出 13,即文件末尾
```

【例 4-10】将指针移到第 1 个记录，从教师信息表中用 List While 查找基础工资大于 1000 的记录。

```
USE 教师信息表        && 打开数据表后,指针指向第一个记录
LIST While 基础工资 >1000
? Recno()
```

屏幕显示 1，因为第 1 个记录的基础工资小于 1000，所以将不会有任何记录被显示，记录指针不进行任何移动。

【例 4-11】将指针移到第 1 个记录，从教师信息表中用 List While 查找基础工资大于等于 950 的记录。

```
Goto Top                        && 指针移到第 1 个记录
LIST While 基础工资 >=950       && 显示第 1,2 两个记录
```

屏幕上显示如下所示的内容：

记录号	序号	姓名	性别	出生日期	职称	电话	文化程度	工作日期	基础工资	婚否
1	1	陈茂昌	男	09/06/68	高工	832962	大专	03/13/89	950.00	.T.
2	2	黄浩	男	04/01/61	助理工程师	833698	大专	04/18/82	950.00	.T.

```
? Recno()        && 指针指向第 3 个记录,即第 1 个不符合条件的记录
```

4.2.3 记录指针的定位

每个打开的表都有一个记录指针，该指针可以指向如下 3 个不同的位置：

- 某个具体的记录，该记录就是当前记录。
- 文件开头位置，这时 BOF() 函数值为 .T. 。
- 文件末尾，这时 EOF() 函数值为 .T. 。

在执行某些命令时，有时需要定位指针，定位指针包括绝对定位、相对定位、和条件定位 3 种。指针的定位只是移动指针的位置，并不包含显示功能，如果需要显示当前记录，则用 Display 命令。

1. 记录指针的绝对定位

(1) 用 GOTO 命令

利用 GOTO 命令可实现记录指针的绝对定位，具体指令说明如下。

• GOTO TOP:指针移到第一个记录。

• GOTO BOTTOM:指针移到最后一个记录。

• GOTO n:指针移到第 n 个记录,即记录号为 n 的记录。

其中,GOTO 命令可简写为 GO;GOTO n 命令可简写为 n。

【例 4-12】用 GOTO 命令实现指针的绝对移动。

```
USE 教师信息表
GOTO  7              && 指针指向第 7 个记录(物理位置)
4                    && 指针指向第 4 个记录(物理位置)
Go Bottom            && 指针指向最后一个记录
? Recno()            && 屏幕显示 12
```

注意:当数据表中存在活动索引时(图 4-13 所示为不存在活动索引的情况,而图 4-14 所示为存在活动索引的情况,该索引按基础工资升序排列),GOTO TOP 命令将指针移到第一个逻辑记录,即图 4-14 的第一行记录,其记录号为 6;GOTO BOTTOM 命令将指针移到最后一个逻辑记录,即图 4-14 的最后一行记录,其记录号为 8;GOTO n 则将指针移到第 n 个物理记录,如执行 GOTO 3,则当前指针指向图 4-14 的第二行记录。

记录号	序号	姓名	性别	出生日期	职称	电话	文化程度	工作日期	基础工资	婚否	照片	备注
1	1	陈茂昌	男	09/06/68	高工	832962	大专	03/13/89	950.00	.T.	Gen	Memo
2	2	黄浩	男	04/01/61	助理工程师	833698	大专	04/18/82	950.00	.T.	Gen	memo
3	3	李华	女	11/01/65	副教授	248175	本科	09/11/82	902.90	.T.	Gen	memo
4	4	李晓军	男	07/23/65	讲师	660420	硕士	06/21/89	1531.50	.T.	Gen	memo
5	5	李元	女	07/01/71	助理工程师	832188	大专	01/05/93	967.96	.F.	gen	memo
6	6	刘毅然	男	07/01/64	助理工程师	832288	大专	12/19/85	850.00	.T.	Gen	memo
7	7	王方	男	12/21/45	副教授	832390	本科	07/05/69	1844.30	.T.	Gen	memo
8	8	王静	女	03/02/43	教授	833030	硕士	07/14/65	1950.00	.T.	gen	memo
9	9	伍清宇	男	11/16/56	工程师	833242	本科	01/04/76	1660.00	.T.	gen	memo
10	10	许国华	男	08/26/57	副教授	832613	本科	08/21/76	1115.60	.T.	gen	memo
11	11	张丽君	女	07/26/76	助理实验师	832920	本科	07/31/98	930.30	.F.	gen	memo
12	12	朱志诚	男	10/01/63	副教授	832378	本科	07/15/85	972.90	.T.	gen	memo

图 4-13　不存在活动索引的情况

记录号	序号	姓名	性别	出生日期	职称	电话	文化程度	工作日期	基础工资	婚否	照片	备注
6	6	刘毅然	男	07/01/64	助理工程师	832288	大专	12/19/85	850.00	.T.	Gen	memo
3	3	李华	女	11/01/65	副教授	248175	本科	09/11/82	902.90	.T.	Gen	memo
11	11	张丽君	女	07/26/76	助理实验师	832920	本科	07/31/98	930.30	.F.	gen	memo
1	1	陈茂昌	男	09/06/68	高工	832962	大专	03/13/89	950.00	.T.	Gen	Memo
2	2	黄浩	男	04/01/61	助理工程师	833698	大专	04/18/82	950.00	.T.	Gen	memo
5	5	李元	女	07/01/71	助理工程师	832188	大专	01/05/93	967.96	.F.	gen	memo
12	12	朱志诚	男	10/01/63	副教授	832378	本科	07/15/85	972.90	.T.	gen	memo
10	10	许国华	男	08/26/57	副教授	832613	本科	08/21/76	1115.60	.T.	gen	memo
4	4	李晓军	男	07/23/65	讲师	660420	硕士	06/21/89	1531.50	.T.	Gen	memo
9	9	伍清宇	男	11/16/56	工程师	833242	本科	01/04/76	1660.00	.T.	gen	memo
7	7	王方	男	12/21/45	副教授	832390	本科	07/05/69	1844.30	.T.	Gen	memo
8	8	王静	女	03/02/43	教授	833030	硕士	07/14/65	1950.00	.T.	gen	memo

图 4-14　存在活动索引的情况

在执行 GOTO 命令前,我们可以不关心当前指针的位置,GOTO 命令不受其影响。

(2) 使用菜单实现

打开表的"浏览"窗口后,在菜单栏上将出现"表"菜单,选择"表"→"转到记录"命令,便会出现一个级联菜单(见图 4-15),可以根据各选项定位记录指针。选择"记录号"命令,将弹出一个对话框,要求指定目标记录号,如图 4-16 所示,相当于执行 GOTO n 命令。

2. 记录指针的相对定位

SKIP 命令可以实现记录指针的相对移动。

格式:SKIP　n

功能:指针从当前所指向的位置开始向下移动 n 个记录。

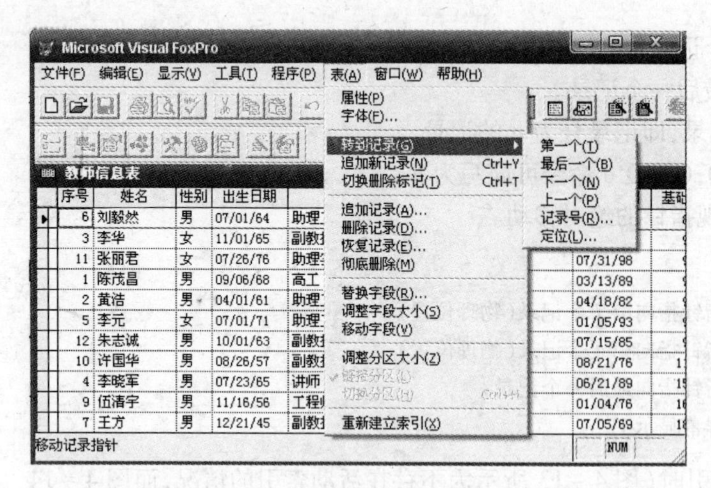

图 4－15　使用菜单实现记录定位

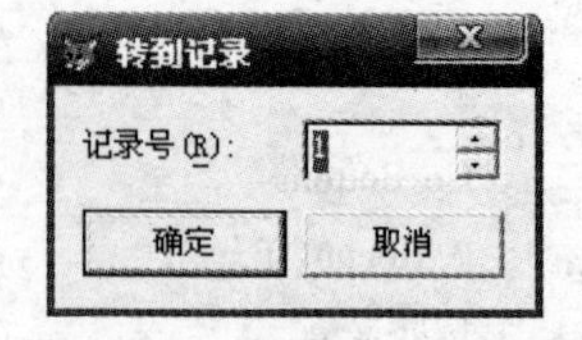

图 4－16　"转到记录"对话框

说明:其中 n 可以是正负整数,当 n 为 1 时,可以省略不写,SKIP 1 等价于 SKIP;当 n 为负数时,表示向上移动记录指针。

【例 4－13】用 SKIP 命令实现指针的相对移动。

```
USE 教师信息表
SKIP  4
? RECNO()      && 屏幕显示 2,即记录号为 2,对应图 4－14 的第 5 行
```

以上是数据表存在活动索引的情况。可以使用 ERASE 命令删除索引。

【例 4－14】用 SKIP 命令实现指针的相对移动,不存在活动索引的情况。

```
CLOSE ALL
ERASE 教师信息表.cdx   && 删除教师信息表可能有的索引
USE 教师信息表
SKIP  4
? RECNO()              && 屏幕返回 5,即图 4－13 的第 5 行
SKIP                   && 等价于 SKIP 1
? RECNO()              && 屏幕返回 6,即图 4－13 的第 6 行
SKIP  -2
? RECNO()              && 屏幕返回 4,即图 4－13 的第 4 行
```

3. 记录指针的条件定位

(1) 使用 Locate 命令

格式 1:Locate　For 条件 [范围]

功能:该命令将从指定范围的第一个记录开始按顺序查找满足条件的记录,当找到记录时,指针指向该匹配记录上,此时 FOUND() 函数值为 .T.,否则 FOUND() 函数值为 .F.。

当没有匹配记录时,根据范围的选择,会出现以下两种情况:

- 范围指定为 ALL、REST,或缺省时,记录指针移到文件末尾。
- 当范围指定为 NEXT n 或 Record n 时,记录指针移动到指定范围的最后一个记录。

找到满足条件的记录后,执行一次 Continue 命令,可以继续查找满足条件的下一个记录。

【例 4-15】用 LOCATE FOR 命令实现记录指针的条件定位。

```
USE 教师信息表
List
```

记录号	序号	姓名	性别	出生日期	职称	电话	文化程度	工作日期	基础工资	婚否
1	1	陈茂昌	男	09/06/68	高工	832962	大专	03/13/89	950.00	.T.
2	2	黄浩	男	04/01/61	助理工程师	833698	大专	04/18/82	950.00	.T.
3	3	李华	女	11/01/65	副教授	248175	本科	09/11/82	902.90	.T.
4	4	李晓军	男	07/23/65	讲师	660420	硕士	06/21/89	1531.50	.T.
5	5	李元	女	07/01/71	助理工程师	832188	大专	01/05/93	967.96	.F.
6	6	刘毅然	男	07/01/64	助理工程师	832288	大专	12/19/85	850.00	.T.
7	7	王方	男	12/21/45	副教授	832390	本科	07/05/69	1844.30	.T.
8	8	王静	女	03/02/43	教授	833030	硕士	07/14/65	1950.00	.T.
9	9	伍清宇	男	11/16/56	工程师	833242	本科	01/04/76	1660.00	.T.
10	10	许国华	男	08/26/57	副教授	832613	本科	08/21/76	1115.60	.T.
11	11	张丽君	女	07/26/76	助理实验师	832920	本科	07/31/98	930.30	.F.
12	12	朱志诚	男	10/01/63	副教授	832378	本科	07/15/85	972.90	.T.

```
Locate  For  基础工资 > 1800
? Found()        && 屏幕显示 .T.
Display
```

结果显示如下：

记录号	序号	姓名	性别	出生日期	职称	电话	文化程度	工作日期	基础工资	婚否
7	7	王方	男	12/21/45	副教授	832390	本科	07/05/69	1844.30	.T.

```
CONTINUE            && 继续查找下一个
DISPLAY
```

结果显示如下：

记录号	序号	姓名	性别	出生日期	职称	电话	文化程度	工作日期	基础工资	婚否
8	8	王静	女	03/02/43	教授	833030	硕士	07/14/65	1950.00	.T.

```
CONTINUE            && 继续查找下一个
? Found()           && 屏幕显示 .F.
? EOF()             && 屏幕显示 .T.
Locate  for 基础工资 > 2000
? Found()           && 屏幕显示 .F.
? EOF()             && 屏幕显示 .T.
GOTO  7
Locate  for 基础工资 > 1800  NEXT  4
? Found()           && 屏幕显示 .T.
CONTINUE
? Found()           && 屏幕显示 .F.
? EOF()             && 屏幕显示 .F.
? Recno()           && 屏幕显示： 10
```

格式 2：Locate While 条件 [范围]

功能：该命令对指定范围的第一个记录判断其是否满足条件，若满足，则 FOUND() 函数值为 .T.，否则为 .F.。当省略 <范围> 子句时，默认为 REST。

执行一次 CONTINUE 命令，可继续对下一个记录进行条件判断。

【例 4-16】用 LOCATE While 命令实现记录指针的条件定位。

```
USE 教师信息表
Goto 6
```

```
Locate  While 基础工资 >1800
```

由于第6个记录不满足条件,在状态栏上显示出"已到定位范围末尾"的提示性文字。

```
? Found()          && 屏幕显示 .F.
? Recno()          && 屏幕显示 6
CONTINUE
```

由于第7个记录满足条件,在状态栏上显示"记录 =7"的提示性文字,表示记录指针移到第7个记录。

```
Locate  While  基础工资 >2000  ALL
? FOUND()          && 屏幕显示 .F.
? Recno()          && 屏幕显示 1
```

(2) 使用菜单实现

打开表的浏览窗口后,在菜单栏上将出现"表"菜单,选择"表"→"转到记录"命令,便会出现一个级联菜单,如图4-15所示。选择"定位"命令,将弹出如图4-17所示的对话框。

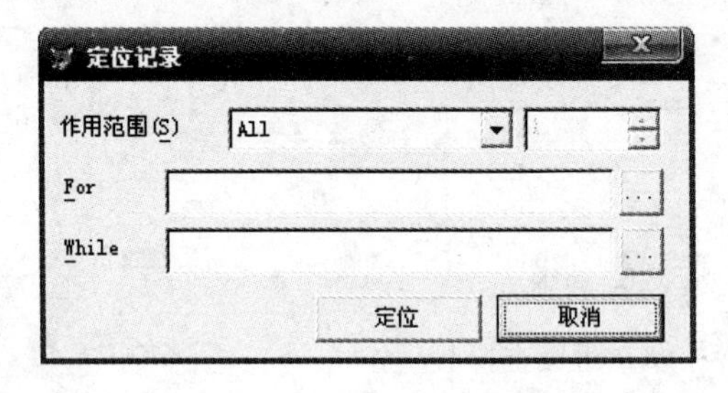

图4-17 "定位记录"对话框

在"定位记录"对话框中,可从"作用范围"下拉列表框中选择范围,当选择 Record 或 Next 时,右边的微调器被激活,这时可以选择或直接输入记录号或记录数。For 和 While 文本框用来指定条件,可通过右边按钮设置条件。

4.2.4 插入与追加记录

当需要在数据表的某一个记录以前或以后插入记录时,可将指针移到目标记录上,然后执行 INSERT 命令;当需要在数据表中追加记录时,可执行 APPEND 命令。

1. 插入记录

格式:Insert [Before][Blank]

功能:在当前记录以前或以后插入新记录,新记录可以是空白的,也可以有用户输入值。其中,各关键词搭配含义如下。

- INSERT:在当前记录的后面插入一个或多个记录,记录值自行输入。
- INSERT BEFORE:在当前记录前面插入一个或多个记录,记录值自行输入。
- INSERT BLANK:在当前记录后面插入一个空白记录。
- INSERT BEFORE BLANK:在当前记录前面插入一个空白记录。

【例4-17】使用 INSERT 命令在"教师信息表"中的第5个记录前面添加一个记录:

许东河,男,1976-01-13,助理工程师,81180838,大专,1998-07-01,950.00,.T.

```
USE 教师信息表
GOTO 5
Insert  Before
```

在编辑窗口中输入新记录数据,如图 4-18 所示。

该命令的执行将在屏幕上显示一个“编辑”窗口,以供用户输入记录数据,用户可以输入一个记录也可以输入多个记录。插入新记录后,该记录的记录号为 5,原来记录号为 5 的记录的记录号变成 6,依此类推。

```
List
```

记录号	序号	姓名	性别	出生日期	职称	电话	文化程度	工作日期	基础工资	婚否	照片
1	1	陈茂昌	男	09/06/68	高工	832962	大专	03/13/89	950.00	.T.	Gen
2	2	黃浩	男	04/01/61	助理工程师	833698	大专	04/18/82	950.00	.T.	Gen
3	3	李华	女	11/01/65	副教授	248175	本科	09/11/82	902.90	.T.	Gen
4	4	李晓军	男	07/23/65	讲师	660420	硕士	06/21/89	1531.50	.T.	Gen
5	13	许东河	男	01/01/78	大专	81180208	大专	01/07/99	950.00	.F.	gen
6	5	李元	女	07/01/71	助理工程师	832188	大专	01/05/93	967.96	.F.	gen
7	6	刘毅然	男	07/01/64	助理工程师	832288	大专	12/19/85	850.00	.T.	gen
8	7	王方	男	12/21/45	副教授	832390	本科	07/05/69	1844.30	.T.	gen
9	8	王静	女	03/02/43	教授	833030	硕士	07/14/65	1950.00	.T.	gen
10	9	伍清宇	男	11/16/56	工程师	833242	本科	01/04/76	1660.00	.T.	gen
11	10	许国华	男	08/26/57	副教授	832613	本科	08/21/76	1115.60	.T.	gen
12	11	张丽君	女	07/26/76	助理实验师	832920	本科	07/31/98	930.30	.F.	gen
13	12	朱志诚	男	10/01/63	副教授	832378	本科	07/15/85	972.90	.T.	gen

2. 追加记录

执行 APPEND 命令可在表末尾添加一个或多个记录,记录数据在编辑窗口中输入。

格式:APPEND [BLANK]

- APPEND:在表末尾添加一个或多个记录。
- APPEND BLANK:在表末尾添加一个空白记录。

【例 4-18】用 APPEND 命令追加记录。

```
USE 教师信息表
APPEND
```

此时,将显示一个如图 4-18 所示的记录编辑窗口。

在执行 APPEND 或 APPEND BLANK 命令时如果事先没打开任何表,则 VFP 会弹出一个“打开”对话框,如图 4-19 所示;提示选择打开一个数据表,只有打开表后才能添加记录。

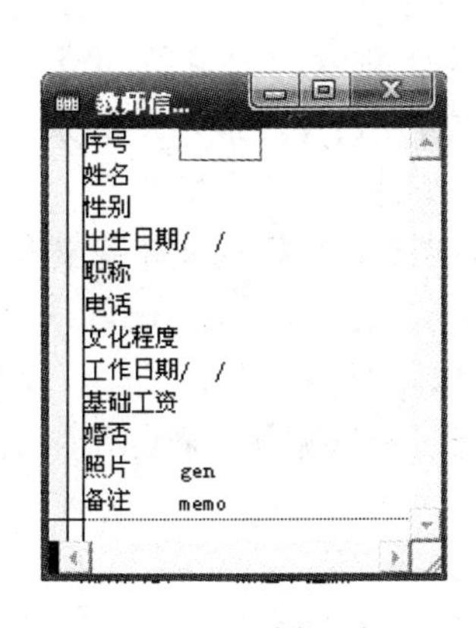

图 4-18 “编辑”窗口

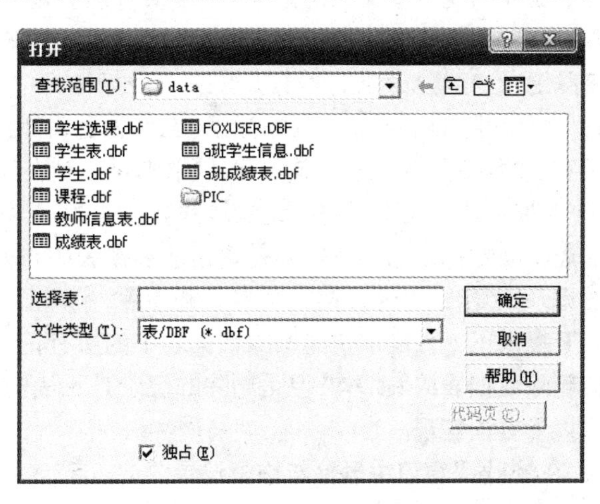

图 4-19 “打开”对话框

4.2.5 修改记录

在 VFP 中可以用浏览窗口修改记录,但是当需要按某些条件批量修改记录时,人工单个修改将变得非常麻烦,此时可以用 REPLACE 命令批量修改记录。

格式:

```
REPLACE [<范围>] <字段名1> WITH <表达式1> [ADDITIVE][,<字段名2> WITH <表达式2>[ADDITIVE],…][FOR|WHILE <条件>]
```

功能:在当前表的指定记录中,将有关字段的值用相应的表达式值来替换。若参数都省略,只对当前记录的有关字段进行替换。

其中,各个参数说明如下。

- <字段名1> WITH <表达式1>:用表达式1的值代替符合条件记录的字段名1中的数据。
- ADDITIVE:把对备注字段的替代内容追加到备注字段的后面,只对备注字段起作用。省略时,表示非追加方式。
- <范围>:条件检测的范围,默认为当前记录,即 NEXT 1。当需要对所有记录做条件检测时,需要把范围设置为 ALL。

【例 4-19】将"教师信息表"中第3条记录的"基本工资"修改为1000。

```
USE 教师信息表
GOTO 3
REPLACE 基本工资 WITH 1000
```

【例 4-20】为"教师信息表"中所有文化程度为硕士的教师加200元的基本工资。

```
REPLACE ALL 基本工资 WITH 基本工资+200 FOR 文化程度="硕士"
```

4.2.6 删除与恢复记录

当数据表出现一些无用的记录时,必须对这些记录进行清理。在 VFP 中,对数据表记录的删除操作分为逻辑删除(标记删除)和物理删除(也称彻底删除或永久删除)两种。

删除记录一般分为以下两个步骤:

1)为要删除的记录加上删除标记(也称为逻辑删除),被逻辑删除的记录用 LIST 命令显示时带有前缀标记"*",在"浏览"窗口中则可看到在该记录的最左边位置显示一黑条。

2)将带有逻辑删除标记的记录从数据表中删除(称为物理删除)。

加逻辑删除标记的记录并不是真正从数据表中删除,必要时还可以把这些带有逻辑删除标记的记录恢复,只有经过第二个步骤删除后,才真正地把记录从数据表中永久删除。

VFP 提供了一种能够快速删除数据表中的所有记录的方法,就是执行 ZAP 命令。ZAP 命令不会删除数据表的表结构,但是删除的记录是无法恢复的,属于物理删除。删除记录的操作可以用以下方法实现。

1. 在"浏览"窗口中删除与恢复记录

(1)逻辑删除记录

打开"浏览"窗口,会发现当前记录的左侧有一个向右的黑色实心箭头,这就是指针,如图

4－20 所示。该指针随着当前记录的变化而移动，一个打开的数据表有且只有一个记录指针，在非空数据表的“浏览”窗口中，一定有一个标示记录指针的向右的箭头。

教师信息表

记录指针

序号	姓名	性别	出生日期	职称	电话	文化程度
1	陈茂昌	男	09/06/68	高工	832962	大专
2	黄浩	男	04/01/61	助理工程师	833698	大专
3	李华	女	11/01/65	副教授	248175	本科
4	李晓军	男	07/23/65	讲师	660420	硕士
13	许东河	男	01/01/78	大专	81180208	大专
5	李元	女	07/01/71	助理工程师	832188	大专
6	刘毅然	男	07/01/64	助理工程师	832288	大专
7	王方	男	12/21/45	副教授	832390	本科
8	王静	女	03/02/43	教授	833030	硕士
9	伍清宇	男	11/16/56	工程师	833242	本科
10	许国华	男	08/26/57	副教授	832613	本科

图 4－20 “浏览”窗口

在“浏览”窗口中逻辑删除记录，只需单击要删除的记录左侧的小长条框，当小长条框变为黑色时，表示添加了删除标记；当小长条框为白色时，则该记录未被标记为逻辑删除，如图 4－21 所示。

教师信息表

删除标记

序号	姓名	性别	出生日期	职称	电话	文化程度
1	陈茂昌	男	09/06/68	高工	832962	大专
2	黄浩	男	04/01/61	助理工程师	833698	大专
3	李华	女	11/01/65	副教授	248175	本科
4	李晓军	男	07/23/65	讲师	660420	硕士
13	许东河	男	01/01/78	大专	81180208	大专
5	李元	女	07/01/71	助理工程师	832188	大专
6	刘毅然	男	07/01/64	助理工程师	832288	大专
7	王方	男	12/21/45	副教授	832390	本科
8	王静	女	03/02/43	教授	833030	硕士
9	伍清宇	男	11/16/56	工程师	833242	本科
10	许国华	男	08/26/57	副教授	832613	本科

图 4－21 逻辑删除记录

如果要去掉逻辑删除标记，只需要再单击一下已有逻辑删除标记的记录左侧的小长条框，便会除掉该删除标记。

对于未逻辑删除的记录，还有另一种方法可以为其加上逻辑删除标记。先选中要逻辑删除的记录，然后选择“表”→“切换删除标记”命令，这时可见到记录的左侧的小长条框变为黑色。再执行一次“切换删除标记”命令，便可把加上的逻辑删除标记去掉，记录仍然保留在表中。

当要逻辑删除的记录很多（如 100 万条）时，用上述方法显然很费劲。在 VFP 中还有一种比较方便的方法，在“浏览”窗口中，选择“表”→“删除记录”命令，这时会弹出一个“删除”对话框，如图 4－22 所示。

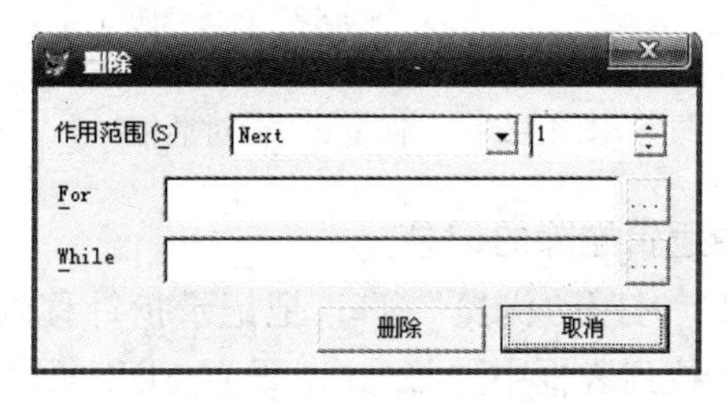

图 4－22 “删除”对话框

在“删除”对话框中，可以利用“作用范围”下拉列表框来指定要删除的记录的范围。当所选范围为 Next 或 Record 时，还可以利用右边的微调器来设置连续记录的个数或指定记录号；在“For”和“While”文本框中可指定被删除记录必须满足的条件，也可以单击右边的“浏览”按钮，调出一个表达式生成器来生成一个条件表达式；最后单击“删除”按钮，即可对指定范围内满足条件的记录加上逻辑删除标记。

【例 4-21】逻辑删除“教师信息表”中的女性记录。

打开教师信息表的“浏览”窗口，调出“删除”对话框，在“作用范围”下拉列表框中选择 ALL，设置 FOR 条件为性别 = “女”，单击“删除”按钮，则“教师信息表”中将有 4 条记录被加上逻辑删除标记，如图 4-23 所示。

教师信息表

序号	姓名	性别	出生日期	职称	电话	文化程度
1	陈茂昌	男	09/06/68	高工	832962	大专
2	黄浩	男	04/01/61	助理工程师	833698	大专
3	李华	女	11/01/65	副教授	248175	本科
4	李晓军	男	07/23/65	讲师	660420	硕士
5	李元	女	07/01/71	助理工程师	832188	大专
6	刘毅然	男	07/01/64	助理工程师	832288	大专
7	王方	男	12/21/45	副教授	832390	本科
8	王静	女	03/02/43	教授	833030	硕士
9	伍清宇	男	11/16/56	工程师	833242	本科
10	许国华	男	08/26/57	副教授	832613	本科
11	张丽君	女	07/26/76	助理实验师	832920	本科
12	朱志诚	男	10/01/63	副教授	832378	本科

图 4-23　逻辑删除记录

（2）恢复记录

恢复记录是去掉已被逻辑删除的记录的删除标记，把这些记录恢复成正常的记录。

在“浏览”窗口中恢复记录，只需把记录左侧的小长条框的逻辑删除标记（小黑条）去掉即可。有 3 种方法可以完成这个操作：

1）单击取消浏览窗口中记录左侧的小黑条。

2）将记录指针移到已带删除标记的记录上，选择“表”→“切换删除标记”命令。

3）若希望一次恢复多条记录，则可选择“表”→“恢复记录”命令，调出“恢复记录”对话框，如图 4-24 所示。该对话框的操作方法与逻辑删除类似。

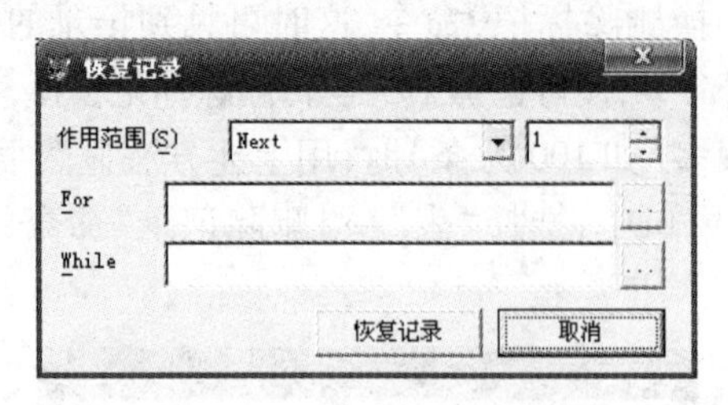

图 4-24　“恢复记录”对话框

【例 4-22】恢复上例中逻辑删除的记录。

在上例操作结果的基础上，打开“浏览”窗口，把记录指针移到第一个记录；调出“恢复记录”对话框，在“作用范围”下拉列表框中选择 ALL，设置 FOR 条件为性别 = “女”；单击“恢复记录”按钮，则“教师信息表”中所有被加上逻辑删除标记的记录将被恢复。

(3) 彻底删除记录

彻底删除就是把那些带有逻辑删除标记的记录真正(物理)删除,即将这些记录从数据表中移去,物理删除的记录将不能恢复。

打开数据表的浏览窗口,为需要删除的记录添加逻辑删除标记,然后选择"表"→"彻底删除"命令,屏幕上便会弹出一个提示框,询问用户是否确认删除记录,如图4-25所示。

图4-25 "删除确认"对话框

在"删除确认"对话框中,选择"是",则进行物理删除;选择"否",则放弃本次操作。如果表中没有标记为逻辑删除的记录,则以上操作将不会删除任何记录。

2. 通过命令删除和恢复记录

(1) DELETE命令和DELETE()函数

执行DELETE命令可以给当前数据表或别名数据表的记录加上逻辑删除标记;执行DELETE-SQL语句则能够逻辑删除指定数据表的记录。在逻辑删除记录后,可以通过DELETE()函数的返回值判断当前记录是否被逻辑删除。

DELETE命令的格式如下:

```
DELETE [FOR 条件] [范围] [IN 工作区号/别名]
```

功能:逻辑删除指定范围内满足条件的记录,若带IN子句,则可以用来删除别名表(即非当前数据表)的记录。其中,<范围>指定了需要添加删除标记的记录范围;FOR子句给出了一个条件表达式来限制要添加删除标记的记录,当忽略范围可选项和FOR子句时,DELETE只对当前记录添加逻辑删除标记。

【例4-23】使用DELETE命令逻辑删除记录。

先使用COPY TO命令对"教师信息表"进行备份,复制得到的新表为"新教师信息表",然后对新表进行DELETE操作,删除基础工资小于950的记录,最后把逻辑删除后的数据表记录情况在浏览窗口中显示出来。

在命令窗口中输入以下命令:

```
USE 教师信息表
COPY  TO 新教师信息表
USE 新教师信息表
DELETE  FOR 基础工资<950
LIST
```

显示结果如下:

记录号	序号	姓名	性别	出生日期	职称	电话	文化程度	工作日期	基础工资	婚否
1	1	陈茂昌	男	09/06/68	高工	832962	大专	03/13/89	950.00	.T.
2	2	黄浩	男	04/01/61	助理工程师	833698	大专	04/18/82	950.00	.T.
3 *	3	李华	女	11/01/65	副教授	248175	本科	09/11/82	902.90	.T.
4	4	李晓军	男	07/23/65	讲师	660420	硕士	06/21/89	1531.50	.T.
5	13	许东河	男	01/01/78	大专	81180208	大专	01/07/99	950.00	.F.
6	5	李元	女	07/01/71	助理工程师	832188	大专	01/05/93	967.96	.F.
7 *	6	刘毅然	男	07/01/64	助理工程师	832288	大专	12/19/85	850.00	.T.
8	7	王方	男	12/21/45	副教授	832390	本科	07/05/69	1844.30	.T.
9	8	王静	女	03/02/43	教授	833030	硕士	07/14/65	1950.00	.T.
10	9	伍清宇	男	11/16/56	工程师	833242	本科	01/04/76	1660.00	.T.
11	10	许国华	男	08/26/57	副教授	832613	本科	08/21/76	1115.60	.T.
12 *	11	张丽君	女	07/26/76	助理实验师	832920	本科	07/31/98	930.30	.F.
13	12	朱志诚	男	10/01/63	副教授	832378	本科	07/15/85	972.90	.T.

被逻辑删除的记录在记录号会后面出现“ * ”号。执行逻辑删除命令后，记录指针将移到文件末尾。

此外，也可以用 DELETE - SQL 语句来逻辑删除记录，SQL 语句将在第 7 章详细介绍。

如果要知道一个记录是否已被逻辑删除，可以使用 DELETED( ) 函数判断。

格式：DELETED([工作区/别名])

功能：该函数的返回值是逻辑值，如果有逻辑删除标记，则返回值为“. T. ”，否则为“. F. ”。当带有“工作区/别名”时，则可对别名表中指针指向的记录进行判断。别名表必须用单引号或双引号，其命令格式如下所示。

```
? DELETED("教师信息表")
```

【例 4 - 24】DELETED( ) 函数的使用。

```
USE 教师信息表
? DELETED( )            && 屏幕显示 . F.
SKIP
? DELETE( )             && 屏幕显示 . F.
SKIP
? DELETE( )             && 屏幕显示 . T.
```

打开“教师信息表”后，指针指向第一个记录，由 DELETED( ) 函数判断第一条记录未被逻辑删除，用 SKIP 命令下移一个记录；由 DELETED( ) 函数判断第二条记录未被逻辑删除，用 SKIP 命令下移一个记录；由于第三条记录被逻辑删除，所以 DELETED( ) 函数返回 . T. 。

【例 4 - 25】使用 DELETED( ) 函数对数据表进行逻辑删除判断。

```
USE 新教师信息表
BROWSE  FOR  DELETED( )
```

在打开“新教师信息表”后，把满足条件的记录在“浏览”窗口中显示出来，结果如图 4 - 26 所示。由于带有逻辑删除标记的记录使得 DELETED( ) 函数为 . T. ，所以在浏览窗口中显示的全都是数据表中已带有逻辑删除标记的记录。

新教师信息表

序号	姓名	性别	出生日期	职称	电话	文化程度	工作日期	基础工资	婚否	照片	备注
3	李华	女	11/01/65	副教授	248175	本科	09/11/82	902.90	T	Gen	mem
6	刘毅然	男	07/01/64	助理工程师	832288	大专	12/19/85	850.00	T	gen	mem
11	张丽君	女	07/26/76	助理实验师	832920	本科	07/31/98	930.30	F	gen	mem

图 4 - 26　满足条件的记录

(2) RECALL 命令

利用 RECALL 命令可以去掉被标为逻辑删除的删除标记,使这些带逻辑删除的记录被恢复。

格式:RECALL [范围] [FOR 条件]

说明:该命令把指定范围内满足条件的记录中的那些被逻辑删除的记录恢复,去掉逻辑标记。其中,<范围>和<FOR 条件>子句都是可选的。带<范围>时,只对指定范围内的记录进行恢复操作;带<FOR 条件>时,则只对满足条件的记录进行恢复;不带任何<范围>或<FOR 条件>子句的 RECALL 命令,只对当前记录进行恢复。

【例 4-26】使用 RECALL 命令恢复记录。

```
USE 教师信息表
GOTO  3
? DELETED()             && 屏幕显示为 .T.
RECALL ALL              && 把"教师信息表"中的所有已被逻辑删除的记录全部恢复
LIST
```

记录号	序号	姓名	性别	出生日期	职称	电话	文化程度	工作日期	基础工资	婚否
1	0	陈茂昌	男	09/06/68	高工	832962	大专	03/13/89	950.00	.T.
2	2	黄浩	男	04/01/61	助理工程师	833698	大专	04/18/82	950.00	.T.
3	3	李华	女	11/01/65	副教授	248175	本科	09/11/82	902.90	.T.
4	4	李晓军	男	07/23/65	讲师	660420	硕士	06/21/89	1531.50	.T.
5	13	许东河	男	01/01/78	大专	81180208	大专	01/07/99	950.00	.F.
6	5	李元	女	07/01/71	助理工程师	832188	大专	01/05/93	967.96	.F.
7	6	刘毅然	男	07/01/64	助理工程师	832288	大专	12/19/85	850.00	.T.
8	7	王方	男	12/21/45	副教授	832390	本科	07/05/69	1844.30	.T.
9	8	王静	女	03/02/43	教授	833030	硕士	07/14/65	1950.00	.T.
10	9	伍清宇	男	11/16/56	工程师	833242	本科	01/04/76	1660.00	.T.
11	10	许国华	男	08/26/57	副教授	832613	本科	08/21/76	1115.60	.T.
12	11	张丽君	女	07/26/76	助理实验师	832920	本科	07/31/98	930.30	.F.
13	12	朱志诚	男	10/01/63	副教授	832378	本科	07/15/85	972.90	.T.

可以发现被逻辑删除的记录的记录号后面出现的"*"已经去掉。

(3) PACK 命令

使用 DELETE 命令或 DELETE-SQL 语句将记录逻辑删除后,可以使用 PACK 命令将这些带有逻辑删除标记的记录从数据表中移去,即将它们永久删除(物理删除)。

格式:PACK [MEMO] [DBF]

说明:用 PACK 命令把被逻辑标记的记录永久删除掉,执行命令时,要求数据表必须以独占的方式打开。

带<MEMO>时,将不会把那些带有逻辑删除标记的记录从数据表中永久移去,而只是把当前数据表所对应的备注文件中未使用的空间压缩以节省空间;带<DBF>时,只会把带有逻辑删除标记的记录从数据表中永久删除,不会压缩相应备注文件的空间;对于不带任何可选项的 PACK 命令,将会把已被逻辑删除的记录物理的删除,同时压缩相应备注文件的空间。

【例 4-27】使用 PACK 命令永久删除记录。

```
USE 新教师信息表
DELETE  RECORD 5
LIST FOR DELETED()
```

此时屏幕显示如下:

记录号	序号	姓名	性别	出生日期	职称	电话	文化程度	工作日期	基础工资	婚否
5 *	13	许东河	男	01/01/78	大专	81180208	大专	01/07/99	950.00	.F.

```
? RECCOUNT()            && 返回记录数,屏幕显示为 13
PACK
? RECCOUNT()            && 屏幕显示为 12
```

从屏幕显示来看,执行 PACK 命令后,确实把带有逻辑删除标记的记录删除掉。

执行 PACK 命令时,VFP 不会询问是否确认删除,而直接进行物理删除。删除后,记录不可以恢复,因此,在执行 PACK 命令时要慎重,以免丢失数据。

(4) ZAP 命令

格式:ZAP [IN 工作区号/别名]

说明:执行 ZAP 命令会一次性把当前数据表的所有记录永久地删除,数据表变空,但仍然保留表结构。带 IN 选项时,则可把指定工作区中所打开的或由别名所表示的数据表的所有记录一次性物理删除。

【例 4-28】使用 ZAP 命令一次性删除记录。

```
USE 新教师信息表
? RECCOUNT()              && 显示记录数,屏幕显示 12
ZAP
? RECCOUNT()              && 屏幕显示 0
? FILE("新教师信息表.DBF")  && 屏幕显示 .T.
```

由第一个 RECCOUNT()返回 12,则该表中有 12 个记录。执行 ZAP 命令后,RECCOUNT()返回 0。这时表中的记录全部被删除。

File()函数用于测试文件是否存在,其语法格式:

```
FILE("[路径名]文件名")
```

功能:当文件存在时,返回 .T.;否则,返回 .F.。

使用 FILE 时要注意:第一,文件名必须包括扩展名,并且需用引号括住;第二,如果没给出路径,则在默认路径中寻找文件。

ZAP 命令是不可恢复的,一旦删除,便无法还原。因此,操作时必须小心。为安全其见,执行 ZAP 前,先执一次 SET SAFETY ON 命令,打开"安全确认"开关。这样在执行 ZAP 时,会弹出一个"删除确认"的对话框,询问是否真的要删除,如图 4-27 所示。

图 4-27 "删除确认"对话框

在该对话框中选择"是",则删除记录;选择"否",则放弃本次操作。

当删除部分记录的时候,可先用 DELETE 再用 PACK;当删除所有记录时,则两种命令都可以使用。

4.2.7 表结构和数据的复制

1. 表结构的复制

(1) 复制当前表结构到指定新表中

格式:COPY STRUCTURE TO <表名> [FIELDS <字段名表>]

说明:该命令从当前表结构中选出全部或部分指定的字段,复制到新表中,新表只有结构,没有任何记录。

【例 4-29】复制教师信息表的表结构到另一个新的数据表中。

```
USE  教师信息表
COPY  STRUCTURE TO  教师信息表结构
&& 执行后,"教师信息表结构"的表结构与"教师信息表"相同,但记录数为 0
USE 教师信息表结构
LIST STRUCTURE            && 显示当前表的表结构
```

屏幕显示的内容如下:

```
表结构:                    D:\VFP\VFP书\DATA\教师信息表结构.DBF
数据记录数:                0
最近更新的时间:            08/30/08
备注文件块大小:            64
代码页:                    936
  字段  字段名             类型          宽度   小数位   索引  排序    Nulls
    1   序号               数值型           3                          否
    2   姓名               字符型           8                          否
    3   性别               字符型           2                          否
    4   出生日期           日期型           8                          否
    5   职称               字符型          12                          否
    6   电话               字符型          12                          否
    7   文化程度           字符型          12                          否
    8   工作日期           日期型           8                          否
    9   基础工资           数值型          10      2                   否
   10   婚否               逻辑型           1                          否
   11   照片               通用型           4                          否
   12   备注               备注型           4                          否
** 总计 **                                 85
```

```
? RECCOUNT()            && 屏幕显示  0
```

(2) 利用当前表结构生成一个结构描述文件

格式:COPY STRUCTURE EXTENDED TO <表名> [FIELDS <字段名表>]

说明:根据当前数据表的结构来生成一个新的数据表,所生成的数据表称为结构描述文件。

结构描述文件是一种特殊形式的数据表,该数据表包含 FIELD_NAME、FIELD_TYPE、FIELD_LEN 等字段,而其每个记录都是对源数据表中每一个字段的描述信息。记录个数或者是源数据表的字段总数,或者是 FIELDS 子句所决定的字段总数。

【例 4-30】利用教师信息表的表结构生成一个结构描述文件。

```
USE  教师信息表
COPY  STRUCTURE  EXTENDED TO  教师信息表结构描述
USE 教师信息表结构描述
BROWSE
```

执行上述命令后,结果如图 4-28 所示。

2. 表数据的复制

格式:COPY TO <表名> [FIELDS <字段名>] [FOR <条件>] [<范围>]

说明:该命令将指定范围内满足条件的记录复制到指定的表中,每个记录可只包含由 FIELDS 指定的字段,省略 FIELDS 时则复制所有字段,该命令复制的内容包括表结构和表记录。

教师信息表结构描述

Field_name	Field_type	Field_len	Field_dec	Field_null	Field_nocp	Field_defa	Field_rule	Field_err	Table_rule	Table_err	Table_na
序号	N	3	0	F	F	memo	memo	memo	memo	memo	
姓名	C	8	0	F	F	memo	memo	memo	memo	memo	
性别	C	2	0	F	F	memo	memo	memo	memo	memo	
出生日期	D	8	0	F	F	memo	memo	memo	memo	memo	
职称	C	12	0	F	F	memo	memo	memo	memo	memo	
电话	C	12	0	F	F	memo	memo	memo	memo	memo	
文化程度	C	12	0	F	F	memo	memo	memo	memo	memo	
工作日期	D	8	0	F	F	memo	memo	memo	memo	memo	
基础工资	N	10	2	F	F	memo	memo	memo	memo	memo	
婚否	L	1	0	F	F	memo	memo	memo	memo	memo	
照片	G	4	0	F	F	memo	memo	memo	memo	memo	
备注	M	4	0	F	F	memo	memo	memo	memo	memo	

图 4－28　教师信息表结构描述文件

【例 4－31】复制“教师信息表”中基础工资大于 1600 的记录到另一个新的数据表中。

```
USE 教师信息表
COPY   TO  教师信息表 2   FIELDS 姓名,性别,电话 FOR 基础工资 > 1600
USE 教师信息表 2
List
```

记录号	姓名	性别	电话
1	王方	男	832390
2	王静	女	833030
3	伍清宇	男	833242

4.3　数据表的排序和索引

在数据表中，记录是以输入的顺序存放的，记录号真实地反映了记录在数据表中的物理顺序。但有时数据表中数据记录存放的次序会不符合你的需要，你会希望数据表中的记录能以某种顺序重新排列。例如，在教师信息表中，希望数据表中的记录能按“基础工资”从小到大排列，或者按“姓名”值的顺序来排列。

要改变已有数据表记录的操作顺序，可以有以下两种方法。

- 排序：物理的调动数据记录的排列顺序，然后把这些顺序调整的结果保存于一个新的表中。
- 索引：依据某种排列规则来生成一张按某个表达式值顺序排列的索引表，这种方式没有移动记录的物理位置，而是通过索引表来映射数据表中记录的顺序。

数值型字段按数值的大小排列，日期型字段以日期的先后排列，字符型字段按 ASCII 码值的大小排列，汉字则以其内码的顺序排列。

4.3.1　数据表的排序

排序是指按照某一个或多个字段来重新排列数据表中的记录。排序后的数据被存放在一张新的数据表中，而原数据表中记录的排列顺序保持不变。

按一个字段的排序称为单重排序，按多个字段的排序称为多重排序。可用 SORT 命令来实现排序。

格式：

SORT TO 新表名 ON 字段名[/A][/D][,字段名[/A][/D],…][ASCENDING/DESCENDING][FIELDS <字段名表>][范围][FOR 条件]

功能：对当前数据表的记录按所指定的字段进行排序，排序的结果保存在由<新表名>所指定的数据表中。在进行多重排序时，字段名之间用逗号分隔，这时先按前面的字段进行排序，当前面的字段值相同时，才对后面的字段值进行比较。

参数说明：

- 在字段名后带有[/A]或[/D]参数时，按升序或降序方式排列。
- ASCENDING 或 DESCENDING 关键字决定所有没有带参数[/A]或[/D]的字段的排序顺序，可简写为 ASC(升序)和 DESC(降序)。
- 若既在字段名后带[/A]或[/D]参数，也在命令中带有 ASC 或 DESC 时，则以字段名后的参数为准。
- 带有<范围>子句时，只有指定范围内的记录参与排序。
- 带<FOR 条件>子句时，只有满足条件的记录参与排序。
- 带有<FIELDS>子句时，在保存结果的新表中只含有指定的字段。

【例 4-32】对“教师信息表”进行排序，按基础工资降序排列。

```
USE 教师信息表
LIST
```

序号	姓名	性别	出生日期	职称	电话	文化程度	工作日期	基础工资	婚否
1	陈茂昌	男	09/06/68	高工	832962	大专	03/13/89	950.00	.T.
2	黃浩	男	04/01/61	助理工程师	833698	大专	04/18/82	950.00	.T.
3	李华	女	11/01/65	副教授	248175	本科	09/11/82	902.90	.T.
4	李晓军	男	07/23/65	讲师	660420	硕士	06/21/89	1531.50	.T.
13	许东河	男	01/01/78	大专	81180208	大专	01/07/99	950.00	.F.
5	李元	女	07/01/71	助理工程师	832188	大专	01/05/93	967.96	.F.
6	刘毅然	男	07/01/64	助理工程师	832288	大专	12/19/85	850.00	.T.
7	王方	男	12/21/45	副教授	832390	本科	07/05/69	1844.30	.T.
8	王静	女	03/02/43	教授	833030	硕士	07/14/65	1950.00	.T.
9	伍清宇	男	11/16/56	工程师	833242	本科	01/04/76	1660.00	.T.
10	许国华	男	08/26/57	副教授	832613	本科	08/21/76	1115.60	.T.
11	张丽君	女	07/26/76	助理实验师	832920	本科	07/31/98	930.30	.F.
12	朱志诚	男	10/01/63	副教授	832378	本科	07/15/85	972.90	.T.

```
SORT  TO  JCGZ  ON 基础工资 DESC  && 排序的记录放在 JCGZ 表上
USE  JCGZ
LIST
```

序号	姓名	性别	出生日期	职称	电话	文化程度	工作日期	基础工资	婚否
8	王静	女	03/02/43	教授	833030	硕士	07/14/65	1950.00	.T.
7	王方	男	12/21/45	副教授	832390	本科	07/05/69	1844.30	.T.
9	伍清宇	男	11/16/56	工程师	833242	本科	01/04/76	1660.00	.T.
4	李晓军	男	07/23/65	讲师	660420	硕士	06/21/89	1531.50	.T.
10	许国华	男	08/26/57	副教授	832613	本科	08/21/76	1115.60	.T.
12	朱志诚	男	10/01/63	副教授	832378	本科	07/15/85	972.90	.T.
5	李元	女	07/01/71	助理工程师	832188	大专	01/05/93	967.96	.F.
1	陈茂昌	男	09/06/68	高工	832962	大专	03/13/89	950.00	.T.
2	黃浩	男	04/01/61	助理工程师	833698	大专	04/18/82	950.00	.T.
13	许东河	男	01/01/78	大专	81180208	大专	01/07/99	950.00	.F.
11	张丽君	女	07/26/76	助理实验师	832920	本科	07/31/98	930.30	.F.
3	李华	女	11/01/65	副教授	248175	本科	09/11/82	902.90	.T.
6	刘毅然	男	07/01/64	助理工程师	832288	大专	12/19/85	850.00	.T.

【例 4-33】对“教师信息表”进行多重排序，按基础工资降序排列，基础工资相同的再按职称升序排列。

```
USE 教师信息表
SORT  TO  JCGZ1  ON 基础工资/D,职称
```

```
USE JCGZ1
LIST
```

记录号	序号	姓名	性别	出生日期	职称	电话	文化程度	工作日期	基础工资	婚否
1	8	王静	女	03/02/43	教授	833030	硕士	07/14/65	1950.00	.T.
2	7	王方	男	12/21/45	副教授	832390	本科	07/05/69	1844.30	.T.
3	9	伍清宇	男	11/16/56	工程师	833242	本科	01/04/76	1660.00	.T.
4	4	李晓军	男	07/23/65	讲师	660420	硕士	06/21/89	1531.50	.T.
5	10	许国华	男	08/26/57	副教授	832613	本科	08/21/76	1115.60	.T.
6	12	朱志诚	男	10/01/63	副教授	832378	本科	07/15/85	972.90	.T.
7	5	李元	女	07/01/71	助理工程师	832188	大专	01/05/93	967.96	.F.
8	13	许东河	男	01/01/78	大专	81180208	大专	01/07/99	950.00	.F.
9	1	陈茂昌	男	09/06/68	高工	832962	大专	03/13/89	950.00	.T.
10	2	黄浩	男	04/01/61	助理工程师	833698	大专	04/18/82	950.00	.T.
11	11	张丽君	女	07/26/76	助理实验师	[illegible]	本科	[illegible]	[illegible]	.T.
12	3	李华	女	11/01/65	副教授	248175	本科	09/11/82	902.90	.T.
13	6	刘毅然	男	07/01/64	助理工程师	832288	大专	12/19/85	850.00	.T.

上例的 SORT 命令对“教师信息表”进行多重排序，先根据基础工资降序排列，对于基础工资相同的记录，按职称升序排列，如上图框内所示。

【例 4－34】对“教师信息表”的部分记录进行排序。

```
USE 教师信息表
SORT TO T1 ON 职称 FOR 性别 = "男" NEXT 8 FIELDS 姓名，性别，职称，电话
USE T1
LIST
```

记录号	姓名	性别	职称	电话
1	许东河	男	大专	81180208
2	王方	男	副教授	832390
3	陈茂昌	男	高工	832962
4	李晓军	男	讲师	660420
5	黄浩	男	助理工程师	833698
6	刘毅然	男	助理工程师	832288

上例从“教师信息表”的前 8 个记录中挑选出所有男性记录，然后对这些记录按“职称”字段进行升序排列，最后把排序结果存放在 T1 中。该表包括 6 个记录。

当 SORT 不带任何参数时，SORT 命令根据指定字段对所有记录升序重新排列，结果保存在指定的表中，新表中包含了原来数据表的所有字段，包括备注型和通用型字段。

因为备注型和通用型字段无法比较大小，所以不能按这两种字段进行排序。

SORT 排序每排序一次，会产生一个数据表。如果一个数据表有多种方式排序，则会增加磁盘的开销。当源数据表的记录数很大时，排序会很费时间。此外，保存排序结果的新表不会随源表数据的变化而变化，当源表数据变化时，需要对数据表重新排序，以保证结果一致。为解决这些问题，常用索引技术对数据表的记录进行逻辑排序。

4.3.2 数据表的索引

索引与排序不同的是，建立索引并不需要改变数据表中的物理顺序，只是对数据表的记录进行逻辑排序，按某种顺序制作一张索引表。该索引表包括两列，一列是排序所依据的字段或字段表达式的值，另一列则是取该字段或字段表达式值的记录在数据表中的记录号。

索引表的行是以字段或字段表达式的值的大小顺序来排列的，当打开一个表后，激活了某一张索引表，记录的操作顺序便会受到该索引表的控制。实际上，索引并没有改变数据表中记录的排列顺序，因此也称索引为逻辑排序。如图 4－29 所示，根据按职称升序排列的索引表来查找数据表中的记录。注意：汉字按其拼音字母顺序排序。

记录号	职称
3	副教授
7	副教授
10	副教授
12	副教授
1	高工
9	工程师
4	讲师
8	教授
2	助理工程师
5	助理工程师
6	助理工程师
11	助理实验师

记录号	姓名	性别	出生日期	职称
1	陈茂昌	男	1968-9-6	高工
2	黄浩	男	1961-4-1	助理工程师
3	李华	女	1965-11-1	副教授
4	李晓军	男	1965-7-23	讲师
5	李元	女	1971-7-7	助理工程师
6	刘毅然	男	1964-7-1	助理工程师
7	王方	男	1945-12-21	副教授
8	王静	女	1943-3-2	教授
9	伍清宇	男	1956-11-16	工程师
10	许国华	男	1957-8-26	副教授
11	张丽君	女	1976-7-26	助理实验师
12	朱志诚	男	1963-10-1	副教授

图 4-29　按索引表来查找数据记录在数据表中的位置

索引表往往比数据表小很多，而且多张索引表可以在一个索引文件中共存，因此采用索引的方法可以大大减少存储空间，也不用担心由于源数据表的变化导致结果不一致。

1. 索引文件的种类

可以为同一个数据表建立多种索引，这些索引的结果可以保存在普通索引文件(.IDX)中，也可以保存在复合索引文件(.CDX)中。

- 普通索引文件：只包含一张索引表，其索引文件名也是该索引表的索引标记，对于同一张数据表所建立的多种索引保存在不同的索引文件中。
- 复合索引文件：可包含一张或多张索引表，不同的索引表具有不同的索引标记，对于同一数据表所建立的索引可以保存于同一复合索引文件中。

复合索引文件又分为结构化复合索引文件和非结构化复合索引文件。

在建立索引时，如果索引文件所采用的文件名与当前数据表同名，那么该索引文件就是结构化复合索引文件，否则就是非结构化复合索引文件。

结构化复合索引文件随着相应数据表的打开而打开，当表中的数据发生变化时，结构复合索引文件的索引标记也将自动更新，关闭数据表时，结构化复合索引文件也随之自动关闭。而非结构化复合索引文件定义时要求用户为其取名，不能自动打开或关闭，需要人工手动操作。

一般结构化复合索引文件用得比较多。

2. 索引项的类型

索引项可以分为以下 4 种类型。

- 普通索引：允许在指定的字段或表达式中有重复值，在数据库表和自由表中都可以创建普通索引。
- 唯一索引：允许数据表的索引关键字在不同的记录中具有相同的值，但是只是存储索引文件中第一次出现的重复值，而忽略第二次及以后出现的相同的值。通过建立唯一索引，可以防止显示或访问重复的记录。
- 候选索引：不允许数据表的索引关键字在不同的记录中出现相同的值。如果试图加入相同的值，VFP 将会弹出警告，并放弃加入。可以为一个数据表建立多个候选索引。
- 主索引：主索引是最严格的索引，其索引关键字值不允许在不同的记录中重复出现，也不允许出现空值，每个数据表最多只能存在一个主索引。如果试图加入相同的值，VFP

将会弹出警告,并放弃加入。只有在数据库表中才能建立主索引。

建立索引时必须有索引关键字,索引关键字可以使用一个或多个字段构成,关键字的值决定记录的顺序。当索引关键字由一个字段构成时,所建成的索引称为单一索引;而当索引关键字由多个字段复合而成时,则称所建成的索引为多重索引。

3. 建立索引

在表设计器的索引选卡中可以建立索引,也可以使用 INDEX 命令来建立索引。

在表设计器中建立的索引可以是普通索引、唯一索引、候选索引或主索引,而用 INDEX 命令则只能建立一个普通索引、唯一索引或候选索引。只有数据库表才能建立主索引。

(1) 表设计器建立索引

打开要建立索引的数据表,选择"显示"→"表设计器"命令,弹出一个当前数据表的表设计器。建立索引时,需要确定索引名、索引类型、索引关键字、索引排列方式、索引记录选定条件。

其中,索引名就是索引标记;索引类型可以从下拉列表中选择;表达式即索引关键字,是索引所依据的一个或多个字段;索引排列方式指定了记录的逻辑排列顺序是升序还是降序;而索引记录选定条件(筛选)则指定要参与索引的记录必须满足的条件,默认时是所有记录都参与索引。

【例 4-35】在表设计器中建立索引。

```
USE 教师信息表
MODIFY   STRUCTURE   && 调出表设计器
```

在"表设计器"中打开"索引"选项卡,然后输入索引名"XB",选择索引类型为普通索引,输入索引关键字表达式为"性别",不包含任何筛选条件,如图 4-30 所示。

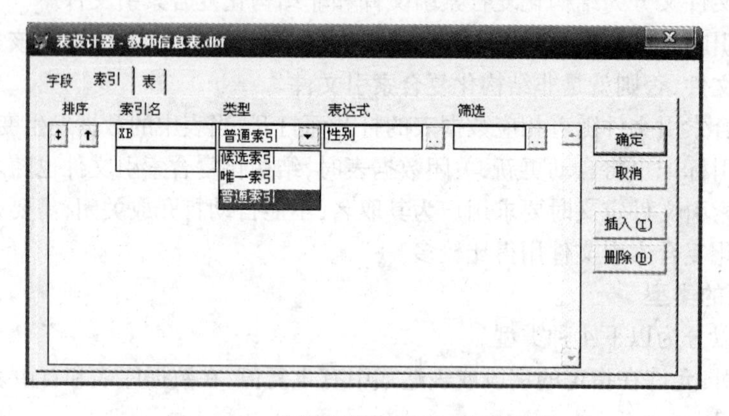

图 4-30 在"索引"选项卡中创建索引

单击"确定"按钮,将弹出一个保存结构修改与否对话框,如图 4-31 所示。选择"是",则建立索引。

(2) 命令方式建立索引

可以用 INDEX-TAG 命令来创建索引,同时把索引保存在复合索引文件中。如果建立索引前并不存在复合索引文件,则 VFP 会自动创建该文件,并把新建的索引存入该复合索引文件中。

图 4-31　结构修改确认

格式:

INDEX　ON　索引关键字　TAG　索引标记　[ASCENDING/DESCENDING][UNIQUE/CANDIDATE][FOR 条件][范围]

说明:根据关键字对当前数据表建立索引,该索引以指定的索引标记保存于结构化复合索引文件中,可用 ASCENDING 或 DESCENDING 子句指定排序方式,带 <FOR 条件> 或 <范围> 时,只有满足条件或指定范围的记录才参与索引。

1) 建立一个普通索引

格式:INDEX　ON　索引关键字　TAG　索引标记

说明:该命令为当前数据表建立结构化复合索引文件中的一个普通索引。

【例 4-36】为"教师信息表"以性别字段建立一个普通索引。

```
USE 教师信息表
INDEX  ON  性别  TAG  性别
LIST
```

记录号	序号	姓名	性别	出生日期	职称	电话	文化程度	工作日期	基础工资	婚否
1	1	陈茂昌	男	09/06/68	高工	832962	大专	03/13/89	950.00	.T.
2	2	黄浩	男	04/01/61	助理工程师	833698	大专	04/18/82	950.00	.T.
4	4	李晓军	男	07/23/65	讲师	660420	硕士	06/21/89	1531.50	.T.
5	13	许东河	男	01/01/78	大专	81180208	大专	01/07/99	950.00	.F.
7	6	刘毅然	男	07/01/64	助理工程师	832288	大专	12/19/85	850.00	.T.
8	7	王方	男	12/21/45	副教授	832390	本科	07/05/69	1844.30	.T.
10	9	伍清宇	男	11/16/56	工程师	833242	本科	01/04/76	1660.00	.T.
11	10	许国华	男	08/26/57	副教授	832613	本科	08/21/76	1115.60	.T.
13	12	朱志诚	男	10/01/63	副教授	832378	本科	07/15/85	972.90	.T.
3	3	李华	女	11/01/65	副教授	248175	本科	09/11/82	902.90	.T.
6	5	李元	女	07/01/71	助理工程师	832188	大专	01/05/93	967.96	.F.
9	8	王静	女	03/02/43	教授	833030	硕士	07/14/65	1950.00	.T.
12	11	张丽君	女	07/26/76	助理实验师	832920	本科	07/31/98	930.30	.F.

可以看出,INDEX-TAG 命令建立后立即生效。

【例 4-37】在"教师信息表"中,以"性别"字段和"基础工资"字段的组合值建立一个普通索引。

```
USE 教师信息表
INDEX  ON  性别+STR(基础工资,8) TAG XBJCGZ
LIST
```

记录号	序号	姓名	性别	出生日期	职称	电话	文化程度	工作日期	基础工资	婚否
7	6	刘毅然	男	07/01/64	助理工程师	832288	大专	12/19/85	850.00	.T.
1	1	陈茂昌	男	09/06/68	高工	832962	大专	03/13/89	950.00	.T.
2	2	黄浩	男	04/01/61	助理工程师	833698	大专	04/18/82	950.00	.T.
5	13	许东河	男	01/01/78	大专	81180208	大专	01/07/99	950.00	.F.
13	12	朱志诚	男	10/01/63	副教授	832378	本科	07/15/85	972.90	.T.
11	10	许国华	男	08/26/57	副教授	832613	本科	08/21/76	1115.60	.T.
4	4	李晓军	男	07/23/65	讲师	660420	硕士	06/21/89	1531.50	.T.
10	9	伍清宇	男	11/16/56	工程师	833242	本科	01/04/76	1660.00	.T.
8	7	王方	男	12/21/45	副教授	832390	本科	07/05/69	1844.30	.T.
3	3	李华	女	11/01/65	副教授	248175	本科	09/11/82	902.90	.T.
12	11	张丽君	女	07/26/76	助理实验师	832920	本科	07/31/98	930.30	.F.
6	5	李元	女	07/01/71	助理工程师	832188	大专	01/05/93	967.96	.F.
9	8	王静	女	03/02/43	教授	833030	硕士	07/14/65	1950.00	.T.

以上组合关键字的作用是,先根据“性别”排序,对“性别”相同的记录再依据其“基础工资”的值决定排序顺序。由于“性别”和“基础工资”的数据类型不同,因此在表达式中应把它们转换为同一类型。

2）建立一个唯一索引

格式:IDNEX ON 索引关键字 TAG 索引标记 UNIQUE

说明:该命令为当前数据表建立结构化复合索引文件中的一个唯一索引。

【例4-38】在“教师信息表”中,以“性别”字段建立一个唯一索引。

```
USE 教师信息表
INDEX  ON  性别  TAG  性别  UNIQUE  DESC
LIST
```

记录号	序号	姓名	性别	出生日期	职称	电话	文化程度	工作日期	基础工资	婚否
3	3	李华	女	11/01/65	副教授	248175	本科	09/11/82	902.90	.T.
1	1	陈茂昌	男	09/06/68	高工	832962	大专	03/13/89	950.00	.T.

从显示结果可以看到,相同的记录并没有重复出现。

3）建立一个候选索引

格式:INDEX ON 索引关键字 TAG 索引标记 CANDIDATE

说明:该命令为当前数据表建立一个保存于结构化复合索引文件中的候选索引,它不允许在索引关键字中出现重复值和空值,可以指定范围和条件,也可以实现降序排列。

【例4-39】在“教师信息表”中,以“序号”字段建立一个候选索引。

```
USE 教师信息表
INDEX  ON  序号  TAG 序号 DESC  CANDIDATE
LIST
```

记录号	序号	姓名	性别	出生日期	职称	电话	文化程度	工作日期	基础工资	婚否
5	13	许东河	男	01/01/78	大专	81180208	大专	01/07/99	950.00	.F.
13	12	朱志诚	男	10/01/63	副教授	832378	本科	07/15/85	972.90	.T.
12	11	张丽君	女	07/26/76	助理实验师	832920	本科	07/31/98	930.30	.F.
11	10	许国华	男	08/26/57	副教授	832613	本科	08/21/76	1115.60	.T.
10	9	伍清宇	男	11/16/56	工程师	833242	本科	01/04/76	1660.00	.T.
9	8	王静	女	03/02/43	教授	833030	硕士	07/14/65	1950.00	.T.
8	7	王方	男	12/21/45	副教授	832390	本科	07/05/69	1844.30	.T.
7	6	刘毅然	男	07/01/64	助理工程师	832288	大专	12/19/85	850.00	.T.
6	5	李元	女	07/01/71	助理工程师	832188	大专	01/05/93	967.96	.F.
4	4	李晓军	男	07/23/65	讲师	660420	硕士	06/21/89	1531.50	.T.
3	3	李华	女	11/01/65	副教授	248175	本科	09/11/82	902.90	.T.
2	2	黄浩	男	04/01/61	助理工程师	833698	大专	04/18/82	950.00	.T.
1	1	陈茂昌	男	09/06/68	高工	832962	大专	03/13/89	950.00	.T.

当试图为一个存在重复值的字段建立候选索引时,会给出一个错误信息提示框。例如,以“性别”为关键字建立候选索引时,VFP 会弹出如图4-32所示的对话框。

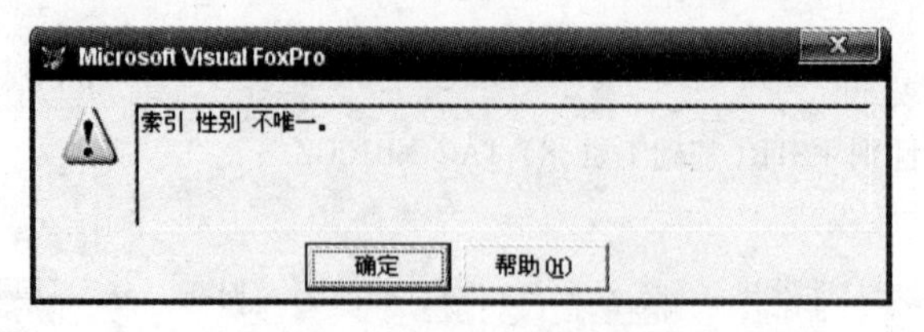

图4-32 “不唯一”错误提示框

4. 使用索引

在 VFP 中,当要使用某一个已建立的索引时,必须先打开索引文件,然后才能激活所需要的索引。

(1) 打开索引文件

对于结构化复合索引文件,会随数据表的打开而自动打开,无须专门打开它。下面介绍其他索引文件的打开。

1) 利用菜单打开

打开数据表,选择"文件"→"打开"命令,调出"打开"对话框。在该对话框中选择文件类型为"索引(*. idx; *. cdx)",选定文件名,最后单击"确定"按钮,如图 4 - 33 所示。

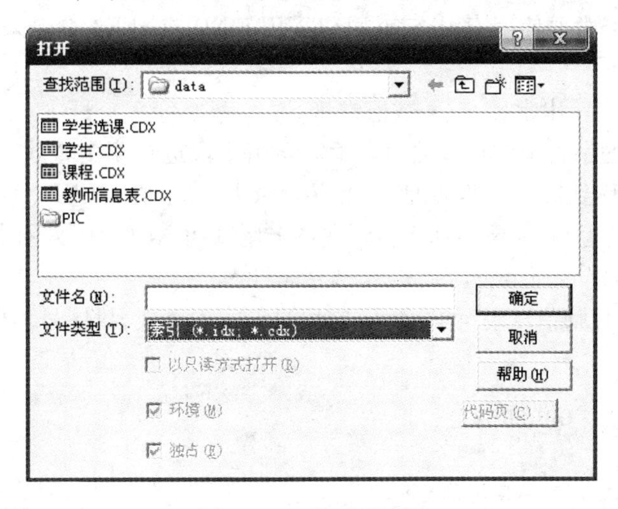

图 4 - 33　打开对话框

2) 通过命令打开

格式 1:SET　INDEX　TO　索引文件名

功能:打开指定的索引文件。

格式 2:USE 数据表 INDEX 索引文件名

功能:在打开数据表的同时打开指定的索引文件。

(2) 激活索引

索引文件打开后并不会立即起作用,只有被激活后,才会影响数据表记录的顺序。索引的激活可以通过执行以下命令实现。

格式 1:SET ORDER TO 索引标记

功能:打开索引文件的前提下,激活索引文件中指定的索引,使其成为活动索引。

例如,用下面命令可以激活"序号"索引:

```
SET  ORDER TO 序号
```

用 SET ORDER TO 0 可以取消活动索引。当把包含活动索引的索引文件关闭,活动索引也会自动取消。注意,取消激活索引并不等于删除索引。

格式 2:USE 数据表名 ORDER 索引标记

功能:打开数据表的同时,打开结构化复合索引文件,并激活其中指定的索引,使其成为活动索引。

(3) 删除索引

格式:DELETE　TAG　索引标记列表

功能:删除指定的索引标记或所有索引标记。当把一个复合索引文件中的所有索引标记全部删除后,该索引文件也随之消失。

格式:DELETE　ALL

功能:删除所有索引。

另外,也可以在表设计器中的"索引"选项卡中直接删除索引标记。

5. 索引查询

在实际编程中,经常要使用索引查询,可以采用 FIND 或 SEEK 命令来完成。

(1) FIND 命令

格式:FIND　<字符串常量>/<数值常量>

功能:根据给出的字符串常量或数值常量对索引字段进行索引查找。若找到相匹配的字段值,则把记录指针移到第一个匹配值的相应记录上。此时 FOUND( )函数返回值为 .T. ,EOF( )返回值为 .F. ;否则,记录指针将移到文件末尾,FOUND( )函数返回值为 .F. ,EOF( )返回值为 .T. 。

【例 4-40】对"教师信息表"的"序号"字段进行索引查找,找序号为"13"的记录,并对查找情况进行判断。

```
USE 教师信息表 ORDER 序号
FIND 13
? FOUND( )          && 屏幕显示 .T.
? EOF( )            && 屏幕显示 .F.
? RECNO( )          && 屏幕显示 5
```

注意:根据字符串常量进行查找时,字符串的定界符(两边的引号)可以省略。当找到多个记录时,记录指针指向第一条匹配的记录处,可用 SKIP 命令将指针指向其他相匹配的记录上。

FIND 不能根据表达式值进行查找,也不能对日期或逻辑常量进行查找。

(2) SEEK 命令

SEEK 命令比 FIND 命令功能更强,FIND 命令中只能出现数值型常数,而 SEEK 命令中可以出现一个表达式。

格式:SEEK <表达式>

功能:根据表达式的值对数据表的索引字段进行索引查找。若找到匹配的字段值,则把记录指针移到第一个匹配值的记录上,这时 FOUND( )函数返回值为 .T. ,EOF( )函数返回值为 .F. ,否则指针移到文件末尾。

注意:当根据字符串常量进行查找时,字符串的定界符不能省略;当找到多个记录时,指针只指向其首记录处,可用 SKIP 命令将指针指向相匹配的其他记录。

4.4　数据表的统计与汇总

统计是数据库必不可少的功能之一,其总是对数据表进行统计。VFP 提供了许多用于统计的命令和函数。

汇总是对数据进行分类合计,在进行汇总操作前,必须先将数据表中分类字段值相同的记录排列，也就是说，必须先对分类字段进行排序或索引。

4.4.1 数据表的统计

1. 统计记录数

可用 COUNT 命令来对当前数据表的某一类记录或某个范围的记录进行数据统计。

格式：COUNT ［TO 内存变量］［范围］［FOR 条件］

功能：计算出当前数据表中指定范围内满足条件的记录个数，可把得到的记录数保存于一个内存变量中。当省略 <范围> 和 <FOR 条件> 时，将计算出当前表的记录总数，与 RECCOUNT( ) 函数的返回值相同。

【例 4-41】统计“教师信息表”中性别为“男”的记录数。

```
USE 教师信息表
COUNT   TO   N
? N,RECCOUNT( )              && 屏幕显示为 13     13
COUNT   TO   N1   FOR   性别 ="男"
? N1        &&               屏幕显示为 9
GOTO   3
COUNT   TO   N2   NEXT   5   FOR   性别 ="女"
&& 统计从第 3 条记录开始的后续 5 条记录中女性记录数，保存指变量 N2 中
? N2                         && 屏幕显示为 2
DELETE ALL
COUNT   TO   N3   FOR   NOT   DELETED( )
                             && 统计未删除的记录数保存至变量 N3
? N3                         && 屏幕显示为 0
```

执行了范围被指定为 ALL 或 REST 的 COUNT 命令后，记录指针指向文件末尾。范围为 NEXT n 或 RECORD n 时，执行 COUNT 命令后，记录指针指向指定范围的最后一个记录。

2. 求数值字段的总和

可用 SUM 命令来对指定的数值字段进行求和。

格式：SUM ［数字表达式表］［TO 内存变量表 /ARRAY 数组名］［范围］［FOR 条件］

功能：在当前数据表中，对所有数值型字段或指定数值表达式分别求和，结果可保存在内存变量中，也可顺序存入到指定数组的元素中。可用［范围］和［FOR 条件］来限制参与求和的记录数，当省略这两个子句时，将对所有记录进行求和操作。

【例 4-42】统计“教师信息表”中性别为男的基础工资的总和。

```
USE   教师信息表
SUM   基础工资 TO   JCGZ   FOR   性别 ="男"
? JCGZ          && 屏幕显示 10824.03
```

3. 求数值字段的平均值

可用 AVERAGE 命令来对指定的数值字段求其平均值。

格式：AVERAGE［数值表达式列表］［TO 内存变量列表/ARRAY 数组名］［范围］［FOR 条件］

功能:在当前数据表中,对所有数值型字段或指定的数值表达式分别求平均值,结果可以保存在内存变量中,也可顺序存入指定数组的元素中。可用[范围]和[FOR 条件]来限制参与求平均的记录数。当省略这两个子句时,将对所有记录进行求平均操作。

【例 4-43】统计“教师信息表”中性别为男的基础工资的平均值。

```
USE 教师信息表
AVERAGE 基础工资   TO PJGZ   FOR 性别 ="男"
? PJGZ                && 屏幕显示 1202.70
```

4.4.2 分类汇总

分类汇总就是将数据表中关键字值相同的记录汇合成为一个记录,并把该记录写入一个指定的新的数据表中。在汇合所得的新记录中,非数值型字段取这同类记录的第一个记录的字段值,而数值字段值则为所汇总记录相应字段值之和。

格式:TOTAL   ON 关键字   TO   数据表名   [FIELDS <数值字段名表>] [FOR 条件]

功能:对当前数据表记录按关键字值进行分类,关键字值相同的记录被分在同一类中,然后分别对每类记录进行合并汇总,同类记录汇合成一个记录,最后把汇总所得的所有记录存入指定的数据表中。

说明:当选用 <FOR 条件>时,则只有满足条件的记录才参与分类汇总;当带有 <FIELDS 数值字段名表>时,只有所列出的数值型字段才会进行汇总。当未带 <FOR> 和 <FIELDS> 时,所有记录都参与分类,所有数值型字段都进行合并汇总。

注意:在进行汇总前,必须保证当前数据表中,关键字值相同的记录排在一起。因此,汇总前要先按关键字排序,或激活按关键字所建立的索引。

【例 4-44】对“教师信息表”按“性别”进行分类汇总。

```
USE 教师信息表
SORT   ON   性别   TO   JS1
USE   JS1
TOTAL   ON   性别   TO   JS2
USE   JS2
LIST
```

记录号	序号	姓名	性别	出生日期	职称	电话	文化程度	工作日期	基础工资	婚否
1	64	陈茂昌	男	09/06/68	高工	832962	大专	03/13/89	10824.30	.T.
2	27	李华	女	11/01/65	副教授	248175	本科	09/11/82	4751.16	.T.

由以上结果可见,在表“JS2”中,所有性别相同的记录被合并汇总成一行。由于性别只有两个值(男和女),因此 JS1 被分成两类,汇合成新表中的两个记录。这个两个记录的非数值字段都取表“JS1”中同类记录的第一个记录的相应字段值,而数值型字段“基础工资”的值是同类记录的累加和。另外,原来备注型的字段不包含在“JS2”中,因为 TOTAL 命令所生成的新数据表不包含任何的 M 型字段,但允许有 G 型字段。

【例 4-45】对“教师信息表”按“文化程度”字段进行分类汇总。

```
USE 教师信息表
INDEX   ON   文化程度   TAG   文化程度
```

```
TOTAL  ON  文化程度  TO  WHCD
USE  WHCD
LIST
```

记录号	序号	姓名	性别	出生日期	职称	电话	文化程度	工作日期	基础工资	婚否
1	52	李华	女	11/01/65	副教授	248175	本科	09/11/82	7426.00	.T.
2	27	陈茂昌	男	09/06/68	高工	832962	大专	03/13/89	4667.96	.T.
3	12	李晓军	男	07/23/65	讲师	660420	硕士	06/21/89	3481.50	.T.

本例先用 INDEX 以“文化程度”字段为索引关键字建立并激活普通索引,然后再做分类汇总。

4.5 工作区

4.5.1 工作区的概念

1. 工作区与当前工作区

工作区是 VFP 中与表有关的一个概念。一个工作区提供了一个独立的表操作环境,在其中允许打开一个表。要想同时打开多个数据表,必须在不同的工作区中进行。VFP 提供了 32767 个工作区,编号从 1 ~ 32767,对于前 10 个工作区,还可以用字母 A ~ J 来加以标记。0 是一个特殊的工作区,它指定了当前未使用的最小工作区编号。

在任意时刻,只有一个工作区是当前工作区。刚进入 VFP 环境时,系统自动选择 1 号工作区为当前工作区。如果要改变当前工作区,则必须使用 SELECT 命令。当执行了 CLOSE ALL 命令后,系统自动选择 1 号工作区为当前工作区。

2. 别名

每次打开一个数据表,VFP 都会为该数据表指定一个别名,该别名可以通过执行以下命令来指定。

格式:USE <数据表名> ALIAS <别名>

说明:当执行不带 ALIAS 可选项时,该数据表的别名与数据表同名。

别名使得对非当前数据表字段数据的访问成为可能,在一些 VFP 命令中可以访问多个已打开数据表中的字段,但此时除了当前工作区中打开的表的字段以外,其他表的字段名前都要加上工作区别名和分隔符,书写格式如下:

别名.字段名

或

别名→字段名

4.5.2 指定工作区

使用 SELECT 命令可以选择一个未使用过的工作区(未在该工作区中打开过的数据表),或切换到一个已经使用过的工作区(已在该工作区中打开过的数据表),使被选择的工作区变成当前工作区。

格式:SELECT <工作区号>/<别名>

功能:选择指定的工作区作为当前工作区。

说明：<工作区号>是指要激活的工作区的编号，如果为0，则自动选择一个尚未使用过的最小号工作区为当前工作区。<别名>是指已打开的数据表的别名。

【例4-46】工作区的选择和切换。

```
CLOSE  ALL                 && 关闭所有表文件及其索引文件
USE  教师信息表            && 在1号工作区中打开教师信息表，其别名是"教师信息表"
SELECT  0                  && 选择未使用的最低号工作区，即2号工作区为当前工作区
USE  学生表 ALIAS  XSB     && 打开学生表，别名为 XSB
USE  成绩表  IN  D         && 在4号工作区中打开成绩表，别名为"成绩表"
SELECT  XSB                && 把当前工作区换成别名为 XSB 的数据表所在的工作区
SELECT  D                  && 选择4号工作区为当前工作区
```

4.6 多表连接

4.6.1 多表临时关联

建立表与表之间的关联可以使得两个表的记录指针同时移动，当父表（当前表）中的指针移动时，被关联的表（子表）的指针也会跟着移动。

一般通过字段名来关联两个数据表，要求建立关联的两个表中必须有公共字段，且子表必须按这个公共字段（或由这个公共字段复合构成的关键字表达式）建立索引并激活索引。关联的建立通过执行 SET RELATION 命令来完成。

格式：SET RELATION TO <索引关键字表达式> INTO <别名>

功能：建立当前表与别名表之间的关联，这种关联是临时的，在数据表关闭时自动消失，必要时可以再次建立。

下面以一个例子说明创建数据表的临时关系的步骤。

【例4-47】为建立"学生"表与"学生选课"表建立临时关系。

其操作步骤如下：

1）打开"学生选课"表（子表），以"学号"为关键字设置索引，并激活索引。

```
SELECT  A
USE  学生选课
INDEX  ON  学号  TAG  XH
```

2）打开"学生"表（父表），选择"学生"表所在工作区为当前工作区。

```
SELECT  B
USE  学生
```

3）建立临时关系。

```
SET  RELATION  TO  学号  INTO  A
BROWSE
SELECT  A
BROWSE
```

结果如图 4－34 所示，观察两个表，选择“学生”表中的学号，在“学生选课”表中将只出现该学号所选的课程及成绩。

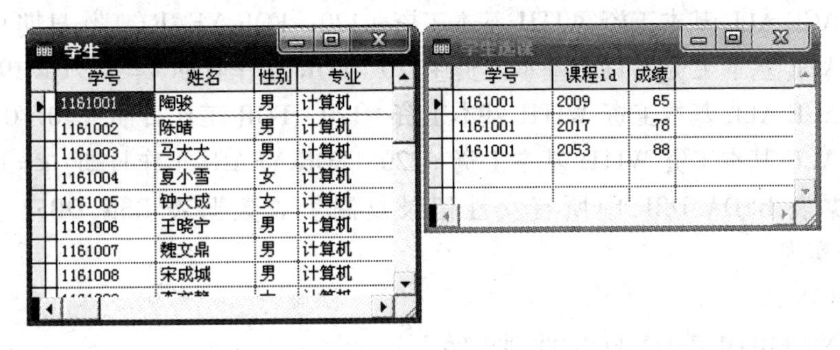

图 4－34　两个表的临时关系

4.6.2　表间物理连接

表间的物理连接也就是表间的永久连接，只有数据库表之间才可以建立永久连接，在本书的第 5.4.1 节将做详细的介绍。

习　题　四

1. 单选题

1）在 Visual FoxPro 中，当一个数据表的记录指针移动时，另一个数据表的记录指针自动移向相应的记录，这种现象称为________。

A. 数据表之间的临时关联　　B. 数据表之间的物理连接

C. 相对移动　　D. 自动索引

2）TOTAL 命令的功能是________。

A. 对数据表的记录个数进行统计

B. 对数据表的字段个数进行统计

C. 对数据表的所有字段按指定关键字进行分类汇总

D. 对数据表的数值字段按指定关键字进行分类汇总

3）执行 INDEX 命令和在表设计器中都能定义一个索引，对用这两种方法所建立的索引进行比较，下列的叙述________是正确的。

A. 两种索引都即刻起作用，即影响对数据表记录的操作顺序

B. 两种索引都不会起作用，只有激活它们后才会起作用

C. 在表设计器中建成的索引即刻起作用，INDEX 命令建成的索引则不然

D. INDEX 命令建成的索引即刻起作用，在表设计器中建成的索引则不然

4）假设当前数据表有 100 条记录，其中有 10 条记录已被逻辑删除，执行命令 SET DELETE ON 后，函数 RECCOUNT( )的值是________?

A. 90　　B. 100　　C. 10　　D. 以上都不对

5）当前记录号可用函数________求得。

A. EOF( )　　B. BOF( )　　C. RECNO( )　　D. RECC( )

6）要将″工作日期″(D 型)在 1998 年以前(包括 1998 年)的职工的″基本工资″(N 型)增加 120 元，可用________命令实现。

A. REPLACE ALL 基本工资 WITH 基本工资 + 120　FOR YEAR(工作日期) <= ″1998″

B. REPLACE 基本工资 WITH 基本工资 + 120　FOR 工作日期 <= ″01/01/1998″

C. REPLACE ALL 基本工资 WITH 基本工资 + 120　FOR 工作日期 <= 01/01/1998

D. REPLACE 基本工资 WITH 基本工资 + 120　FOR YEAR(工作日期) <= 1998

7）将数据表 RSDA. DBF 中所有女性记录复制生成数据表 RSN. DBF，可通过下面________命令实现。

A. USE RSN
   APPEND FROM RSDA FOR 性别 = ″女″

B. USE RSDA
   APPEND FROM RSN FOR 性别 = ″女″

C. USE RSDA
   COPY TO RSN FOR 性别 = ″女″

D. COPY FILE RSDA. DBF TO RSN. DBF FOR 性别 = ″女″

8）在 VFP 6 的命令窗口执行一次 SELECT 0 操作，将________。

A. 选定 1 号工作区为当前工作区

B. 选定 0 号工作区为当前工作区

C. 选定未用过的最低号工作区为当前工作区

D. 选定最低号工作区为当前工作区

9）在 Visual FoxPro 中，ALTER-SQL 语句属于一种________功能的语句。

A. 数据控制　B. 数据定义　C. 数据操作　D. 数据查询

10）Visual FoxPro 中的索引有________。

A. 唯一索引、普通索引、候选索引、主索引

B. 主索引、次索引、普通索引、唯一索引

C. 唯一索引、复合索引、候选索引、主索引

D. 唯一索引、复合索引、候选索引、视图索引

11）下列范围选项中的________表示从当前记录到最后记录之间的所有记录。

A. RECORD　n　B. NEXT n　C. NEXT　D. REST

12）设当前数据表含有字段 salary(N 型)，命令 REPLACE salary WITH 1500 的功能是________。

A. 将当前数据表中所有记录的 salary 字段的值都改为 1500

B. 将当前数据表中当前记录的 salary 字段的值改为 1500

C. 将当前数据表中从当前记录到最后记录之间所有记录的 salary 字段的值都改为 1500

D. 将当前数据库表中第一个记录的 salary 字段的值都改为 1500

13）设数据库表文件及其索引文件已打开，为了确保指针定位在物理记录号为 1 的记录应使用命令________。

A. [illegible]OP　B. GO 1　C. GOTO　TOP　D. 以上答案均正确

14）要将当前表中所有记录物理删除，可以使用的命令是________。

A. ZAP　　B. DELETE　ALL　　C. PACK　　D. 以上答案均正确

15）有关索引的叙述中，错误的是________。

A. 在一个数据表上可以建立多个唯一索引

B. 在一个自由表上可以建立多个主索引

C. 在一个数据表上可以建立多个候选索引

D. 在一个数据表上可以建立多个普通索引

2. 简答题

1）绝对定位与相对定位有何区别？

2）什么是逻辑删除？什么是物理删除？

3）什么是排序与索引？它们有何区别？

4）VFP 中有几种索引？如何用表设计器建立索引？

5）什么是求和命令 SUM？什么是汇总命令 TOTAL？它们的区别是什么？有何类似？

第 5 章　数据库的设计

在 VFP 6.0 中,数据库不再是简单的表,而是一个以.DBC 为扩展名的特殊文件,是表、视图、连接、关系、存储过程、有效性规则、参照完整性等的集合体和管理者。一个数据库总有一个扩展名为.DCT 的备注文件与其相关联。

将多个相关数据表组织成一个数据库,不但可以对它们进行统一有效的管理,而且还可以为库中的数据表创建数据字典,包括设置有效性检验规则、设置字段默认值、输入掩码、创建表间关系、参照完整性和触发器等。从而便于对数据库表中的数据进行相关的操作,并有效地确保数据的完整性和可靠性。

5.1　数据库的建立与使用

5.1.1　数据库的创建与删除

1. 创建数据库

创建数据库的方法有以下两种:

(1) 菜单方式

在 VFP 主窗口中,选择“文件”→“新建”命令,在弹出的对话框中选中“数据库”项,并单击“新建文件”按钮,再在弹出的对话框中给数据库指定一个存储位置和文件名(如“教务管理”),在单击“保存”按钮后,便建立了一个空的数据库。此时,在屏幕上显示出数据库设计器,如图 5-1 所示。

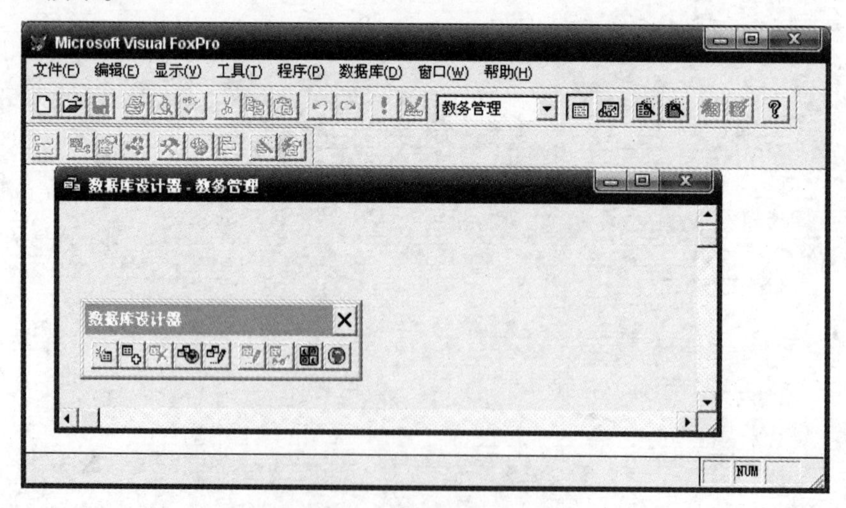

图 5-1　数据库设计器

在“数据库设计器”窗口打开的情况下,VFP 系统菜单上多了一个“数据库”菜单(该菜单包括各种数据库操作命令),且数据库设计器工具栏变成可用,常用工具栏上的数据库名显示栏将显示当前的数据库名。

(2) 命令方式

格式:CREATE　DATABASE　<数据库名>

功能:以指定的名字建立一个空的数据库,但不弹出数据库设计器。如果要调出数据库设计器,还要执行 MODIFY　DATABASE 命令。

【例5-1】建立一个“学生”数据库。

具体执行命令如下:

```
CREATE　DATABASE　"学生"
```

2. 数据库的删除

格式:DELETE　DATABASE　<数据库名>　[DELETETABLES]

功能:删除已关闭的数据库。带有 DELETEDABLES 时,除了删除数据库外,还把该数据库中所含的表也一并删除掉。

【例5-2】删除“学生”数据库。

具体执行命令如下:

```
DELETE　DATA　"学生"
```

执行该命令后,将弹出询问窗口,如图5-2所示。单击“是”按钮,可把“学生”数据库删除,包括.DBC、.DCT和可能有的.DCX文件。

图5-2　“删除确认”对话框

5.1.2　数据库的打开与关闭

1. 数据库的打开

(1) 菜单方式

选择“文件”→“打开”命令,或单击常用工具栏的“打开”按钮,将弹出如图5-3所示的对话框。在弹出的对话框中指定“文件类型”为“数据库”,再选择数据的保存位置及名字,最后单击“确定”按钮。这时屏幕上会显示出“数据库设计器”窗口,并展示该数据库所包含的数据表和视图及数据表之间的关系。

(2) 命令方式

格式:OPEN　DATABASES　<数据库名>

功能:打开指定的数据库,使其成为当前数据库,但这时没有打开数据库设计器。

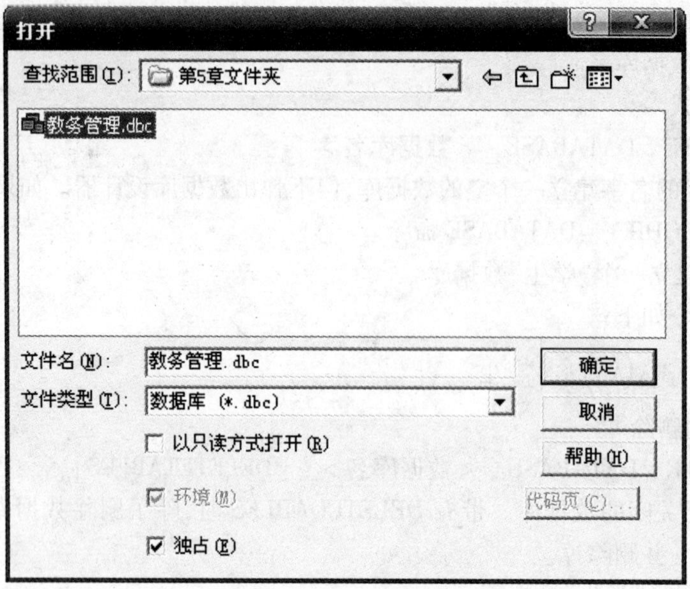

图 5-3 “打开”对话框

【例 5-3】打开“教务管理”数据库。

具体执行命令如下：

```
OPEN  DATABASES "教务管理"  && 这里可以不加引号
```

2. 数据库的关闭

格式：CLOSE DATABASES [ALL]

功能：关闭数据库，带有 ALL 时，将关闭所有数据库，否则只关闭当前数据库。

【例 5-4】关闭“教务管理”数据库。

具体执行命令如下：

```
CLOSE  DATABASES
```

5.2 数据库表的添加、移去与删除

5.2.1 数据库表的添加

往数据库中添加数据库表时，添加的表可以是自由表，也可以是新建的数据表，但不能是另一个数据库中的数据库表。也就是说，一个数据表只能属于一个数据库。

1. 菜单方式

在数据库设计器中，选择“数据库”→“添加表”命令，可把一个已有的自由表添加到当前数据库中。而选择其中的“数据库”→“新建”命令，则可新建一个数据库表；也可以用鼠标右键单击数据库设计器空白处，从弹出的快捷菜单中选择“添加表”或“新建表”命令来为当前数据库添加一个表，如图 5-4 所示。

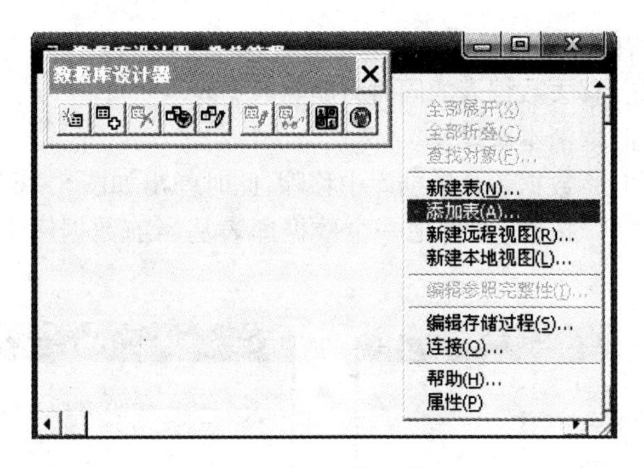

图 5－4　快捷菜单

【例 5－5】往“教务管理”数据库中添加表。

其操作步骤如下：

打开“教务管理”数据库，在数据库设计器中用右键单击空白处，如图 5－4 所示，在快捷菜单中选择“添加表”，把自由表“教师信息表”添加到数据库中。

2. 命令方式

格式：ADD　TABLE　<数据表>

功能：把一个自由表添加到当前数据库中，使其变成一个数据库表。

当前数据库是指当前默认使用的数据库，最后打开的数据库被自动设置为当前数据库；若已打开了多个数据库，则执行以下命令来指定当前数据库。

```
SET  DATABASE  TO  <数据库名>
```

如果上述命令不写入数据库名，则表示取消当前数据库。此时，该数据库还是处于打开状态，该命令只是取消当前数据库。

注意：所添加的自由表必须是关闭的。

【例 5－6】把当前数据库设置为“教务管理”，并执行命令将处于关闭状态的“学生”添加到数据库中。

具体执行命令如下：

```
SET  DATABASE  TO  '教务管理'
ADD  TABLE  学生
```

注意：在打开数据库后，如未用 SET　DATABASE　TO 命令取消数据库，则不管是在数据库设计器环境中还是在数据库设计器以外所新建的数据表，都属于当前数据库。

5.2.2　移去数据库表

数据库表的移去指的是将数据库表从数据库中移去，使该表不再属于数据库，成为一个自由表。

1. 菜单方式

在数据库设计器环境中，选定表后，选择“数据库”→“移去”命令；或在数据库设计器环境中，用右键单击所要移去的数据库表，从快捷菜单中选择“删除”命令，都会在屏幕上显示如

图 5-5 所示的对话框，此时用户可以进行以下 3 种操作：

- 单击“删除”按钮，移去数据表的同时将删除数据表。
- 单击“取消”按钮，取消本次操作。
- 单击“移去”按钮，将数据表从数据库中移除，此时弹出如图 5-6 所示的对话框。在该对话框中单击“是”按钮，便可把一个数据库表从当前数据库中移除，转换成一个自由表。

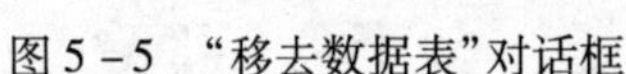

图 5-5 “移去数据表”对话框　　　　图 5-6 “移去数据表”确认

【例 5-7】打开“教务管理”数据库，将“学生”表从数据库中移去。

其操作步骤如下：

打开“教务管理”数据库，进入“数据库设计器”窗口，用鼠标右键单击“学生”表，从弹出的快捷菜单中选择“删除”命令。在弹出的图 5-5 所示的对话框中，单击“移去”按钮；在弹出的对话框中，单击“是”按钮，便从数据库中移去“学生”表。

2. 命令方式

格式：REMOVE　TABLE <数据库表名> [DELETE]

功能：从当前数据库中移去一个表，执行该命令时会弹出如图 5-5 所示的对话框。

【例 5-8】假设当前数据库是“教务管理”，使用命令将“学生”表从数据库中移去。

具体执行命令如下：

```
REMOVE  TABLE  "学生"
```

注意：如果在 REMOVE 命令中带有 DELETE 项时，将会在移去数据表的同时一并删除该表。

5.2.3 删除数据库表

删除数据库表是指把一个数据表文件从其存储介质中永久的删除。

1. 菜单方式

在数据库设计器环境中，选定表，选择“数据库”→“移去”命令，或右击所要移去的数据库表，从弹出的快捷菜单中选择“删除”命令，都会在屏幕上显示出如图 5-6 所示的对话框。这时单击“删除”按钮，便从当前数据库中移去数据库表，同时也永久性删除该数据库表文件。

2. 命令方式

格式 1：REMOVE　TABLE　<数据库表名>　DELETE

或：DROP　TABLE　<数据库表名>

功能：移去数据库表后，把该表也永久性的从其所存储的介质中删除。

格式 2：DELETE　FILE　<数据库表名.DBF>

功能:永久性地删除一个数据库表文件,该数据库表必须是关闭的。被删除的数据库表可以是自由表,也可以是数据库表。为数据库表时,该命令的执行将使数据库设计器中的数据库表对象失去意义。

注意:执行该命令时,数据库表文件的扩展名是不能省略的。

5.3 有效性规则和触发器

将表添加到数据库后,便可获得许多在自由表中得不到的属性,这些属性被作为数据库的一部分保存起来,并将一直为表所拥有,直到这个表从数据库中移去时为止。

5.3.1 数据库表的字段属性

数据库表的字段属性有标题、注释、默认值、显示格式、输入掩码、有效性规则等。

可以在数据库表设计器的"字段"选项卡中设置字段的这些属性,如图5-7所示。在数据库表设计器中,用鼠标右击数据表,选择"修改"项,也可调出表设计器。

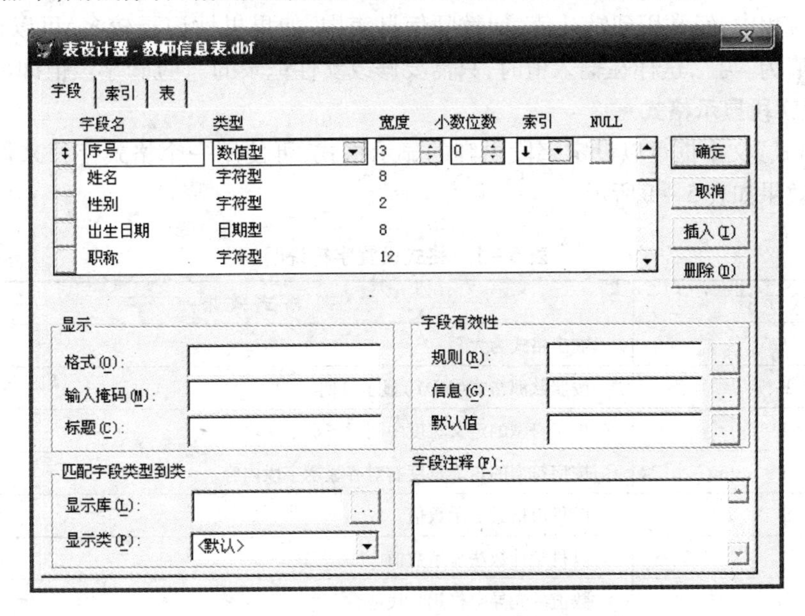

图5-7 表设计器的"字段"选项卡

当修改结束后,单击"确定"按钮,将弹出如图5-8所示的对话框,询问是否对现有的数据进行修改,并将立即保存表结构的修改,无法撤销。默认选择"是"。

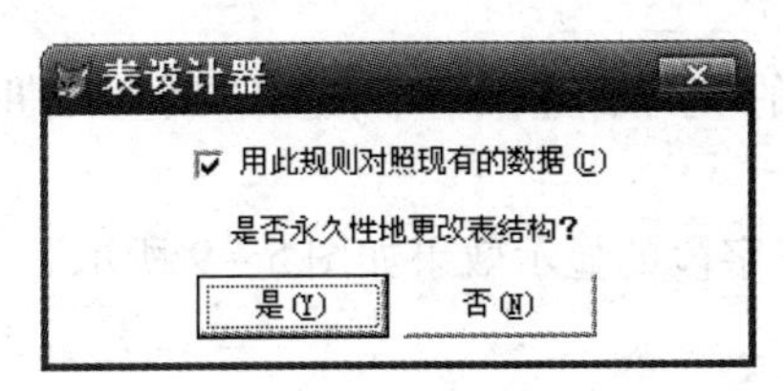

图5-8 确认修改对话框

下面将介绍字段属性的各个常用项目的设置方法。

1. 设置“标题”属性

在设置表结构时,为了便于书写,通常在设置字段名时,使用能体现字段含义的字符的简写,但简写的字段名通常不易阅读、理解和使用。为了清楚表达字段的含义,可以在数据库表设计器中,选定某个字段并给该字段建立“标题”,这样在原本显示字段名的地方将显示出字段标题,即用“标题”代替原来的“字段名”。

2. 为字段加上注释

在建立好表结构后,通常需要输入一些注释以说明该字段的用处,可在“表设计器”的“字段注释”中输入注释内容。

3. 设置字段的默认值

字段的默认值是指给数据库追加记录时,系统为该字段自动输入的值,在图 5－7 中的“默认值”文本框中可以设置字段的默认值。默认值可以是常量或表达式,表达式的返回值必须与该字段的数据类型相匹配。如果默认值为字符串时,则需要加上引号;为逻辑常量(.T.或.F.)时,两边的圆点不能省略。

在实际应用中,经常用到默认值,如教师信息表中,如果男性记录较多,可以设置“性别”字段的默认值为“男”,这样在输入值时,只需要修改女性记录的“性别”字段值即可。

4. 设置字段显示格式

利用“格式”文本框可以设定字段内容的显示格式,可使用一个格式字符来设置,格式字符及对应的效果如表 5－1 所示。

表5－1　格式设置字符说明

格式字符	格式效果
!	输出格式为大写
E	按照欧洲格式(MDY)显示日期
I	按字符型的定义宽度中间对齐显示字段内容
J	按字符型的定义宽度右对齐显示字段内容
$	以货币格式显示数值
^	以科学计数法显示数值
L	数值的先导空格用 0 代替

【例 5－9】打开数据库表“学生”,把“出生日期”字段的显示格式设置为欧洲日期格式(MDY)。

其具体操作如下:

在“学生”表的表设计器的“字段”选项卡中,选择“出生日期”字段,然后在“格式”文本框中输入字符“E”。

此时,学生表“出生日期”字段的显示效果如图 5－9 所示。

5. 输入掩码

输入掩码约定了字段中输入的值所采用的格式。设置输入掩码可以使字段值的输入格式统一,且能屏蔽错误的输入,提高输入效率。如表 5－2 所示列出了常用的掩码格式。

学号	姓名	性别	专业	年级	出生日期	籍贯
1161001	陶骏	男	计算机	01	09/08/82	广东大江
1161002	陈晴	男	计算机	01	05/03/82	湖北荆州
1161003	马大大	男	计算机	01	26/02/83	广州市
1161004	夏小雪	女	计算机	01	01/12/83	江苏无锡
1161005	钟大成	女	计算机	01	02/09/83	广东汕头
1161006	王晓宁	男	计算机	01	09/02/84	广东汕头
1161007	魏文鼎	男	计算机	01	09/11/83	广东清远
1161008	宋成城	男	计算机	01	08/07/82	湖南长沙

图 5-9 “学生”表显示效果

表 5-2 常用掩码格式

格式字符	意 义	输入掩码示例	显示示例
9	对数值字段可以输入数值或正负号;对字符字段只允许输入数字字符,一个 9 代表一位数字或一个数字字符	如学号长度为 11 位,则在掩码中需要用 11 个 9,即 9999999999	输入:20088255101 显示:20088255101 如果中间输入非数字字符,则被屏蔽
#	允许输入数值、正负号、空格和小数点	如长度为 14 的字符型电话号码,在掩码中输入(####)########	输入:075786687888 显示:(0757)86687888
$	数值字段显示时如未占满指定宽度,则加上$前缀符号	如货币型长度为 8,在掩码中输入 8 个$	输入:11345 显示:$11345
.	指定小数点的位置	如在字符型中输入掩码:###. ###. ###. ###	输入:127 0 0 1 显示:127. 0. 0. 1
,	在整数值的指定位置加入分隔符	在数值型字段中输入掩码:99,999. 99	输入:12345. 56 显示:12,345. 56
A	只允许输入字母字符	长度为 8 的字符型字段,在掩码中输入 AAAAAAAA	在输入数据时,如果输入非字母字符,则被屏蔽

【例 5-10】打开数据库表“学生”,并为“学号”字段指定其掩码,以实现学号由 7 位数字字符组成。

其具体操作如下:

在“学生”表的表设计器的“字段”选项卡中,选择“学号”字段,然后在“输入掩码”文本框中输入 7 个 9。

【例 5-11】打开数据库表“教师信息表”,并为“基础工资”字段指定其掩码,以实现显示时在工资前面加上$。

其具体操作如下:

在“教师信息表”的表设计器的“字段”选项卡中,选择“基础工资”字段,然后在“输入掩码”文本框中输入 10 个$。

【例 5-12】打开数据库表“教师信息表”,并为“电话”字段指定其掩码,以实现显示的格式为(0757)86687888 或(020)84561334 等。

其具体操作如下:

在“教师信息表”的表设计器的“字段”选项卡中,选择“电话”字段,然后在“输入掩码”文本框中输入(####)########。

在【例 5-11】和【例 5-12】修改确定后,教师信息表的浏览效果如图 5-10 所示。

序号	姓名	性别	出生日期	职称	电话	基础工资
1	陈茂昌	男	09/06/68	高工	(020)82346454	$950
2	黄浩	男	04/01/61	助理工程师	(0751)8135462	$950
3	李华	女	11/01/65	副教授	(0757)82546475	$902
4	李晓军	男	07/23/65	讲师	(0757)86687888	$1531
5	李元	女	07/01/71	助理工程师	(010)83145414	$967
6	刘毅然	男	07/01/64	助理工程师	(021)83441445	$850

图 5－10　“教师信息表”显示效果

6. 设置字段级有效性规则和说明

(1) 字段有效性“规则”框

在该框(见图 5－7)中可以输入规则表达式,也可以单击旁边的“…”按钮,通过弹出的“表达式生成器”来辅助输入,如图 5－11 所示。

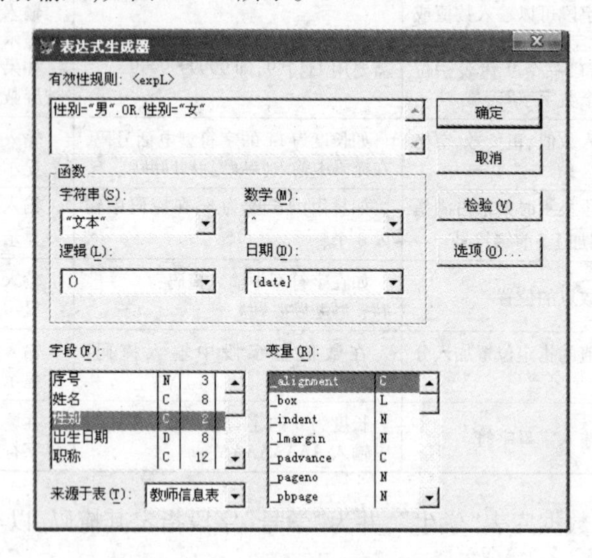

图 5－11　“表达式生成器”对话框

此表达式是一个逻辑表达式,当做判断字段有效性的条件,以后当用户向该字段输入或修改一个不符合规则表达式的值(即表达式的值为 . F.)时,VFP 会显示一个错误信息对话框,并拒绝该值的输入,如图 5－12 所示。

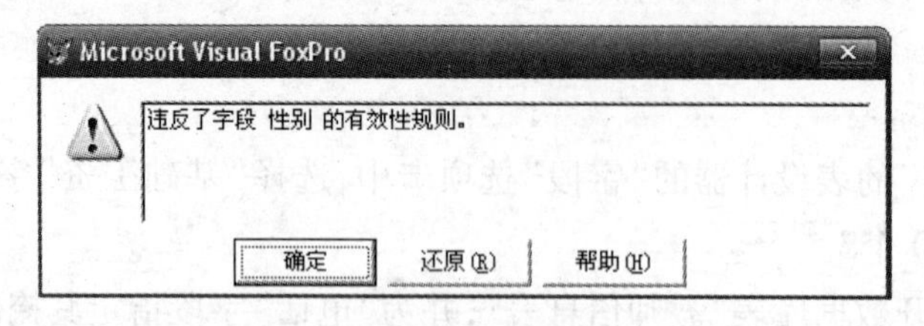

图 5－12　违反“性别”字段有效性规则

字段有效性规定了某个字段的值在什么条件下有效。在浏览记录时,当焦点从一个字段移开时,如果该字段值被修改,系统会检查字段级规则。对于执行 INSERT 命令或 REPLACE 命令更改字段值时,系统也会检查字段级规则。字段有效性规则是控制正确输入字段值的有效方法。

（2）“信息”框

该框用于输入出错提示信息。当对该字段的数据输入或修改违反有效性规则时，系统将显示信息对话框，并显示错误提示信息。如果“信息”框没有内容，违反规则时就显示出默认的错误提示信息。

【例5－13】打开数据库表“教师信息表”，并为“性别”字段指定其字段级的有效性规则为性别只有"男"、"女"两种。相应的有效性信息为：性别非男即女。

其具体操作如下：

打开“教师信息表”表设计器，选择“性别”字段，在规则输入框中输入以下逻辑表达式：

```
性别="男".OR. 性别="女"
```

在信息输入框中输入："性别非男即女"

【例5－14】打开数据库表“教师信息表”，并为“工作日期”字段指定其字段级的有效性规则为：工作日期大于等于1965年1月1日。相应的有效性信息为：工作日期在1965－01－01以后。

其具体操作如下：

打开“教师信息表”表设计器，选择“工作日期”字段，在规则输入框中输入以下逻辑表达式：

```
工作日期>={^1965-01-01}
```

在信息输入框中输入："工作日期在1965－01－01以后"

5.3.2 数据库表的表属性

可以为数据库表的整个表或表中的记录赋予属性，以控制记录的数据输入，表属性有表名、表注释、记录级的有效性规则和有效性说明，以及触发器等。

在“表设计器”对话框中选择“表”选项卡，如图5－13所示，该选项卡用于显示表的信息和设置记录有效性。

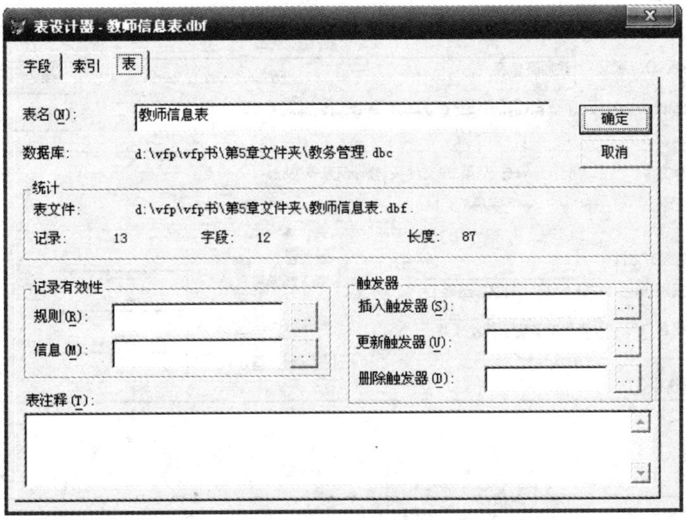

图5－13 表设计器的“表”选项卡

1. 表名

这里的表名指的是长表名,其中最多可包含128个字符,若输入了长表名,则在数据库打开时就以此名标识该表;若不定义长表名,表文件名就是表名。

2. 表注释

表注释用于为数据库表设置注释,方便给本人或表的维护人员提供关于该表的一些提示信息,如表的最后一次修改时间等。

3. 记录有效性

记录有效性也称为"记录级规则",当规则表达式成立时,记录才是有效的。在向表插入记录或修改原有记录时,系统将检查记录的有效性。若输入或修改的数据不符合规则,则显示错误提示信息并拒绝接受该数据。

(1)"规则"框

在该框(见图5-13)中可以输入规则表达式,该表达式必须是一个逻辑表达式,当做判断记录有效性的条件。当向表添加或修改记录时,如果想设置两个或两个以上的字段之间的关系,便可使用记录有效性规则和记录有效性说明。

(2)"信息"框

该框用于输入违反记录有效性时显示的错误提示信息。

【例5-15】打开数据库表"教师信息表",并为"基础工资"指定其记录级有效性规则:职称为"助教"的老师的"基础工资"不大于1000。相应的有效性信息为:助教的基础工资小于等于1000。

其具体操作如下:

打开表设计器,选择"表"选项卡,选择"基础工资"字段,在规则文本框中输入IIF(职称="助教",基础工资 <=1000,.T.)。

在信息文本框中输入"助教的基础工资小于等于1000",如图5-14所示。

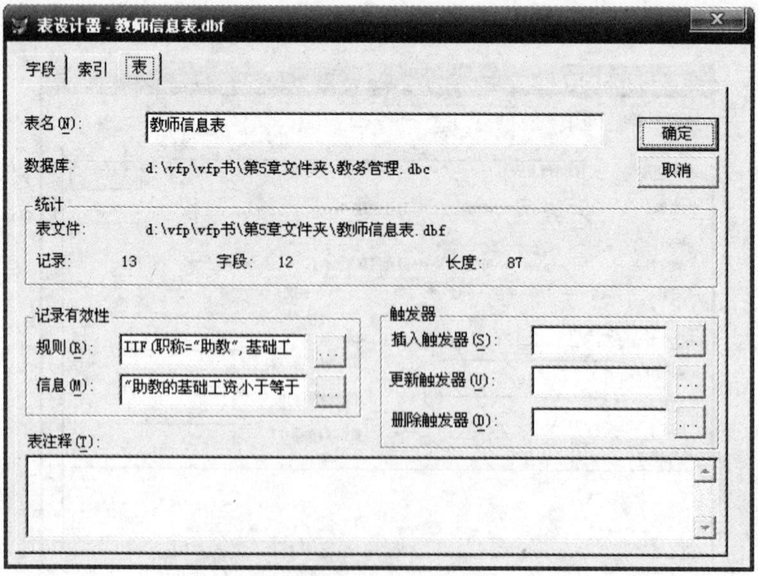

图5-14　设置记录有效性规则

4. “触发器”框

对于每个数据库表,VFP 允许为记录的插入、更新或删除这 3 种操作各创建一个触发器。触发器也是一个逻辑表达式,它是记录级事件代码,如果触发器表达式为假,则不允许执行这种操作。触发器会在每个插入、更新、删除记录操作时自动运行。

触发器类似于有效性规则,但触发器不对表中已有的记录进行验证,只有在对表进行追加记录、更新记录、删除记录操作时,相应的触发器才会被激活。也就是说逻辑表达式的计算结果为真时,操作可以顺利进行;否则,系统将提示“触发器失败”对话框,且不执行所做的操作。

(1) 创建触发器

下面用一个例子来说明如何用表设计器创建触发器。

【例 5 - 16】使用触发器把“教师信息表”变为只读。

其具体操作如下:

打开数据库表“教师信息表”,将其插入、更新、删除触发器都设置为 .F. ,则该表变为只读。以后对该表只能读取,无法进行添加、修改或删除操作。

触发器还可以使用 CREATE TIGGER 命令进行创建。

格式:

```
CREATE  TRIGGER  ON  <表名> FOR  INSERT/UPDATE/DELETE  AS <逻辑表达式>
```

功能:为指定的数据库表设置触发器,对已有的触发器,该命令可以更新这个触发器。该命令不要求操作的表是打开的,执行该命令后,也不会打开这个表。

【例 5 - 17】下列的操作用于禁止对“教师信息表”的更新,以及添加记录时,最多的记录数不能超过 15。

```
CREATE  TRIGGER  ON 教师信息表 UPDATE  AS  .F.
CREATE  TRIGGER  ON 教师信息表 INSERT  AS  RECNO() <=15
```

(2) 删除触发器

通过执行 DELETE TRIGGER 命令删除触发器。

格式:

```
DELETE TRIGGER  ON  <表名>  FOR  INSERT/UPDATE/DELETE
```

【例 5 - 18】下列的操作将取消对“教师信息表”的更新触发器的设置。

```
DELETE  TRIGGER  ON 教师信息表 UPDATE
```

5.4 表之间的关系

在关系数据库中,表与表之间是通过关键字来相互关联的。如“学生”表与“学生选课”表之间就是用“学号”相互关联的。该关键字可以是单个字段,也可以是由多个字段复合而成的表达式。

表间的关系主要有两种,即一对一关系和一对多关系。在一对一关系中,父表的一个记录只与子表的一个记录相关联,父表中的关键字值在子表中只能出现一次;在一对多关系中,父表中的一个记录可与子表的多个记录相关联，父表中的关键字值在子表中可以出现多次。

表间的关系又可分为永久关系和临时关系两种。

5.4.1 数据库表间的永久关系

永久关系是数据库表间的关系，只有数据库表之间才可以建立永久关系。永久关系一旦建立，数据库表就存储在数据库文件中，作为数据库的一部分而存在。永久关系建立后，在“查询设计器”和“视图设计器”中或在创建表单时所用的数据环境设计器中，这种永久关系将被作为默认的连接条件。

一个永久关系存在于两个数据库表之间，其中一个表作为父表，另一个作为子表，这两个表要有公共字段，并在公共字段上建立索引。对于父表要建立好主索引或候选索引，而对于子表按外键字段建立任意索引。

当外键字段同时为主键时，也可以建立主索引或候选索引，这时父表与子表之间的关系为一对一的关系，当子表中的索引为普通索引或唯一索引时，父表和子表之间的关系为一对多的关系。

1. 永久关系的创建

在数据库设计器中可以建立表间的永久关系。下面将用一个例子来说明永久关系的创建步骤。

【例5-19】在“教务管理”数据库中，创建“学生”表与“学生选课”表的永久关系。

其操作步骤如下：

1）打开“学生”表的表设计器，在“索引”选项卡中以“学号”为关键字主索引，如图5-15所示。

2）打开“学生选课”表的表设计器，并为其创建以“学号”为关键字的普通索引。

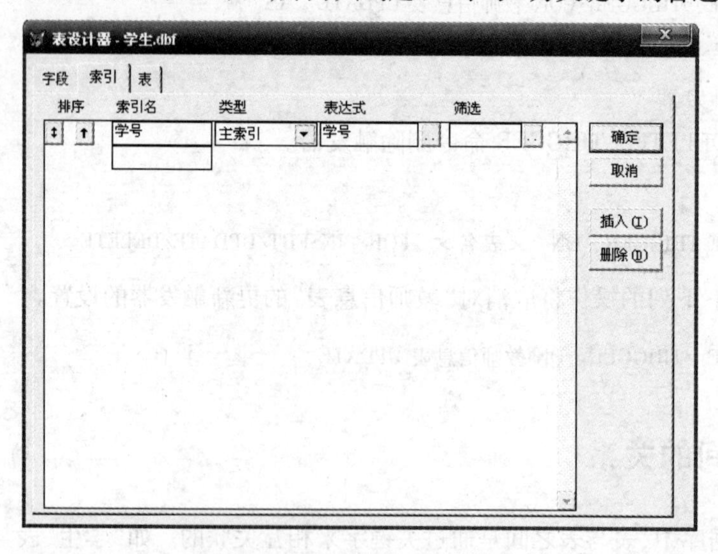

图5-15 建立主索引

3）在“数据库设计器”窗口中，选择“学生”表中的主索引，然后用鼠标把它拖动到“学生选课”表的“学号”索引上。此时，在“数据库设计器”窗口中将看到两个表之间多了一条连线，如图5-16所示。

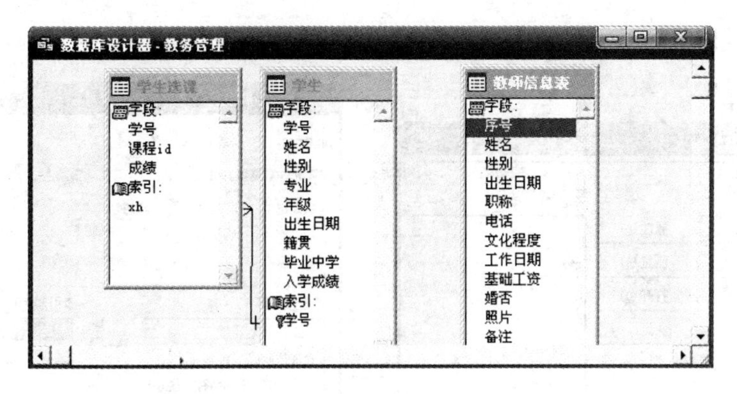

图 5-16　建立"一对多"永久关系

2. 永久关系的编辑与删除

编辑永久关系的方法是在选中关系的连线后(此时连线会变粗),用鼠标双击它或选择"数据库"→"编辑关系"命令,打开"编辑关系"对话框,如图 5-17 所示。

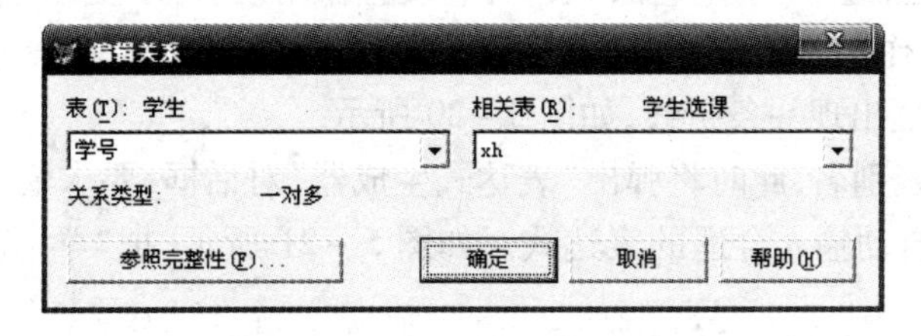

图 5-17　"编辑关系"对话框

如果要删除这个永久关系,则在选中关系的连线后,按 <Del> 键即可。

5.4.2　表间的临时关系

永久关系并不能控制两表间的指针关联,如果要控制表间的记录指针关系,例如,当记录指针在父表中移动时,子表中的指针也随之移动,则需要为父表和子表间创建一个临时关系。

临时关系在表打开期间,用命令建立后才会存在并起作用,如果用命令取消关系,或把表关闭,则关系将会自动解除。

创建表间的临时关系的命令是"SET RELATION TO …",该方法在本书第 4.6.1 节已介绍。下面通过实例介绍使用"数据工作期"窗口来创建表间临时关系的方法。

【例 5-20】使用"数据工作期"创建"学生"表与"学生选课"表基于"学号"字段的临时关系。

其操作步骤如下:

1) 打开数据库设计器窗口,选择"窗口"→"数据工作期"命令,进入"数据工作期"对话框,如图 5-18 所示。

注意:该对话框中列出了当前已经在 VFP 中打开的数据表别名,如果发现需要建立临时关系的数据库表没有打开,则可以单击"打开"按钮,进行添加。

2) 选中"学生"表别名,然后单击"属性"按钮,设置"学生"表的作用索引。如图 5-19 所示,在"索引顺序"下拉菜单中,选择"学生:学号"索引,然后单击"确定"按钮。

注意:如果在下拉列表中没有需要的索引,表示该索引并没有建立,此时可以单击"修改"

按钮,弹出“表设计器”对话框,进行索引设置。

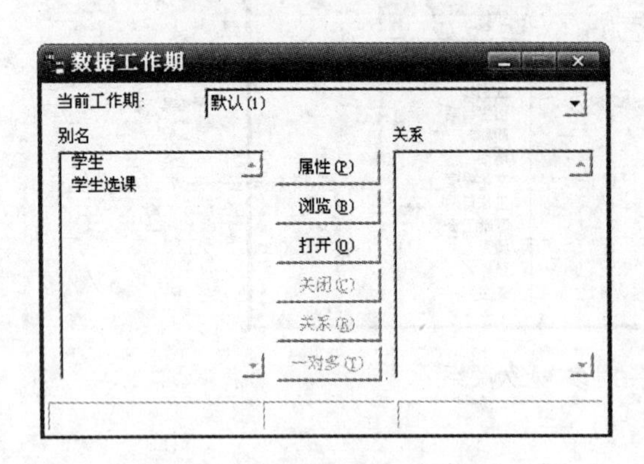

图 5-18 “数据工作期”对话框

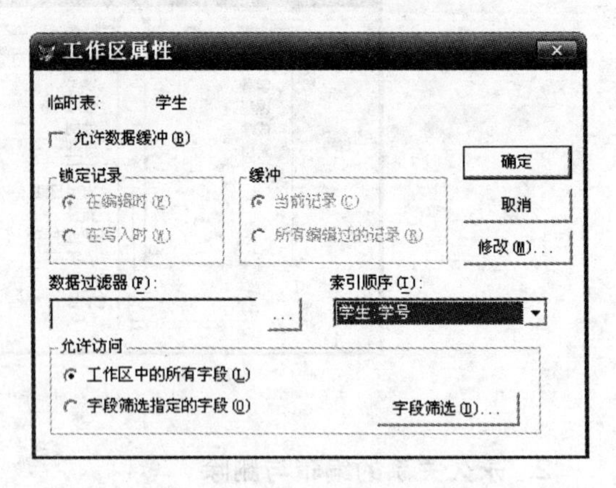

图 5-19 “工作区属性”对话框

3)用类似的方法,选中“学生选课”表,为它设置作用索引“学生学号:Xh”。

4)回到“数据工作期”窗口,在“别名”列表框中选中“学生选课”表,然后单击“关系”按钮,此时“关系”列表框出现一条折线,如图 5-20 所示。

5)点击“学生”表别名,此时将弹出“表达式生成器”对话框,要求输入设置临时关系的表达式,默认情况下会自动输入合适的表达式。如图 5-21 所示,把“学号”作为两表的连接关系字段。

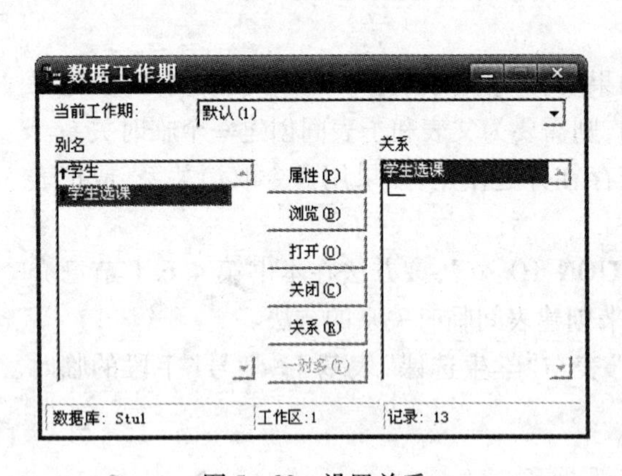

图 5-20 设置关系

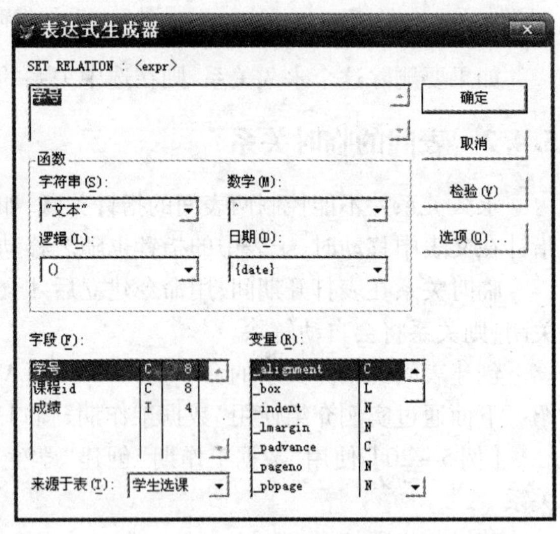

图 5-21 表达式生成器

6)单击“确定”按钮。至此,临时关系创建完毕,可以看到如图 5-22 所示的窗口。

7)建立了临时关系的两个表,记录指针会进行关联,并会根据父表指针指向记录的内容,自动在子表筛选合适记录。如图 5-23 所示,同时打开“学生”表和“学生选课”表后,点击选择学生表中学号为“1161003”的记录,此时,学生选课表会自动筛选出该学号对应的选课情况。

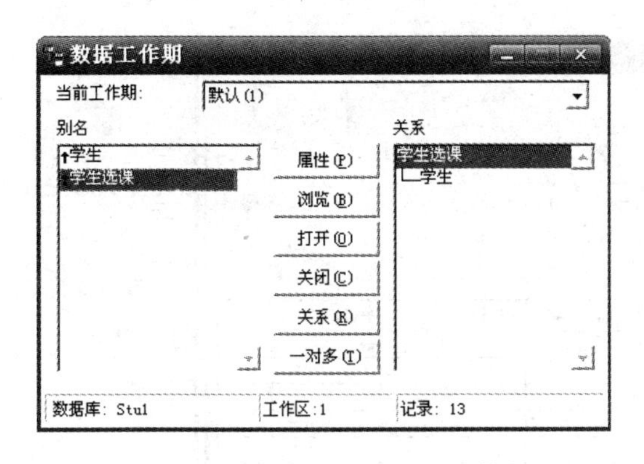

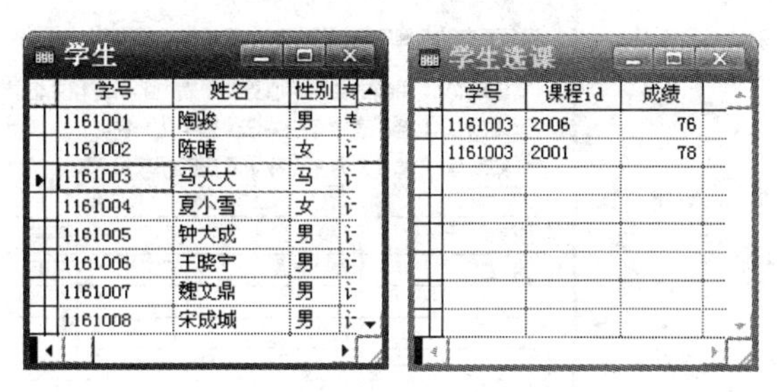

图 5-22　已设置临时关系的“数据工作期”窗口

图 5-23　建立了临时关系的“学生”表和“学生选课”表

5.5　参照完整性

建立数据表间的永久关系后,可以进一步建立参照完整性规则,以保证两个表之间的数据的完整性。建立参照完整性就是定义一系列规则,以便在插入、修改、删除记录时控制相关联表之间的数据的一致性。VFP 将依照参照完整性规则控制相关表中的插入、更新、删除记录的操作。

通过下列步骤可调出“参照完整性生成器”对话框。

1) 在“数据库设计器”中双击永久关系的连线,将弹出如图 5-24 所示的对话框。

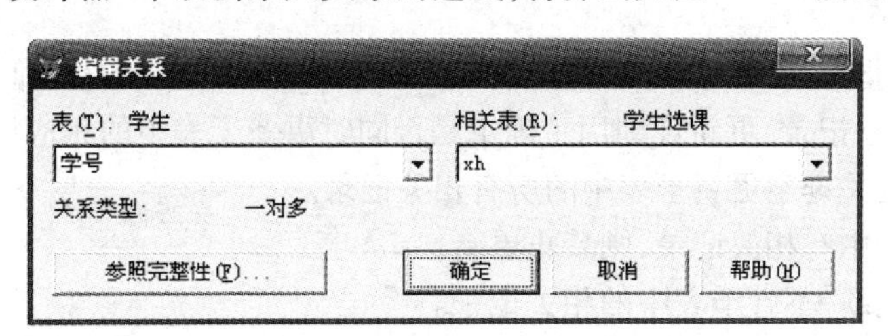

图 5-24　“编辑关系”对话框

图 5-24 左边的下拉列表框显示父表的索引标记,右边显示子表的索引标记。

2) 单击“参照完整性”按钮,这时有可能会弹出一个如图 5-25 所示的对话框,按提示对数据库进行清理。

图 5-25　“清理数据库”提示框

此时应首先清理数据库,在“编辑关系”对话框中单击“取消”按钮,然后选择“数据库”→“清理数据库”命令。再重复步骤 1),单击“参照完整性”按钮,便可弹出“参照完整性生成器”对话框,如图 5-26 所示。

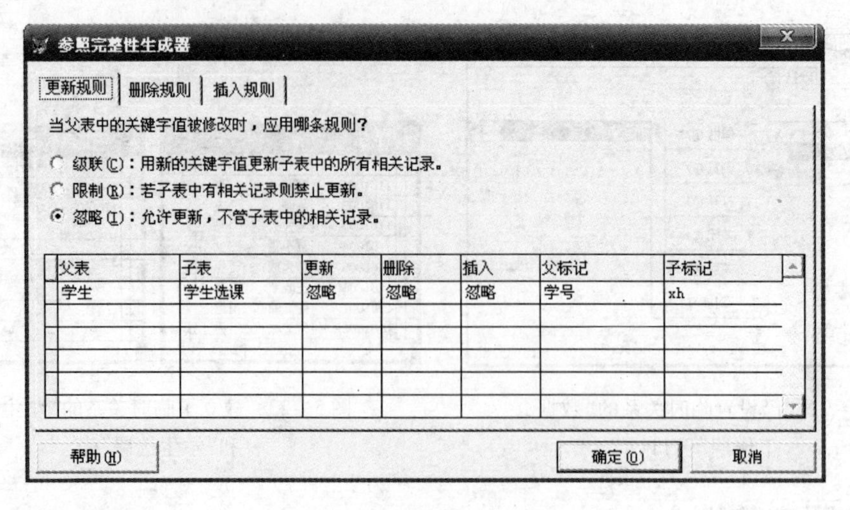

图 5－26 参照完整性生成器

参照完整性规则包括以下 3 种。

1. 插入规则

该规则可以被指定为“限制”或“忽略”。当向子表插入一个新记录时，父表如果没有与其相匹配(关键字相等)的记录，则系统是否限制该记录的插入操作。

- 限制：若父表中不存在匹配的关键字值，则禁止插入。
- 忽略：允许插入，不管父表中是否有相匹配的记录。

2. 更新规则

该规则可以被指定为“级联”、“限制”或“忽略”。当父表的关键字的值被修改时，可能会导致子表中出现孤立记录，更新规则用于确定是否同时更新子表中的相应记录。

- 级联：用新的关键字更新子表中的所有相关记录。
- 限制：若子表中有相关记录，则禁止更新。
- 忽略：允许更新，不管子表中的相关记录。

3. 删除规则

该规则可以被指定为“级联”、“限制”或“忽略”。当删除父表的记录时，如果该记录在子表中有匹配的记录，可用删除规则确定是否同时删除子表中匹配的记录。

- 级联：删除子表中的所有相关记录。
- 限制：若子表中有相关记录，则禁止删除。
- 忽略：允许删除，不管子表中的相关记录。

【例 5－21】打开“教务管理”数据库，进入“数据库设计器”窗口，创建“学生”表与“学生选课”表的永久关系，并约定：① 当更改“学生”表中的学号时，对“学生选课”表相对应的记录进行修改；② 当“学生”表不存在与其匹配的关键字值时，不能在“学生选课”表中插入记录；③ 当“学生选课”表存在匹配的记录时，不能删除“学生”表中相应的记录。

其操作步骤如下：

1）分别对更新、删除和插入规则，进行如图 5－27 所示的设置。

2）单击“确定”按钮，弹出系统提示框，如图 5－28 所示。

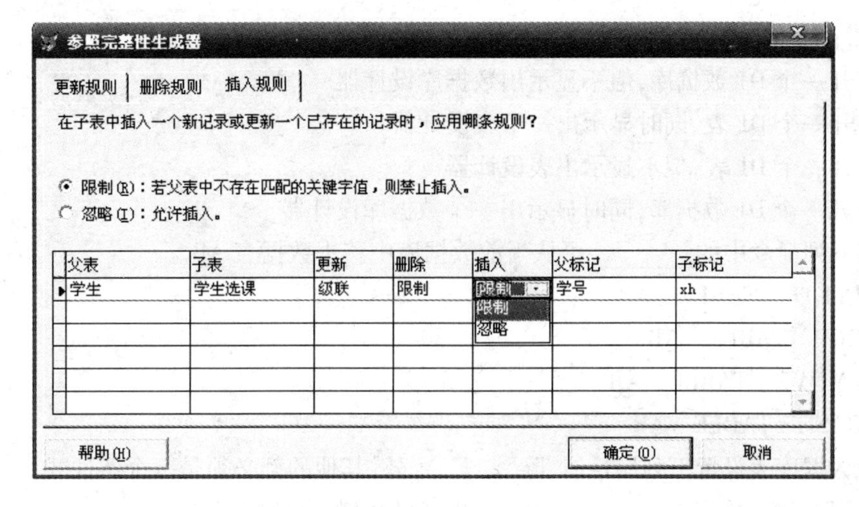

图 5-27　参照完整性示例

3）单击"是"按钮，系统将进一步提示把参照完整性代码和非参照完整性存储过程合并后加入到数据库中，生成新的参照完整性代码，并提示存储过程的副本保存在文件中，如图 5-29 所示。

图 5-28　系统提示对话框

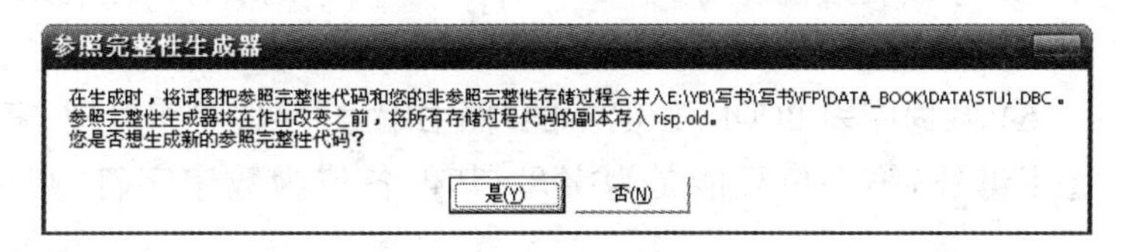

图 5-29　系统提示对话框

4）单击"是"按钮，完成参照完整性设置。

此后，学生表和学生选课表将受到参照完整性的保护。例如，如果在学生选课表插入学号为"1161111"，而由于该学号并没有出现在学生表中，此时系统将不允许学生选课表的这次插入操作，弹出如图 5-30 所示的对话框。

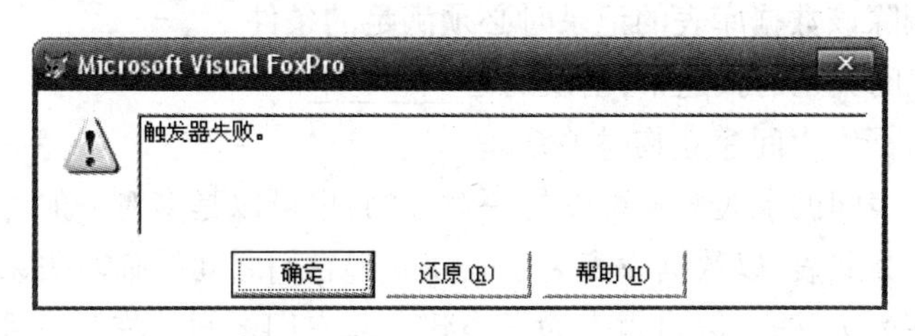

图 5-30　触发器失败对话框

习　题　五

1. 单选题

1）Visual FoxPro 的数据库主文件采用________________作为其扩展名。

A. DBF　　B. DBC　　C. FRX　　D. SCX

2）执行 OPEN　DATA　D1 命令，将________。

A. 打开一个 D1 数据库，但不显示出数据库设计器

B. 打开一个 D1 表，同时显示出一个表设计器

C. 打开一个 D1 表，但不显示出表设计器

D. 打开一个 D1 数据库，同时显示出一个数据库设计器

3）用下列命令中的________可从当前数据库中移去数据表 AB 。

A. DELETE　TABLE　AB

B. DROP　TABLE　AB

C. REMOVE　TABLE　AB

D. ERASE　TABLE　AB

4）为数据库表设置下列属性时，除________外，其他的都必须是一个条件式。

A. 字段的输入掩码　　B. 字段级的有效性规则

C. 记录级的有效性规则　　D. 触发器

5）某数据库表 score. dbf 中有一数值型字段“总分”，若每条记录的总分都应在 0～900 之间，则应将该字段的________设为总分 >=0 AND 总分 <=900。

A. 字段有效性规则　　B. 记录有效性规则

C. 默认值　　D. 输入掩码

6）数据库表 BOOK. DBF 中的“图书编号”字段是字符型，字段宽度为 6，假设每条记录的“图书编号”第一位只能是为字母，其他各位为数字字符，则可设置该字段的输入掩码为________。

A. A11111　　B. *99999　　C. A99999　　D. A*****

7）为数据库表设置更新触发器的目的在于________。

A. 指定当要修改该数据库表的结构时必须满足的条件

B. 指定当要修改该数据库表的记录时必须满足的条件

C. 指定当要往该数据库表添加记录时必须满足的条件

D. 指定当要删除该数据库表的记录时必须满足的条件

8）下列关于表间关系的叙述中，错误的是________。

A. 可在两个数据库表间建立临时关系

B. 两个数据库表间的永久关系可以是一对一的，也可以是多对一的

C. 可以自由表为父表，以数据库表为子表建立起它们之间的临时关系

D. 可以数据库表为父表，以自由表为子表建立起它们之间的临时关系

9）在数据库设计器中建立两个表之间的一对多永久关系时，要求子表中按外键（索引表达式）所建立起来的索引可以是________的。

A. 主索引　　B. 普通索引　　C. 候选索引　　D. 任意索引

10）在 Visual FoxPro 6.0 的数据工作期窗口中，使用 SET RELATION 命令可以建立两个表之间的关联，这种关联是________。

A. 永久关联　　B. 永久关联或临时关联

C. 临时关联　　D. 永久关联和临时关联

11）关系数据库中，在表之间建立永久关联是通过连接两个表的字段来完成和体现的，这种连接是________。

A. 父表中的主关键字与子表中的外部关键字连接

B. 子表中的主关键字与父表中的外部关键字连接

C. 父表中的普通关键字与子表中的外部关键字连接

D. 父表中的唯一关键字与子表中的普通关键字连接

12）有关参照完整性的删除规则，正确的描述是________。

A. 如果删除规则选择的是“限制”，则当用户删除父表中的记录时，系统将自动删除子表中的所有相关记录

B. 如果删除规则选择的是“级联”，则当用户删除父表中的记录时，系统将禁止删除与子表相关的父表中的记录

C. 如果删除规则选择的是“忽略”，则当用户删除父表中的记录时，系统允许删除，不管子表中的相关记录

D. 上面 3 种说法都不对

13）参照完整型规则包括更新规则、删除规则和插入规则。更新规则中选择“级联”的含义是：当父表的关键字的值被修改时________。

A. 系统自动备份父表中被修改的记录到一个新表

B. 若子表中有相关记录，则禁止修改父表中记录

C. 会自动用新的关键字修改子表中所有相关记录

D. 不做参照完整性检查，修改父表记录与子表无关

14）某校学生的学号由 7 位数字组成，则学号字段的正确输入掩码是________。

A. ####### B. ******* C. 7 D. 9

15）Visual FoxPro 6.0 通过主索引实现了数据的________。

A. 更新完整性 B. 域完整性 C. 实体完整性 D. 参照完整性

2. 简答题

1）创建数据库有多少种方法？如何实现？

2）如何向数据库中添加、删除数据表？

3）如何设置字段级和记录级规则？

4）触发器的作用是什么？

5）如何设置参照完整性？

第6章 视图与查询

Visual FoxPro 提供了视图和查询两种方式以满足用户的复杂查询需求。

视图是操作表的一种手段，通过视图可以查询表，也可以更新（修改）表。视图是根据表定义的，因此视图基于表；而视图可以使应用更灵活，因此又超越表。视图是数据库中的一个特有功能，只有在打开包含视图的数据库时，才可以使用视图。

查询是从指定的表或视图中提取满足条件的记录，然后按照想得到的输出类型定向输出查询结果，如浏览器、表或标签等。一般设计一个查询总要反复使用，查询是以扩展名为 . qbr 的文本文件保存在磁盘上的，它的主体是 SQL SELECT 语句，另外还有和输出定向有关的语句。

6.1 视图的建立、查看与修改

6.1.1 视图的概念

视图是在数据库表的基础上创建的一种虚拟表。视图之所以是虚拟的，是因为视图中的数据是按照用户指定的条件从已有的数据表或其他视图中抽取而来，这些数据在数据库中并不另加存储，而是仍然存储在一个或多个数据库表中。另外，一个视图一旦被定义，就成为数据库一个组成部分，具有普通数据库表类似的功能，可以像数据库表一样地接受用户的访问。

视图可以是本地的、远程的；其数据可以来源于一个或多个表，或者其他视图；并且它是可更新的。

使用视图具有以下一些优点：

1）使用户灵活的使用提供的数据库。一个数据库可以为众多的用户服务，不同的用户对数据库中的不同数据感兴趣，这样可以按照个人的需要来定义视图，使不同用户将注意力集中在各自关心的数据上。这样，同一个数据库在不同用户的使用中呈现为不同的视图，于是大大提高了数据库应用的灵活性。

2）减少了用户对数据物理结构的依赖。对于一个数据库来讲，通常其内部数据表的结构发生变化时，与其相关的应用程序也需要进行相应的变化与修改，因而十分不方便。引入视图后，当数据库的物理结构发生变化时，用户可以用改变视图的方法来替代应用程序的改变，从而减少了用户对数据库物理结构的依赖性。

3）可支持网络应用。创建远程视图后，用户可直接访问网络上远程数据库中的数据。Visual FoxPro 创建的远程视图，支持在同一视图中合并本地视图和远程视图，从而支持网络数据库应用，扩大了数据查询与更新的范围。

6.1.2 视图的创建

Visual FoxPro 6.0 中提供了视图向导、视图设计器和 SQL 命令等方法来实现视图的创建。

下面就用前两种方法来创建视图,SQL 命令创建视图在后面章节讲述。

1. 使用视图向导来创建视图

利用视图向导创建视图的具体操作步骤如下:

1）打开“项目管理器”,选择“本地视图”选项,单击“新建”按钮,如图 6－1 所示。

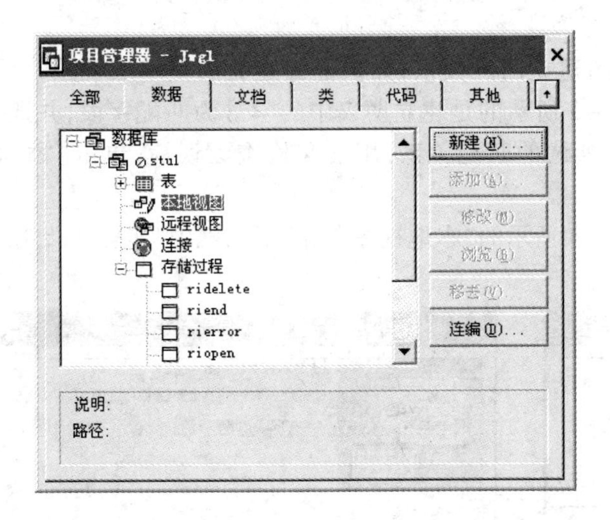

图 6－1　新建视图

2）在弹出的对话框中单击“视图向导”按钮后,弹出如图 6－2 所示的“本地视图向导”对话框中“步骤 1”,用来选择字段。

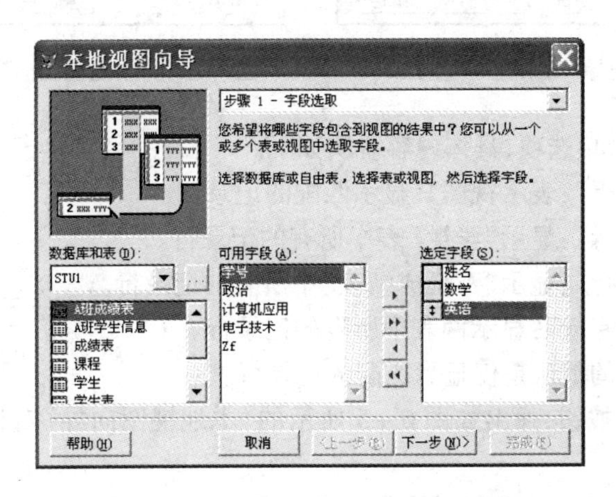

图 6－2　“本地视图向导”对话框中“步骤 1”

在该对话框中有“数据库和表”、“可用字段”和“选定字段”等选项,含义如下。

- “数据库和表”选项:此列表框中列出了所有的库和表,在该框中可选择要选取字段所在的数据库和表。
- “可用字段”选项:在列表框中列出了某个已选定表中包含的所有字段名称。
- 右箭头 ▸ :表示将某个表中的字段添加到选定字段的列表框中。
- 左箭头 ◂ :表示将某个已选定字段移加到可用字段的列表框中。

• 双右箭头 ⏭ :表示将选定的某个表中的所有字段全部添加到选定字段框中。

• 双左箭头 ⏮ :表示将已选定的字段框中的全部内容移回到可用字段框中。

本例选定了"学生"表中的"姓名"字段和"A 班学生成绩表"中的"数学"、"英语"字段。

3）单击"下一步"按钮,弹出如图 6－3 所示的"本地视图向导"对话框中"步骤 2",用来为表建立关系。

此步骤主要是为选择多个表或视图建立匹配关系,如果上面建立的是单表视图,就不会出现这个对话框,跳到下一步。图 6－3 所示的是建立两表中的学号为匹配字段,并选择它们相等关系。一般向导会出现一个默认的匹配关系,用户在检查无误后,单击"添加"按钮。

4）单击"下一步"按钮,弹出如图 6－4 所示的"本地视图向导"对话框中"步骤 2a",用来确定关系字段的匹配方式。

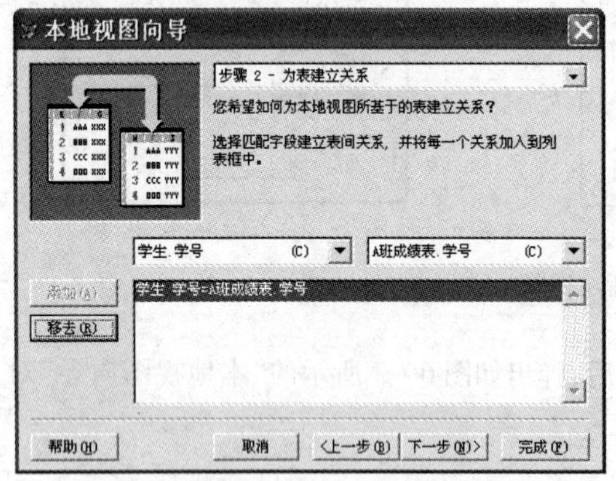

图 6－3 "本地视图向导"对话框中"步骤 2"

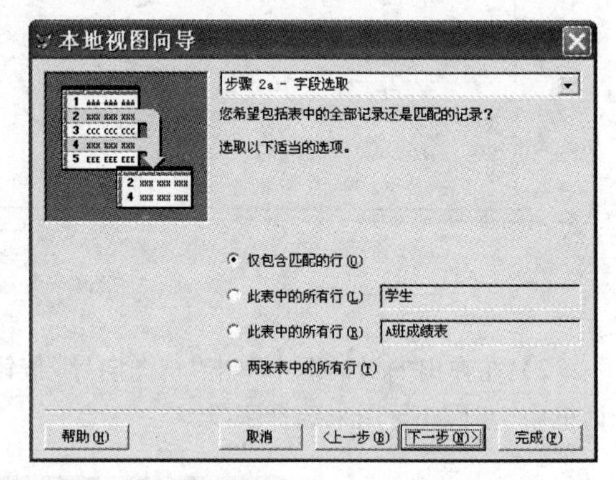

图 6－4 "本地视图向导"对话框中"步骤 2a"

该对话框中有 4 个单选项,具体内容说明如下。

• "仅包含匹配的行":表示视图只显示匹配的记录。
• "此表中的所有行":显示"学生"表中所有的记录行。
• "此表中的所有行":显示"A 班成绩表"中所有的记录行。
• "两张表中的所有行":显示两表中所有的记录行。

需注意的是,系统的默认是仅显示匹配的记录行。

5）单击"下一步"按钮,弹出如图 6－5 所示的"本地视图向导"对话框中"步骤 3",用来筛选记录。

筛选是根据一定的条件来选择符合条件的记录,图 6－5 所示的条件是要显示"英语"和数学成绩均大于或等于 80 的记录,而除此以外的记录不显示。单击"预览"按钮,可以显示筛选后的记录。

6）单击"下一步"按钮,弹出如图 6－6 所示"本地视图向导"对话框中"步骤 4",用来排序记录。

在该对话框中,可以根据需要选择某个字段作为排序的关键字,用于排序的字段最多可选 3 个,选中"升序"或"降序"单选按钮。

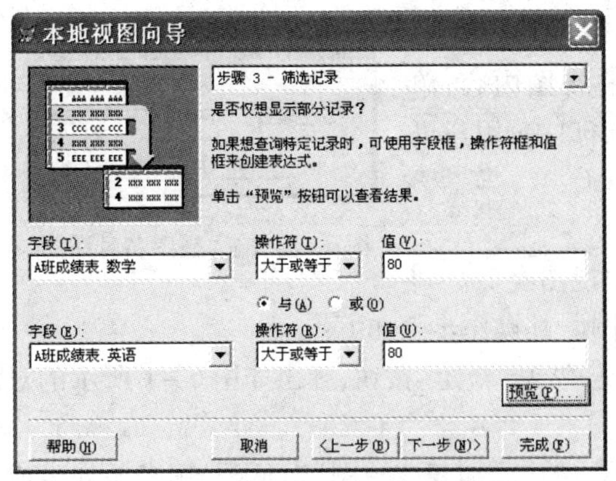

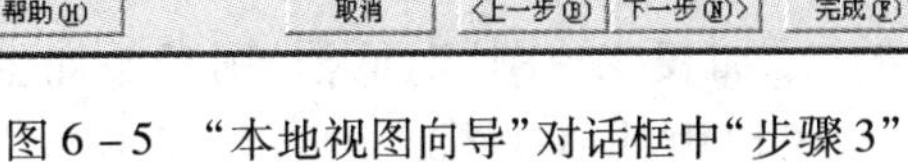

图 6-5 “本地视图向导”对话框中“步骤 3”

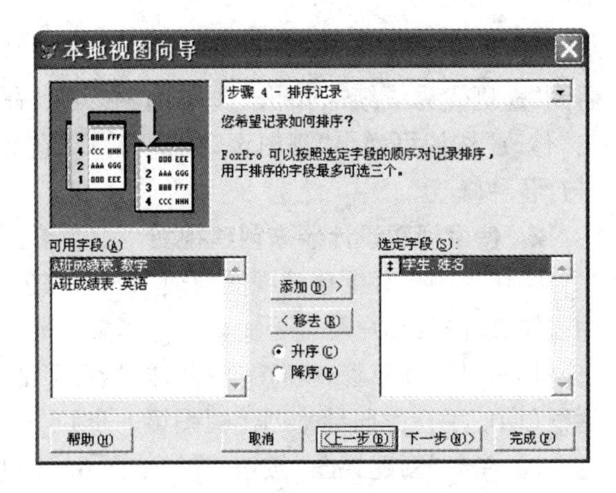

图 6-6 “本地视图向导”对话框中“步骤 4”

7）单击“下一步”按钮，弹出如图 6-7 所示的“本地视图向导”对话框中“步骤 4a”。

此步骤主要用于设置是否显示符合筛选条件的所有记录，如果上一步中没有设置排序记录，将不会弹出该对话框。

在“部分类型”选项组中，如果选中“所占记录百分比”，则“数量”选项组中的“部分值”将决定选取的记录的百分比数；如果选中“记录号”，则“数量”选项组中的“部分值”将决定选取的记录数。选中“数量”选项组中的“所有记录”，将显示满足前面条件的所有记录。这里选中“所有记录”。

8）单击“下一步”按钮，弹出现如图 6-8 所示的“本地视图向导”对话框中“步骤 5”，使用该对话框中的默认选项，并单击“预览”按钮以预览视图的结果。

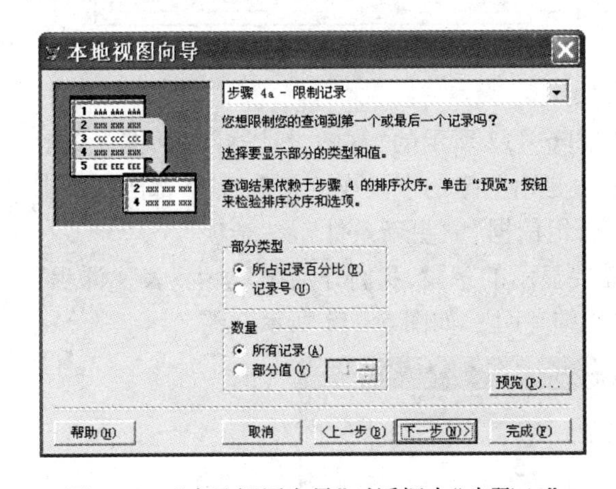

图 6-7 “本地视图向导”对话框中“步骤 4a”

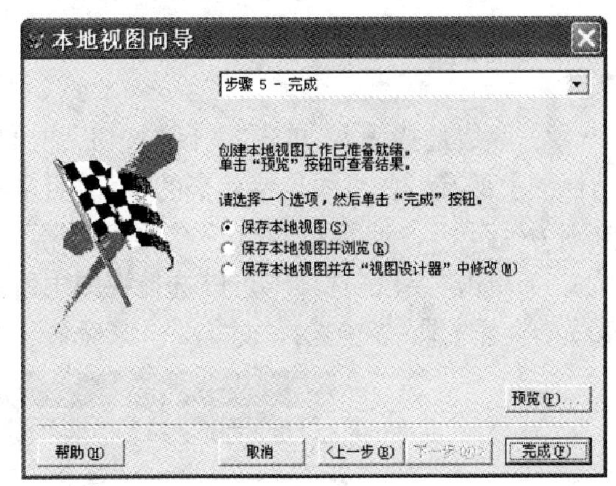

图 6-8 “本地视图向导”对话框中“步骤 5”

在该对话框中的各选项含义如下。

- 保存本地视图：将所设计的视图保存，以后在项目管理器或程序中运行。
- 保存本地视图并浏览：将所设计的视图保存，并运行该视图。
- 保存本地视图并在“视图设计器”中修改：将所设计的视图保存，同时打开视图设计器修改该视图。

9）单击“完成”按钮，弹出如图 6-9 所示的对话框，输入视图名称，并单击“确认”按钮。

通过以上步骤，在项目管理器下的“本地视图”选项上可以看到“A 班优秀成绩”，单击“浏览”按钮可以查看视图内容；单击“修改”按钮可弹出“视图设计器”窗口。在此窗口中，用户可进行各种修改。

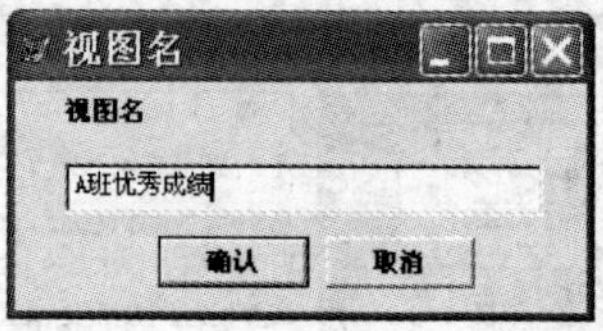

图 6-9　输入视图名对话框

2. 使用视图设计器来创建视图

使用视图设计器创建视图与使用向导来创建视图类似。利用视图设计器，用户可以更加直观地建立本地视图。其操作步骤如下：

1）打开“项目管理器”，选择“本地视图”选项，单击“新建”按钮，弹出如图 6-1 所示的对话框(同使用视图向导来创建视图第一步)。

2）单击“新建视图”按钮，弹出如图 6-10 所示的“添加表或视图”对话框，用来添加生成视图的表或视图。这里告诉我们视图可以由表生成，也可以由其他视图来生成。

3）在左边列表中选择“学生”表，单击“添加”按钮，再在左边选择“学生选课”表，单击“添加”按钮。此时弹出如图 6-11 所示的“连接条件”对话框，用来确定刚选择的两张表的连接字段。选择“内部连接”，单击“确定”按钮，继续选择需要连接的表。

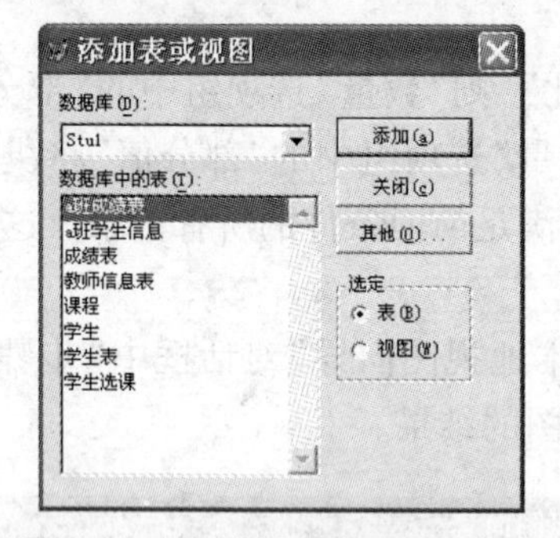

图 6-10　添加表或视图”对话框

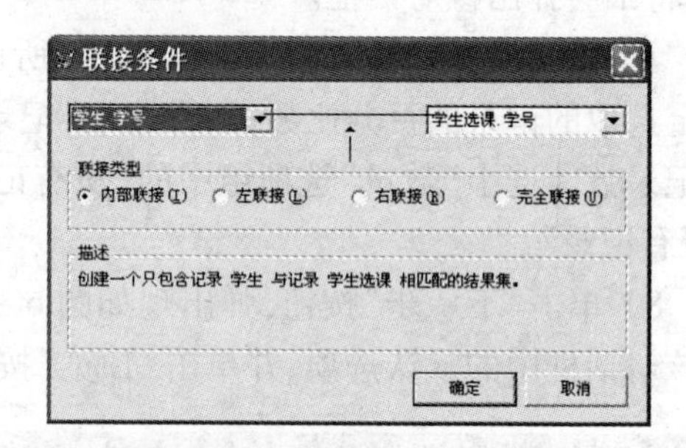

图 6-11　“连接条件”对话框

4）完成选择表后，单击“关闭”按钮，弹出如图 6-12 所示的“视图设计器”对话框。该对话框的上部有一些黑线连接起来的表，说明这些表是由所指的字段连接起来的；下部的选项卡分别为“字段”、“连接”、“筛选”、“排序依据”、“分组依据”、“更新条件”及“杂项”。

5）单击“字段”选项卡可以选择视图中所需要显示的字段，我们分别在“学生”表、“课程”表及“学生选课”表中选择“姓名”、“课程名”、“成绩”字段，如图 6-12 所示。

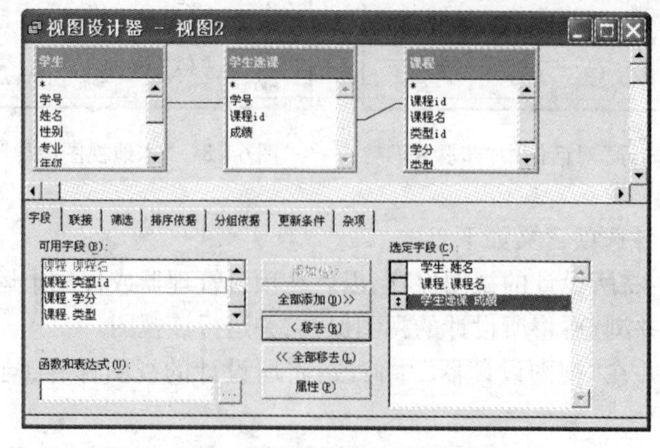

图 6-12　视图设计器对话框

"更新条件"选项卡用于设置对源数据库表中数据的更新,将在下一节中作讲述。其他选项卡与查询设计器类似,我们将在查询设计器中具体介绍。

3. 远程视图的创建

从远程数据中提取信息,首先要创建与远程数据源的连接,然后才能使用远程视图,直接从远程 ODBC 服务器上获得信息,这里的"连接"是指 VFP 所操作的一种对象。

(1) 与远程数据源连接

连接远程数据源有两种方法:

- 第一种是直接通过注册在本地计算机上的 ODBC 数据源进行远程连接。这种方法要求本地计算机必须安装 ODBC 驱动程序,并设置一个 ODBC 数据源名称。
- 另一种是使用"连接设计器"进行自定义连接。

使用"连接设计器"进行自定义连接的具体步骤如下:

1) 打开"项目管理器",在"数据库"下选择"连接"选项,如图 6-13 所示。

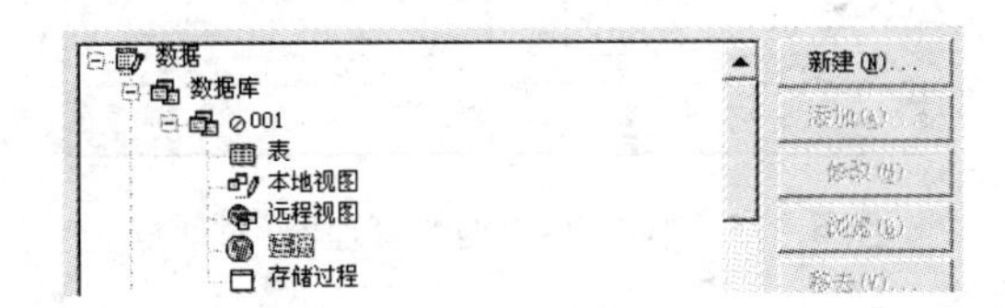

图 6-13　选择"连接"选项

2) 单击"新建"按钮,弹出如图 6-14 所示的"连接设计器"对话框。用户可根据需要设置连接选项。在"指定数据源"选项组中选择所需的数据源,在该选项组中的两个单选按钮,分别是"数据源、用户标识、密码"和"连接串"。其中,前者是默认选项。

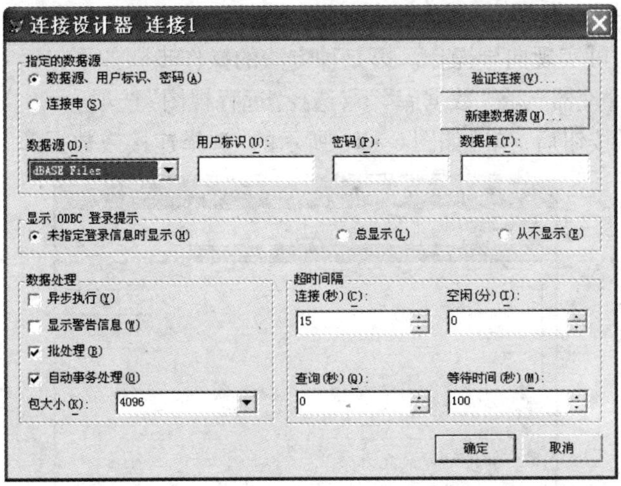

图 6-14　"连接设计器"对话框

若选择后者,用户可直接在文本框中输入连接数据源的 DNS 名称,也可以单击"…"按钮打开"选择数据源"对话框进行选择或搜索。

在"数据源"下拉列表框中单击▼按钮,可以根据数据源的类型选择任意一项:dBASE Files、Excel Files、FoxPro Files、Ms Access 97 Database 或 Text Files。在"用户标识"框中输入可以登录数据库的用户名，“密码”框中输入密码，“数据库”框中输入连接的数据库名称。

3）“连接设计器”对话框中还有一些其他选项，可以根据需要进行选择。

4）当需要新数据源时，单击“新建数据源”按钮，弹出如图6-15所示的“ODBC数据源管理器”对话框，用户可根据需要添加或删除数据源。

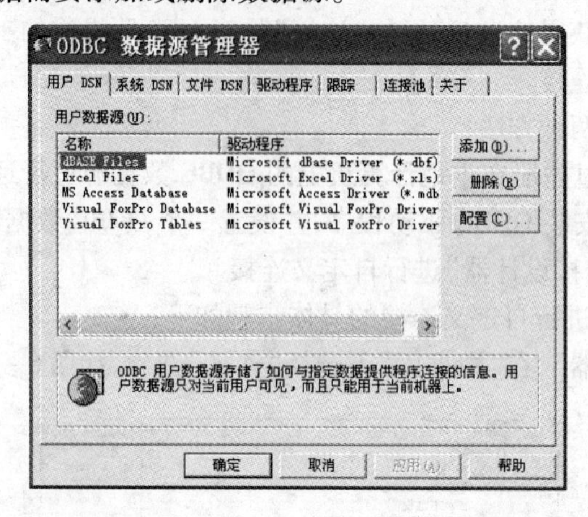

图6-15 “ODBC数据源管理器”对话框

5）“连接设计器”配置完成后，单击“验证连接”按钮，可以验证一下是否已经成功地连接到远程数据库。如果连接成功，则可以单击常用工具栏的▣按钮保存连接，以备建立和使用远程视图时使用。然后，关闭“连接设计器”对话框。

（2）建立远程视图

与创建本地视图一样，创建远程视图也有两种方法，一种是利用视图向导来创建，另一种是利用视图设计器来创建。第一种方法是选择“文件”→“新建”命令，选择“远程视图”类型，单击“向导”按钮，即可实现向导操作。第二种方法的操作步骤如下：

1）打开“项目管理器”，在“数据库”下，选择“远程视图”选项。

2）单击“新建”按钮后，弹出如图6-16所示的“选择连接或数据源”对话框。

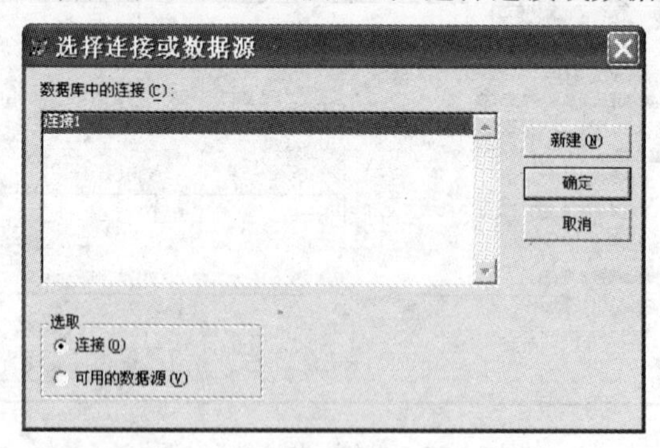

图6-16 “选择连接或数据源”对话框

3）在“数据库中的连接”列表框下有“连接1”的连接（是在保存创建的连接时命名的）。在“选取”选项组下有两个单选按钮，系统默认为“连接”。

4）单击“确定”按钮后，弹出“添加表和视图”对话框。此后的步骤与创建本地视图一样，在此不再详述。

6.1.3 通过视图更新数据

视图是根据数据库中的一个或多个表派生出来的，但在 VFP 中，它不完全是操作表的窗口，在每一次打开数据库和关闭数据库之间的一个活动周期内，视图和源数据表已经成为相对独立的表。

使用视图时可在两个工作区分别打开视图和所基于的表，默认情况下，对视图的更新在源数据表中得不到反映，同样对于源数据表的更新也不会反映在视图中。而在关闭数据库的时候，视图中的数据将自动消失，当再次打开数据时，视图将从源数据表中重新检索数据。所以在默认情况下，视图只是在打开数据库时从源数据表中检索数据，然后构成一个独立的临时表供用户使用。

为了能够通过视图更新源数据表中的数据，需要打开“视图设计器”，在对话框的下面的“更新条件”选项卡中，选中左下角的“发送 SQL 更新”复选框，如图 6－17 所示。

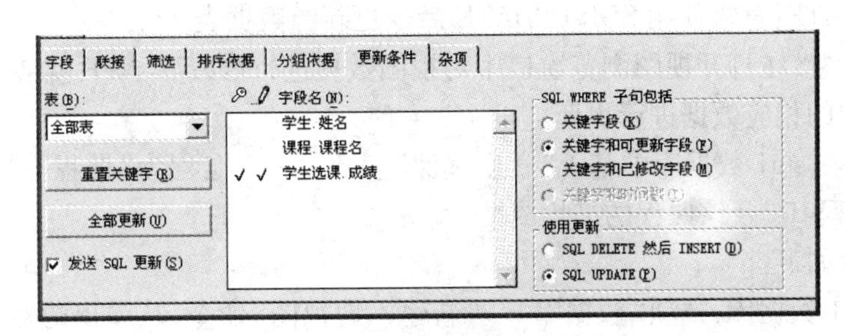

图 6－17　选中“发送 SQL 更新”复选框

下面参照上图，介绍如何通过设置视图设计器的“更新条件”选项卡来实现数据更新。

（1）指定可更新表

如果视图是基于多个表的，则默认为更新“全部表”的有关字段。如果是只更新某个数据表，则可单击左上角“表”下拉列表框，从中指定可更新的表。

（2）指定可更新的字段

在“字段名”列表框中列出了有关的字段，字段左侧的关键字标识（小钥匙）表示所在列的关键字，若单击该符号，则可取消该关键字段的设置；若要恢复原来的关键字设置，可单击“重置关键字”按钮。

字段更新标识（小铅笔）所在的列表示可以更新。如果要使表中的所有字段可被更新，应单击“全部更新”按钮。必须先设置关键字，同一表中的其他字段才可能被设置为可更新。一般不要改变关键字的状态，不要通过视图来更新源数据表中的关键字字段值，如果有必要，可以指定更新非关键字字段值。

（3）检查更新合法性

如果在一个多用户的环境中工作，服务器上的数据也可以被别的用户访问，可能别的用户也在试图更新远程服务器上的记录。为了让 VFP 检查试图操作的数据在更新前是否已经被别的用户修改过，VFP 提供了“SQL WHERE 子句包括”选项组，用来管理遇到多用户访问同一数据库时应该如何处理数据更新的问题。

在多用户环境中，VFP 允许在更新前，先检查源表中的指定字段，看看它们在其数据被提取到视图后，这些字段的数据是否又发生了更改。如果数据数据源中的这些数据在此期间已被修改，则不允许再进行更新操作。“SQL WHERE 子句包括”选项组中各选项的含义如下。

- 关键字段：当源数据表中的关键字段被改变时，更新失败。
- 关键字段和可更新字段：当源数据表中任何可更新的字段被改变时，更新失败。
- 关键字和已修改字段：当在视图中改变的任一字段的值在源数据表中已被改变时，更新失败。
- 关键字和时间戳：远程表上记录的时间戳在首次检索后被改变时，更新失败。此项选择仅对当远程表有时间戳列时，才有效。

(4) 使用更新方式

在此选项组中可选择使用更新的方式，具体包括以下几项。

- SQL DELETE 然后 INSERT：表示先用 SQL DELETE 命令删除源数据表中需要被更新的记录，然后再用 SQL INSERT 命令向源数据表中插入更新后的记录。
- SQL UPDATE：直接使用 SQL-UPDATE 命令更新源数据表。

完成上述设置，在打开视图浏览窗口中对视图数据进行修改后，VFP 就会依照修改后的数据对源数据表中的相应数据进行更新。

【例 6－1】在 stu1 数据库中基于“学生选课”表建立一个名称为“课程平均成绩”的视图，输出字段为“课程 ID”及该课程的平均成绩。

其操作步骤如下：

1）打开 stu1 数据库，选项“数据库”→“新建本地视图”命令，从弹出的对话框中单击“新建视图”按钮，弹出“添加表或视图”对话框。

2）从“添加表或视图”对话框中选择“学生选课”表，单击“添加”按钮。

3）单击“关闭”后，弹出“视图设计器”窗口。从“字段”选项卡的“可用字段”列表框中选择“学生选课．课程 ID”，并单击“添加”按钮。在“函数和表达式”文本框中填入“AVG(学生选课．成绩) as 平均成绩”，并单击“添加”按钮。设置完成后，如图 6－18 所示。

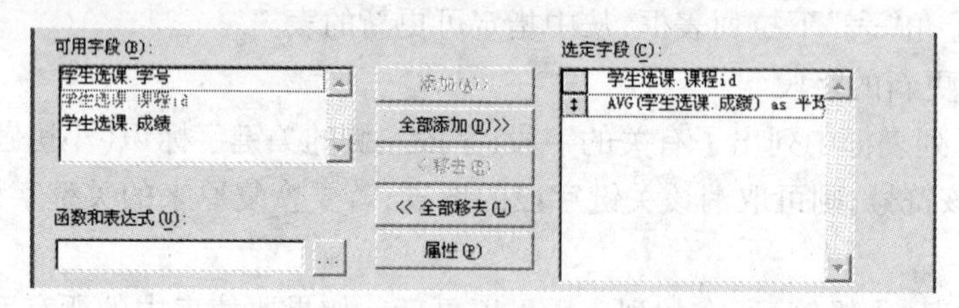

图 6－18　设置“字段”选项卡

4）单击“分组依据”选项卡，从“可用字段”中选“学生选课．课程 ID”，并单击“添加”按钮。设置完成后，如图 6－19 所示。

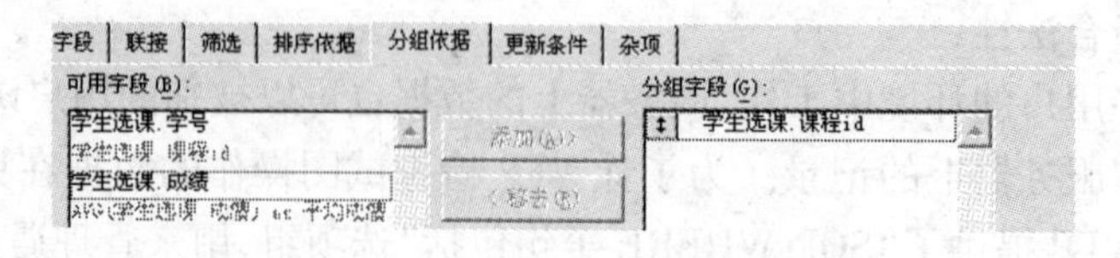

图 6－19　设置“分组依据”选项卡

5）关闭“视图设计器”，输入视图名，并保存视图。

【例6-2】在stu1数据库中基于“学生选课”和“课程”表建立一个名称为“课程平均成绩”的视图，输出字段为“课程名”及该课程的平均成绩。其具体操作步骤如下：

1）在stu1数据库中新建一个视图，弹出“添加表或视图”对话框。

2）从“添加表或视图”对话框中选择“学生选课”表和“课程”表，连接条件为“学生选课．课程ID”与“课程．课程ID”。

3）单击“关闭”按钮后，弹出“视图设计器”窗口。从“字段”选项卡的“可用字段”列表框中选“课程．课程ID”，并单击“添加”按钮。在“函数和表达式”文本框中填入“AVG(学生选课．成绩) as 平均成绩”，并单击“添加”按钮。设置完成后，如图6-20所示。

4）打开“分组依据”选项卡，从“可用字段”中选“课程．课程名”，并单击“添加”按钮。

5）关闭“视图设计器”，输入视图名，并保存视图。

例6-1和例6-2完成后，在“项目管理器”中均可以单击“浏览”按钮，查看视图结果。图6-21所示为浏览“课程平均成绩”视图的界面。

图6-20　设置“字段”选项卡

图6-21　“课程平均成绩”视图

6.1.4　使用视图

视图建立以后，不但可以用它来显示和更新数据，而且还可以通过调整它的属性来提高性能。视图的使用方法类似于表。

在打开数据库的情况下，VFP中允许对数据库中包含的视图进行如下操作：

1）可以使用SQL语句操作视图，这一点类似于对表的操作，区别在于有些视图不能用SQL语句来更新，比如视图中如果包含计算列，就不能更新这个字段的值。

2）在“项目管理器”中，右击“本地视图”项下的视图名，从弹出的快捷菜单中选择“重命名”命令，可以修改视图名称。

3）如图6-22所示，在项目管理器对话框上，可以单击“修改”按钮进入“视图设计器”来修改视图。单击“移去”按钮，可以删除此视图。

4）可以单击“浏览”按钮来浏览视图的内容。此外，在浏览视图内容时，可以直接在操作界面上修改字段的值（前提是做了前面所述的相关设置），所修改的值会直接更新视图的源数据表中对应的数据。

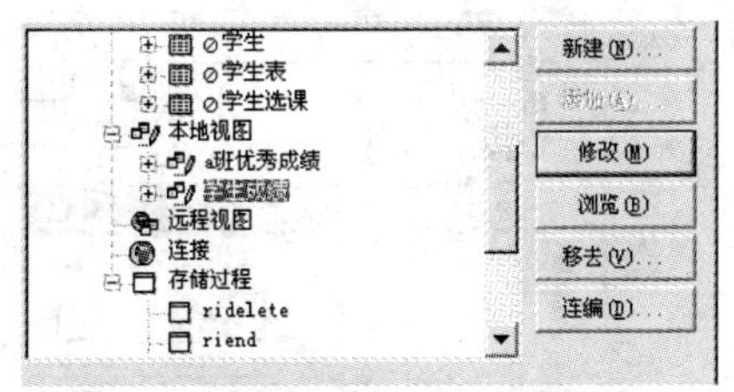

图6-22　视图的操作

5）可以在文本框、表格控件、表单或者报表中使用视图作为数据源，就像使用数据表作为数据源一样。

视图一经建立后就可以类似于数据表一样地对其进行操作，可以用于数据表的操作命令几乎都可以应用于视图。例如，可以在视图上建立索引，但是这个索引只是临时的，视图一旦关闭，索引也会被自动删除。

当然，视图毕竟不是数据表，不能独立存在，也不能改变其结构，只能修改视图的定义。

6.2 查询的建立、执行与修改

查询就是根据用户给定的条件，从指定的一个表或多个相关联的表中获取数据的一个操作过程。首先，用户可以选择要显示的字段，定义的一些过滤条件，并将查询设定存为文件，然后在每次进行数据查询时，只须调出此文件并执行该文件，就可以根据用户要求快速地建立查询，从而获得表或视图中的数据信息。

VFP 的查询过程如图 6-23 所示。

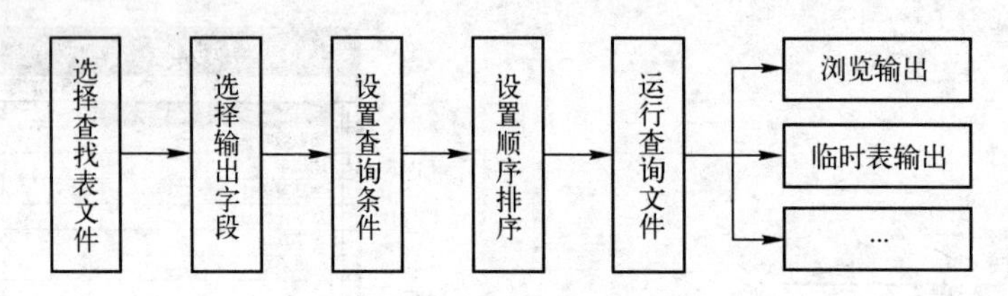

图 6-23 查询过程流程图

VFP 提供了查询向导、查询设计器和 SQL 查询命令等方法来建立查询。建立查询的向导的使用与上一节的视图向导类似，这里不再重复介绍。对于 SQL 查询命令，我们将在 SQL 结构化查询语言中详细介绍，这里主要介绍用查询设计器的方法建立查询的步骤。

6.2.1 查询设计器

用查询设计器建立查询的步骤如下：

1）打开“项目管理器”，选择“查询”选项，单击“新建”按钮，如图 6-24 所示。

2）在弹出的“新建查询”对话框中单击“新建查询”按钮后，弹出如图 6-25 所示的“添加表或视图”对话框。

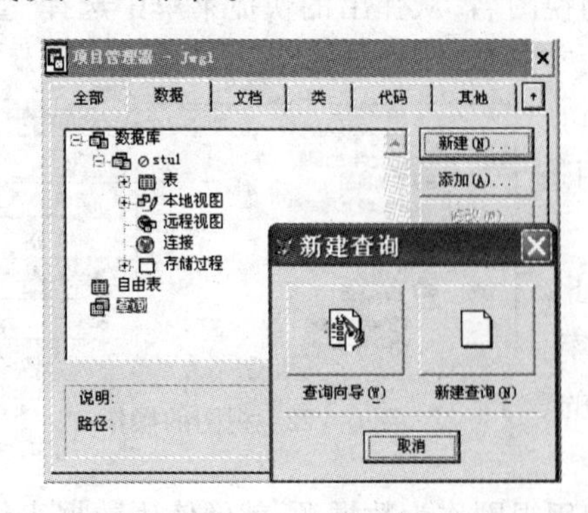

图 6-24 新建查询

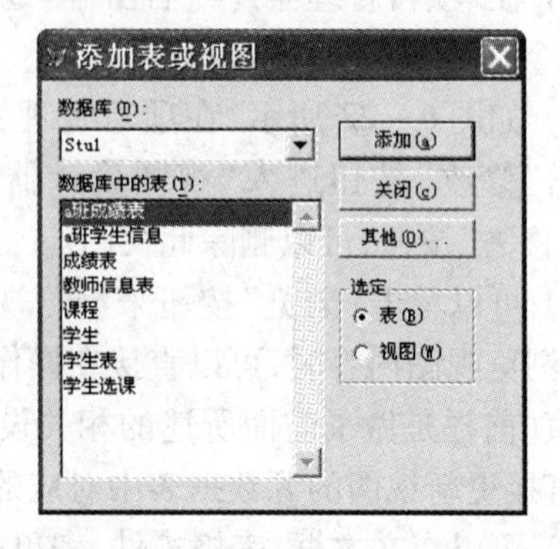

图 6-25 “添加表或视图”对话框

在该对话框中有以下选项或按钮。

- “数据库”选项:在该选项中列出了目前已打开的所有数据库。本例中选择的是“Stu1”数据库。
- “数据库中的表”选项:在该选项中列出了在“数据库”列表框中选中的数据库内包含的所有表。如果在“选定”选项组中选定的是“视图”单选按钮,则在该处显示的就是该数据库中的所有视图。
- “添加”按钮:当需要将某张表添加到查询设计器窗口时,单击此按钮。一次只能添加一个表,若需要添加多个表,则需要使用多次。
- “其他”按钮:该按钮可以选择其他非包含于数据库的数据表(自由表),当做查询数据的来源。

3) 本例我们依次选择“学生”、“学生选课”、“课程”3 张表。当选择“学生选课”表时,会弹出一个如图 6-26 所示的“联接条件”对话框。

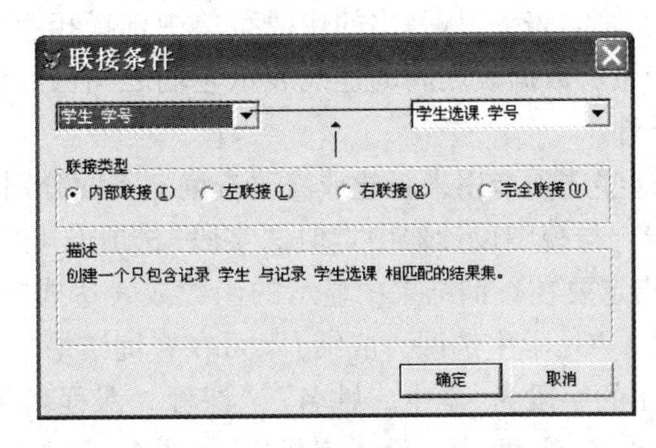

图 6-26 “联接条件”对话框

该对话框允许用户对联接条件进行设置,其中有以下 4 种可选择的联接类型。

- 内部联接(Inner Join):表示只有满足联接条件的记录才包含在查询结果中,是最常用的连接类型。
- 左联接(Left Join):左表中的记录逐条与右表中的所有记录进行比较,相匹配的记录被包含在查询结果中。
- 右联接(Right Join):右表中的记录逐条与左表中的所有记录进行比较,相匹配的记录被包含在查询结果中。
- 完全联接(Full Join):先进行右联接,然后再进行左联接,并在查询结果中去掉其中重复的记录。

本例中,“学生”与“学生选课”两张表联接条件选“学生.学号”与“学生选课.学号”,“联接类型”选“内部联接”,单击“确定”按钮后,继续添加表“课程”,联接条件选“学生选课.课程 ID”与“课程.课程 ID”,单击“确定”按钮。若不再添加表,单击“添加表或视图”对话框的“关闭”按钮。

也可以在弹出“联接条件”对话框时,选择“取消”按钮,然后在“查询设计器”工具栏中单击按钮添加联接。

4) 添加表或视图后,弹出如图 6-27 所示的“查询设计器”窗口。

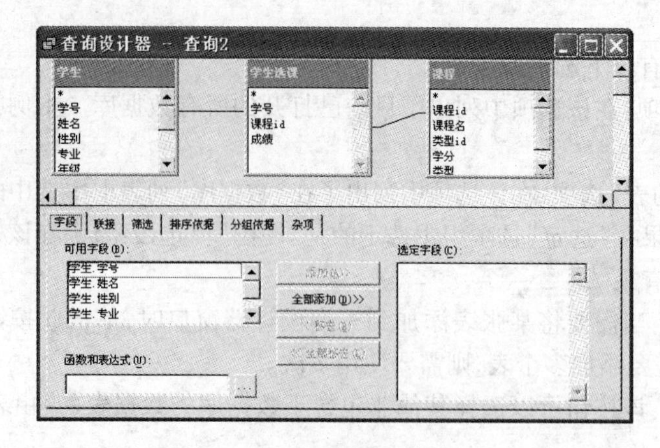

图 6-27 “查询设计器”窗口

“查询设计器”分为上、下两大部分。其中,上部显示已经添加的数据表。若要添加新表或移去表,可以右击已添加表的表头,从弹出的快捷菜单中选择相应命令,也可以使用查询设计器的工具栏上的相应按钮。数据表之间的连线表示它们之间已经设置了联接关系,双击此连线可以继续编辑联接条件。

下部为一些选项卡,这些选项卡用来新建或修改查询。下面分别对各项进行介绍。

- 设置“字段”选项卡。与视图设计器中类似,“字段”选项卡可指定需要在查询结果中显示的字段,也可以指定要在查询结果中显示的函数或表达式的值,比如在“函数和表达式”文本框中输入“AVG(学生选课．成绩)”,可在查询结果中显示学生的平均成绩。

本例中,我们选择输出的字段为“学生．姓名”,“课程．课程名”,“学生选课．成绩”,并单击“添加”按钮,添加到选定字段框中。设置完成后,如图 6-28 所示。

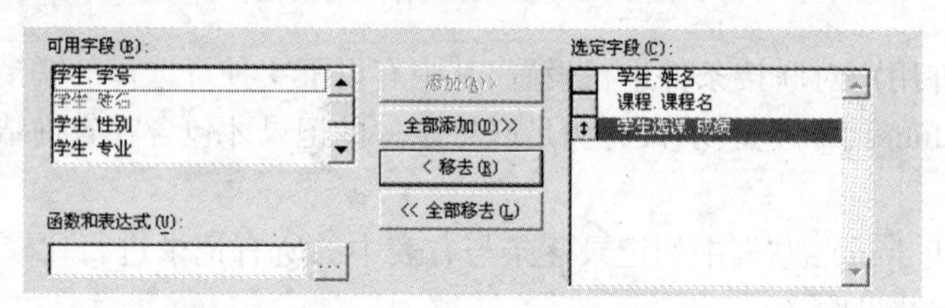

图 6-28 “字段”选项卡

- 设置“联接”选项卡。此选项卡用于指定表之间的联接条件。由于在前面已经选择了“联接条件”,所以在这里可以看到如图 6-29 所示的联接条件。如果在前面没有选择“联接条件”,在这里可以单击“插入”按钮,添加联接条件。

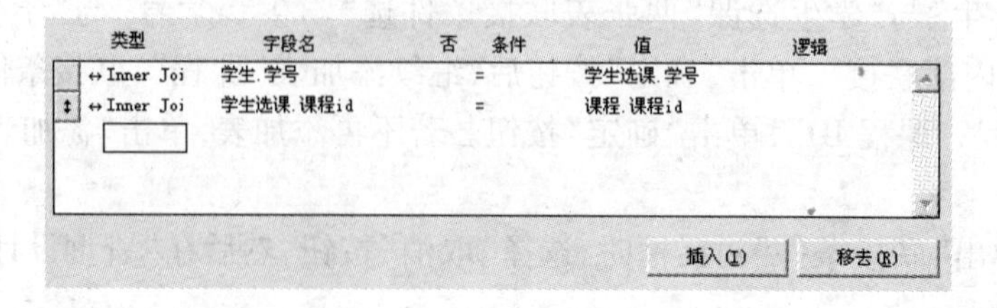

图 6-29 “联接”选项卡

- “筛选”选项卡。用于指定输出记录的筛选条件，通常是在联接条件选出记录的基础上再进行筛选。在本例中，我们设置只输出学生成绩大于等于 80 分的记录。设置条件如图 6 - 30 所示。如果还有其他筛选条件，可以继续在下面添加。

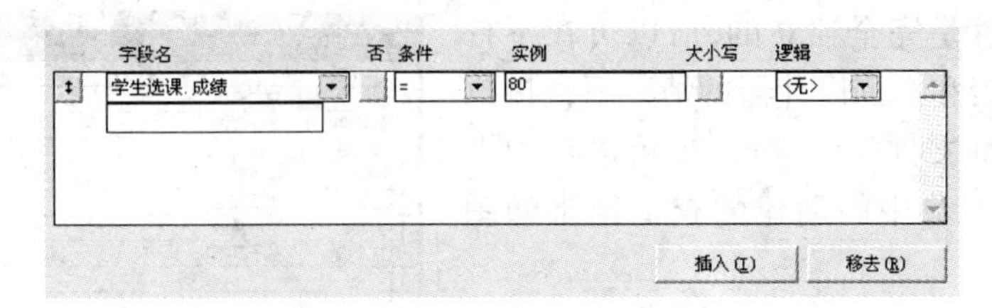

图 6 - 30 “筛选”选项卡

- “排序依据”选项卡。用来指定查询结果输出记录的排列顺序，可以指定多个排序的关键字段，还可以指定每个字段的排序方式为“升序”还是“降序”。只有在“字段”选项卡中指定的输出字段，才能被作为排序的关键字段。

本例中，选择“姓名”以“升序”排序输出查询，如图 6 - 31 所示。

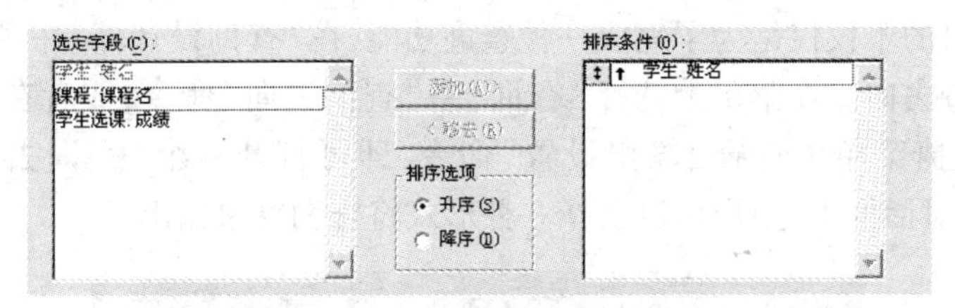

图 6 - 31 “排序依据”选项卡

- “分组依据”选项卡。在此选项卡中可指定将查询结果分组的依据字段。设置分组查询的目的是将输出的结果按某字段中相同的数据来分组，在分组查询结束后，可以使用系统中的一些函数，例如，SUM()、COUNT()、AVG()等，用来完成一组记录的计算，产生计算字段。

在查询文件中，除了能够在输出中查看到数据本身的字段数据内容外，还可以将原有的字段经过各种运算后生成新字段。这种字段称为计算字段。

本例中，没有使用函数及表达式，所以不设置“分组依据”选项卡。

- “杂项”选项卡。指定是否对重复记录进行查询，并且是否对输出的记录进行限制，包括输出记录的最多个数和最大百分比等。

至此，“查询设计器”已经设置完毕，选择“文件”→“保存”命令，保存查询文件，选择合适的位置保存查询文件“学生成绩”，并关闭查询设计器。完成后，在“项目管理器”的“查询”项下多了个查询文件，如图 6 - 32 所示。

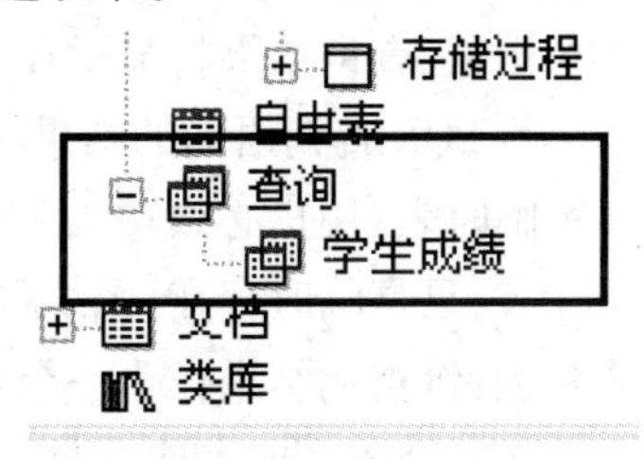

图 6 - 32 建立的查询文件

6.2.2 查询的运行与操作

1. 查询的运行与修改

查询文件创建完成后，可以执行查询并得到查询结果。

在 VFP 系统界面中,选择“文件”→“打开”命令(或者直接单击工具栏上的按钮),文件类型选择“查询(*. qpr)”,双击一个查询文件,即弹出“查询设计器”窗口。单击工具栏上的“!”按钮,即可运行查询;也可以选择“查询”→“运行查询”命令。

由于查询文件是完全独立的,所以可在不打开被查询的数据表和查询设计器的情况下直接执行。直接双击查询文件(*. qpr),也可以得到查询文件的结果。上节中的创建的查询结果如图 6-33所示。

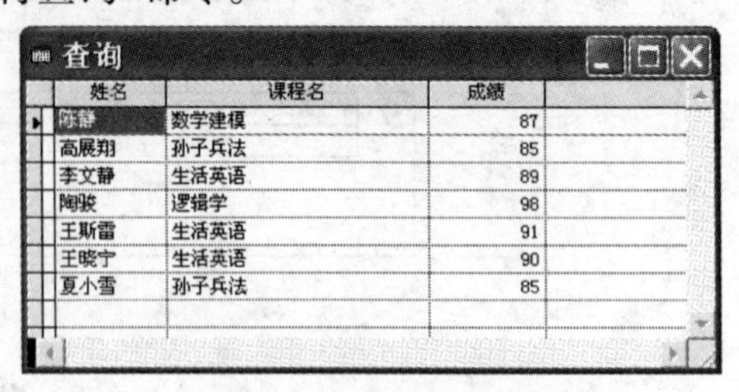

图 6-33　查询执行结果

对于创建完成的查询,可以根据需要进行修改。修改的方法是打开项目管理器,选择需要修改的查询,单击“修改”按钮,或者以其他方式打开查询文件,直接在“查询设计器”中修改。

由于查询文件的独立性,所以也可以直接在记事本中打开 . qpr 文件修改查询文件的代码。

2. 设置查询去向

设计查询的目的不仅仅是为了完成一种查询功能,在“查询设计器”中还可以根据需要为查询结果指定查询去向。在菜单上选择“查询”→“查询去向”命令,或者在“查询设计器”中右击,从弹出的快捷菜单中选择“输出设置”命令,即可打开一个“查询去向”对话框,如图 6-34所示。在该对话框中,用户可以选择一种形式将查询结果输出。

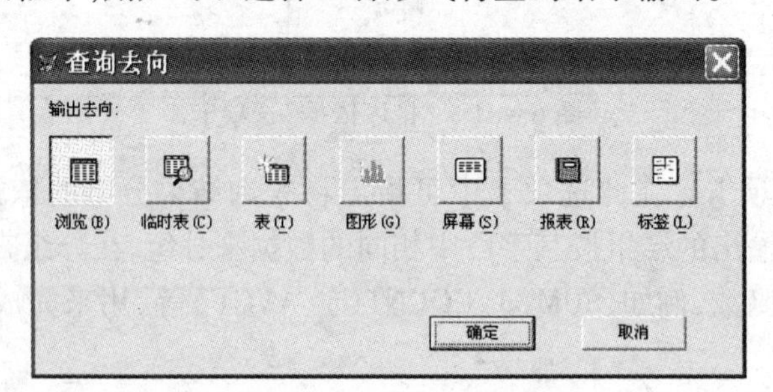

图 6-34　指定查询去向

在该对话框中,各选项的含义如下。

- 浏览:查询结果将显示在系统定义的浏览窗口中。“浏览”是默认值,类似于直接的执行 SQL 查询语句的结果。
- 临时表:用户必须输入一个临时表文件名,查询结果将输出到临时数据表。对于临时表,只是临时存在,系统不会保存。
- 表:将查询结果作为一个数据表文件保存起来,用户必须输入一个表名,查询结果将形成一个 *. dbf 的表文件。
- 图形:查询结果将输出到 MS Graph 程序(包含在 VFP 中的一个独立应用程序)以绘制图表。
- 屏幕:在主窗口显示区中显示查询结果。也可在选定“屏幕”后进一步弹出的对话框中指定输出到打印机或文本文件。
- 报表:查询结果将输出到一个报表文件中。用户必须为报表定义一个文件名,或用“打开报表”按钮选择一个已存在的报表，或在文本框中输入一个已存在的报表名。如果当前需生成一个新的报表文件，可单击文本框右侧的按钮启动报表向导，生成一个报表文件。

- 标签：查询结果将输出到一个标签文件中。

【例6－3】在jwgl项目中，添加q1. qpr查询文件，浏览查询结果，再将q1查询从项目中移去。

其具体操作步骤如下：

1）打开Jwgl. pjx项目文件，弹出Jwgl的项目管理器。

2）在项目管理器左边选中“查询”，然后单击“添加”按钮，找到q1. qpr文件，并单击“确定”按钮。此时，“查询”项下就出现q1查询，如图6－35所示。

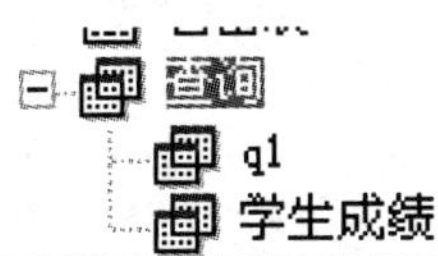

图6－35　添加q1查询

3）选中q1查询，单击“运行”按钮，即可得到q1查询的结果。

4）关闭浏览窗口，在“项目管理器”中单击“移去”按钮，就从项目中移去了查询，但查询文件q1. qpr仍在文件夹下。

【例6－4】修改q2. qpr查询文件，将选定字段改为“姓名”、“英语”、“数学”，将筛选条件改为只显示数学成绩大于等于80分，并以数学成绩从小到大作为排列依据。

其具体操作步骤如下：

1）选择“文件”→“打开”命令，选取q2. qpr文件，并单击“确定”按钮。弹出“查询设计器”窗口，如图6－36所示。

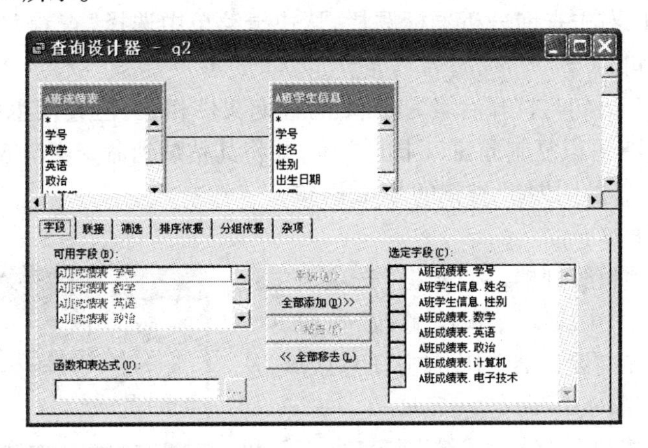

图6－36　q2的查询设计器

2）在上图“选定字段”列表框中依次选中除“姓名”、“英语”、“数学”以外的其他字段，并单击“移去”按钮。

3）打开“筛选”选项卡，在“字段名”中选择“A班成绩表．数学”，“条件”中选择“＞＝”，“实例”中填上“80”，如图6－37所示。

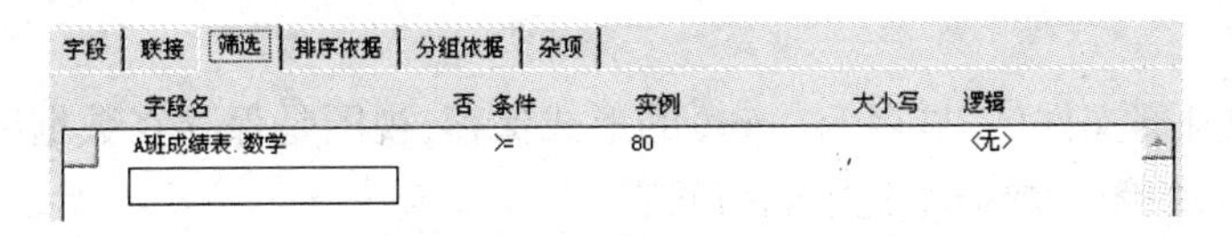

图6－37　设置筛选条件

4）打开“排序依据”选项卡，选中“排序条件”中的“A 班成绩表．英语”，并单击“移去”按钮；从“选定字段”中选取“A 班成绩表．数学”，并单击“添加”按钮。“排序选项”默认为“升序”。设置完成后，如图 6－38 所示。

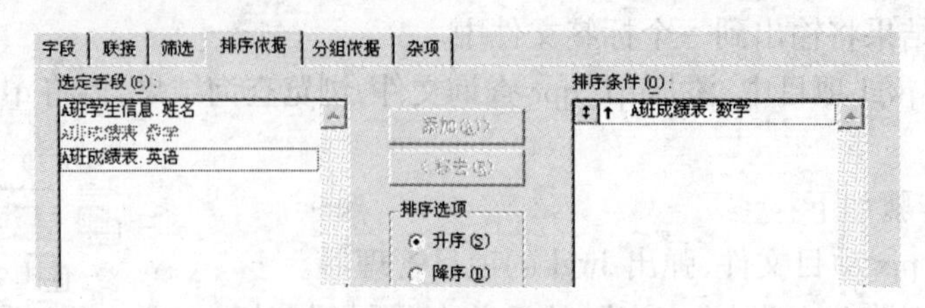

图 6－38　设置排序依据

5）关闭“查询设计器”，并保存修改结果到查询文件中。

6.2.3　查看查询的 SQL 语句

查询建立以后，是保存在一个后缀为．qpr 的查询文件中。该查询文件是一个文本文件，可以在记事本或其他可以编辑文本文件的编辑器中打开，打开查询文件后就可以看到用 SQL 语句直接建立的查询。

该查询 SQL 语句是由系统自动生成的 SQL-SELECT 语句，也可以在查询设计器中查看其 SQL 语句，方法如下：

在建立查询时，从“查询”菜单中选择“查看 SQL”命令，或者从工具栏上单击“显示 SQL 窗口”按钮，也可以右击查询分析器标题栏，从快捷菜单中选择“查看 SQL”命令，即可查看查询生成的 SQL 语句。

查询生成的 SQL 语句与打开后缀为．qpr 的查询文件相同，但查询生成的 SQL 语句是显示在一个只读窗口中，可以复制此窗口中的文本，并将其粘贴到命令窗口或加入到程序中。

【例 6－5】查看“学生成绩”查询的 SQL 语句。

其具体操作步骤如下：

1）打开“jwgl”项目管理器，从“数据”选项卡中选中“查询”项目下的“学生成绩”，单击“修改”按钮。

2）在弹出的“查询设计器”中，右击任意区域，从快捷菜单中选择“查看 SQL”命令。

3）弹出的窗口中显示“学生成绩”查询的 SQL 语句，如图 6－39 所示。

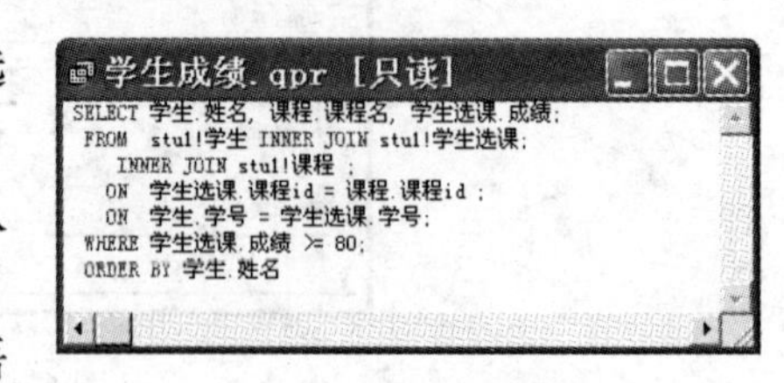

```
SELECT 学生.姓名, 课程.课程名, 学生选课.成绩;
 FROM  stu1!学生 INNER JOIN stu1!学生选课;
    INNER JOIN stu1!课程 ;
   ON  学生选课.课程id = 课程.课程id ;
   ON  学生.学号 = 学生选课.学号;
 WHERE 学生选课.成绩 >= 80;
 ORDER BY 学生.姓名
```

图 6－39　查看 SQL 语句

6.3　查询与视图的异同

视图和查询都可进行数据表的检索，两者的建立方法也基本相同。但是它们之间也存在如下差异：

1）查询是以外部文件（扩展名为．qpr）的形式保存，视图是保存在数据库中（在磁盘上找不到相关的文件），关闭了数据库就不能访问它。

2）查询的数据仅供查看，并不能进行修改和保存，而视图的数据则可修改并且能够保存到数据表中。这一点大家可以从视图设计器和查询设计器的界面上可以看出来,视图设计器的选项卡比查询设计器选项卡多一个“更新条件”选项。

3）查询数据的来源,仅限于 VFP 的数据表或视图。而视图的数据来源除了 VFP 的数据表或视图外,还可以是远程服务器上的数据表及 VFP 以外的数据表。

4）对数据库执行查询的结果可以存储成多种数据格式,如数据表、图表或报表等。而根据数据库建立的视图只能是一个虚拟表,但可以当做数据表来使用。此外,查询可以在不打开数据库的情况下建立和运行,而视图只能在数据库的环境下建立和运行。

习 题 六

1. 选择题

1）以下关于视图的正确叙述是________。

A. 不能根据自由表建立视图

B. 只能根据自由表建立视图

C. 只能根据数据库表建立视图

D. 可以根据数据库表和自由表建立视图

2）要将视图中的修改传送回源表中,应选用视图设计器的________选项卡。

A. 筛选　　B. 更新条件　　C. 杂项　　D. 视图参数

3）下列关于视图的说法中,正确的是________。

A. 视图是独立的文件,它存储在数据库中

B. 视图不是独立的文件,它存储在数据库中

C. 视图是独立的文件,它存储在视图文件中

D. 视图的输出去向可以是浏览窗口或者表

4）下面有关对视图的描述正确的是________。

A. 可以使用 MODIFY STRUCTURE 命令修改视图的结构

B. 视图不能删除,否则影响原来的数据文件

C. 视图是对表的复制产生的

D. 使用 SQL 对视图进行查询时,必须事先打开该视图所在的数据库

5）以下关于查询的正确叙述是________。

A. 不能根据自由表建立查询

B. 只能根据自由表建立查询

C. 只能根据数据库表建立查询

D. 可以根据数据库表和自由表建立查询

6）默认情况下,查询结果的输出去向是________。

A. 浏览　　B. 临时表　　C. 图形　　D. 报表

7）打开查询设计器后,下面哪个操作中不能运行查询文件________。

A. 单击 VFP 工具栏上的“运行”按钮

B. 按 < Ctrl + Q > 组合键

C. 选择“查询”菜单中的“运行查询”命令

D. 单击 VFP,并在快捷菜单上选择“运行查询”命令

8）查询设计器和视图的主要不同表现在于________。

A. 查询设计器中有“更新条件”选项卡,没有“查询去向”选项卡

B. 查询设计器中没有“更新条件”选项卡,有“查询去向”选项卡

C. 视图设计器中有“更新条件”选项卡,没有“查询去向”选项卡

D. 视图设计器中没有“更新条件”选项卡,没有“查询去向”选项卡

9）下列关于查询和视图,说法错误的是________。

A. 查询和视图都可以从一个或多个表中提取数据

B. 查询是以扩展名为 . qpr 存储的一个文本文件

C. 可以通过视图更改源数据表的相应数据

D. 视图是完全独立的,它不依赖于数据库的存在而存在

10）在 Visual FoxPro 中,关于查询的正确叙述是________。

A. 查询与数据库表相同,用于存储数据

B. 可以从数据库表、视图和自由表中查询数据

C. 查询中的数据是可以更新的

D. 查询是从一个或多个数据库表中导出来为用户定制的虚表

2. 思考题

1）什么是视图,视图有什么特点?

2）如何利用“视图设计器”创建本地视图?

3）如何利用“查询设计器”创建查询文件?

4）查询与视图相比有什么异同点?

5）视图和查询都能脱离源数据表文件而独立存在?

第7章　SQL结构化查询语言

结构化查询语言SQL(Structured Query Language)是关系型数据库的标准语言。由于它具有功能丰富,使用方式灵活,语言简洁易学等突出特点,在计算机界深受欢迎,许多数据库生产厂家都相继推出各自支持SQL的软件。国际标准化组织ISO于1989年将SQL定为国际标准,推荐它为关系型数据库的标准操纵语言。

SQL语言由以下3个部分组成:

- 数据定义语言DDL(Data Definition Language)。
- 数据操纵语言DML(Data Manipulation Language)。
- 数据控制语言DCL(Data Control Language)。

其中,DDL提供了完整定义数据所必需的语言工具,用来创建、修改和删除数据的基本要素;DML也是对数据库中的数据进行输入、修改及提取的有力工具;DCL则是为数据库提供了必需的安全防护措施。

SQL语言的主要特点有以下几点:

1) SQL语言是一种一体化的语言,提供了完整的数据定义和操纵功能。使用SQL语言可以实现数据库生命周期中的全部活动,包括定义数据库和表的结构,实现表中数据的录入、修改、删除、查询与维护,以及实现数据库的重构、数据安全性控制等一系列操作。

2) SQL语言具有完备的查询功能。只要数据是按关系方式存放在数据库中的,就能够构造适当的SQL命令将其检索出来。事实上,SQL的查询命令不仅具有强大的检索功能,而且在检索的同时还提供了统计与计算功能。

3) SQL语言非常简洁,易学易用。虽然它的功能强大,但只有为数不多的几条命令。此外,它的语法也相当简单,接近自然语言,用户可以很快掌握它。

4) SQL语言是一种高度非过程化的语言。和其他数据库操作语言不同的是,SQL语言是一种非过程性语言,用户只需要说明做什么操作,而不用说明怎样做,不必了解数据存储的格式、存取路径及SQL命令的内部执行过程,就可以方便地对关系数据库进行操作。

5) SQL语言的执行方式多样,既能以交互命令的方式直接使用,也能嵌入到各种高级语言中使用。尽管使用方式可以不同,但其语言结构是一致的。目前,几乎所有的数据库管理系统或数据应用开发工具都已将SQL语言融入自身的语言中。

6) SQL语言不仅能对数据表进行各种操作,也可对视图进行操作。视图是由数据库中满足一定约束条件的数据组成的,可以作为某个应用的专用数据集合。当对视图进行操作时,将由系统转换为对基本数据表的操作,这样既方便了用户的使用,同时也提高了数据的独立性,有利于数据的安全与保密。

由于Visual FoxPro自身在安全控制方面的缺陷,所以它没有提供数据控制功能。此外,Visual FoxPro在SQL语言方面也不支持多重嵌套查询、COMPUTE子句等。

7.1 SQL 的数据定义功能

标准 SQL 语言是种功能强大的关系数据库语言,数据定义功能非常广泛,一般包括数据库的定义、表的定义、视图的定义、存储过程的定义、规则的定义和索引的定义等。本节将主要介绍 VFP 支持的表定义和视图定义功能。

7.1.1 创建和删除数据库表

1. 创建数据库表

当用户需要建立新的表文件存储数据时,可以用 CREATE TABLE 命令建立表的结构。该命令可以指明表名及结构,包括表中各字段的名字、类型、精度、是否允许空值,以及参照完整性规则。

格式:

```
CREATE TABLE | DBF 表名1 [NAME 长表名 ] [FREE]
( 字段名1 字段类型 [(字段宽度[,小数位])]
[NULL | NOT NULL]
[CHECK 逻辑表达式1 [ERROR 文本信息1 ]]
[DEFAULT 表达式1 ]
[PRIMARY KEY | UNIQUE]
[REFEENCES 表名2 [TAG 标识名1]]
[NOCPTRANS]
[,字段名2…] )
[,PRIMARY KEY 表达式2 TAG 标识2
|,UNIQUE 表达式3 TAG 标识3]
[,FOREIGN KEY 表达式4 TAG 标识4 [NODUP]
REFERENCES 表名3 [TAG 标识5 ]]
[,CHECK 逻辑表达式2 [ERROR 文本信息2 ]])
|FROM ARRAY 数组名
```

说明:

1) CREATE TABLE 与 CREATE DBF 等价,都可用于创建数据库表文件。

2) FREE:用于在数据库打开的情况下,指明创建自由表。默认情况下,数据库未打开时创建的是自由表,在数据库打开时创建的是数据库表。

3) NULL 表示该字段取值允许为空,NOT NULL 表示该字段取值不允许为空,默认值为 NOT NULL。

【例 7-1】在 stu1 数据库中建立"研究生"表,该表结构及要求如表 7-1 所示。

表 7-1 "研究生"表字段信息

字 段 名	字段类型	字段长度	小数位数	要 求
学号	C	6		
姓名	C	8		

（续）

字 段 名	字段类型	字段长度	小数位数	要 求
性别	C	2		
入学日期	D			允许为空值

定义该表的 SQL 命令：

```
OPEN DATABASE stu1
CREATE TABLE 研究生(学号 C(6), 姓名 C(8), 性别 C(2), 入学日期 D NULL)
```

4）CHECK 逻辑表达式 1:用来为字段值指定约束条件。

5）ERROR 文本信息 1:用来指定不满足约束条件时显示的出错提示信息。

6）DEFAULT 表达式 1:用来指定字段的默认值。

7）PRIMARY KEY:用来指定当前字段为主索引关键字,而 UNIQUE 用来指定当前字段为候选索引关键字。索引标识名与字段相同,主索引字段值必须唯一。

候选索引和用 INDEX 命令的 UNIQUE 选项创建的索引不同。用 INDEX 命令的 UNIQUE 选项创建的索引允许重复索引关键字;候选索引不允许重复索引关键字。在主索引或候选索引字段中不允许 Null 值和重复记录。

8）REFERENCES 表名 2[TAG 标识名 1]:用表指定建立永久关系的父表。如果省略 TAG 标识名 1,则使用父表的主索引关键字建立关系。如果父表没有主索引,则 Visual FoxPro 将产生错误提示。

9）NOCPTRANS:禁止字符字段和备注字段转换到另一个代码页。

【例 7-2】在 stu1 数据库中,建立学生信息表,该表结构及要求如表 7-2 所示。

表 7-2 “学生信息”表字段信息

字 段 名	字段类型	字段长度	小数位数	要 求
学号	C	6		主索引
姓名	C	8		不能为空值
性别	C	2		
民族	C	4		
年龄	N	3	0	大于 10 岁小于 40 岁
是否团员	L			
专业	C	8		
入学日期	D			缺省为 2007 年 9 月 1 日

创建该表的 SQL 命令：

```
OPEN DATABASE STU1
CREATE TABLE 学生信息(学号 C(6) PRIMARY KEY, 姓名 C(8) NOT NULL,;
    性别 C(2), 年龄 N(3) CHECK 年龄>10 AND 年龄<40;
    ERROR "年龄范围在 10~45,请输入正确的年龄", 是否团员 L,;
    入学年月 D DEFAULT CTOD("09/01/2007"))
```

在 STU1 中建立了学生信息表后，通过浏览窗口向学生信息表输入数据或修改数据时，由于学号字段建立了主索引，学号字段不能输入重复值；年龄字段的值必须在 10～40 之间，否则显示“年龄范围在 10～45，请输入正确的年龄”信息，并等待输入合法的值；添加新记录时，入学年月字段自动填入 2007/09/01。

【例 7－3】在 stu1 数据库中，建立课程信息表，该表结构及要求如表 7－3 所示。

表 7－3 “课程信息”表字段信息

字段名	字段类型	字段长度	小数位数	要求
课程号	C	4		主索引
课程名	C	10		
学分	N	2		可以为空
备注	M			禁止转换

创建该表的 SQL 命令：

```
OPEN DATABASE STU1
CREATE TABLE 课程信息(课程号 C(4) PRIMARY KEY, 课程名 C(10),;
    学分 N(2) NULL, 备注 M NOCPTRANS)
```

10）PRIMARY KEY 表达式 2 TAG 标识 2：用来指定要创建的主索引。表达式 2 用来指定表中的任一个字段或字段组合；TAG 标识 2 用来指定要创建的主索引标识的名称。索引标识名最多包含 10 个字符。一个表只能有一个主索引，如果对某个字段已经定义了主索引字段，则不能再定义该子句。一条 CREATE TABLE 命令最多包含一个 PRIMARY KEY 子名。

11）UNIQUE 表达式 3 TAG 标识 3：用来创建侯选索引。其中，表达式 3 用来指定表中的任一字段或字段组合。但是，如果已经用一个 PRIMARY KEY 选项创建了一个主索引，则不能包含指定为主索引的字段。TAG 标识 3 为要创建的候选索引标识指定了标识名。索引标识名最多可包含 10 个字符，一个表可以有多个侯选索引。

12）FOREIGN KEY 表达式 4 TAG 标识 4［NODUP］REFERENCES 表名 3［TAG 标识 5］：用来创建一个外部索引（非主索引），并建立和父表的关系。表达式 4 用来指定外部索引关键字表达式，而标识 4 为要创建的外部索引关键字标识指定名称。可以为表创建多个外部索引，但外部索引表达式必须指定表中的不同字段。表名 3 用来指定建立持久关系的父表的表名，标识 5 用来指明在父表中的索引标识，在该索引关键字上建立关系。如果省略标识 5，将用父表的主索引关键字建立关系。

13）FORM ARRAY 数组名：指定一个已存在的数组名称，数组中包含表的每个字段的名称、类型、精度及宽度。数组的内容可用 AFIELDS() 函数来定义。

【例 7－4】在 stu1 数据库中，建立选课信息表，该表结构及要求如表 7－4 所示。其中，学号和课程号组合为主关键字索引。

表 7－4 “选课信息”表字段信息

字段名	字段类型	字段长度	小数位数	要求
学号	C	6		外索引与学生信息表建立关系

（续）

字 段 名	字段类型	字段长度	小数位数	要 求
课程号	C	4		外索引与学生信息表建立关系
成绩	N	3	0	可以为空

创建该表的 SQL 命令：

```
OPEN DATABASE STU1
CREATE TABLE 选课信息(学号 C(6), 课程号 C(4), 成绩 N(3) NULL, ;
    PRIMARY KEY 学号 + 课程号 TAG 学号课程号, ;
    FOREIGN KEY 学号 TAG 学号 REFERENCES 学生信息, ;
    FOREIGN KEY 课程号 TAG 课程号 REFERENCES 课程信息 )
```

在 STU1 数据库中建立的"选课信息"表,在学号上定义了外索引,与学生信息表在学号字段上建立了关系;在课程号上定义了外索引,与课程信息表在课程号字段上建立了关系。由于选课信息表主索引关键字是两个字段的组合,所以用 PRIMARY KEY TAG 子句定义。输入记录或修改记录数据时,表达式"学号 + 课程号"的值不能有重复。

例 7 –2、例 7 –3 和例 7 –4 完成后,在 STU1 数据库设计器中的关系如图 7 –1 所示。

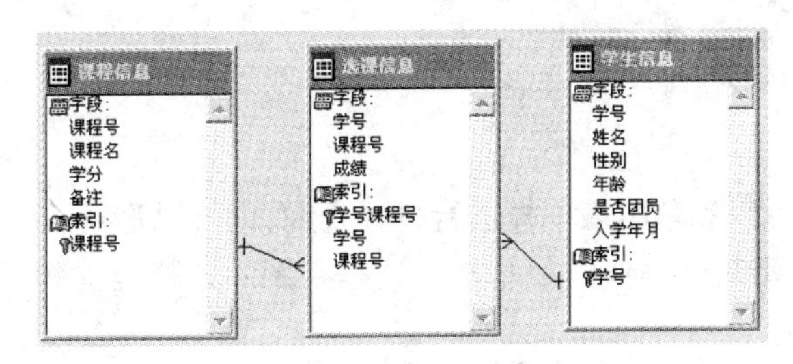

图 7 –1 课程信息、选课信息和学生信息 3 表关系

2. 删除数据库表

数据库中不再使用的表,可以用 SQL 语句来删除这些表,以节省存储空间。

格式:DROP TABLE 表名

说明:该命令是直接从磁盘上删除指定的表。如果删除的是数据库表,应该注意在打开相应数据库的情况下进行删除,否则本命令仅删除了表本身,而该表在数据库中的登录信息并没有被删除,从而造成以后对该数据库操作的失败。

【例 7 –5】在 stu1 数据库中,删除选课信息表。

```
OPEN DATABASE STU1
DROP TABLE 选课信息
```

7.1.2 创建和删除视图

1. 创建视图

在 VFP 中可以在命令窗口中使用 CREATE VIEW 命令打开"视图设计器"窗口,另外,VFP 中还提供了直接利用 SQL 语言创建视图的命令。SQL-SELECT 命令将在后面的章节中详细介绍,这里读者可以先熟悉一下创建和删除视图的方法。

利用 SQL 创建视图的命令格式:

```
CREATE VIEW 视图名 [REMOTE] [CONNECTION 新建连接名]
    AS SQL-SELECT 命令
```

功能:按照 AS SQL-SELECT 命令规定的要求,创建一个指定名称的本地视图或远程视图。其中,视图名称由命令中的视图名指定。

说明:

1) 选择 REMOTE 子句将创建一个远程视图,并用 CONNECTION 子句创建一个新的连接或指定一个已连接的数据源;否则,将创建一个本地视图。

2) AS SQL-SELECT 命令用于指定视图的定义。主要包括从哪些数据库表中提取数据,提取的条件和输出内容等。

下面分别叙述不同情况下利用 SQL 语言创建视图的命令。

(1) 基于单个表的视图

【例 7-6】在 stu1 数据库中,基于"学生"表建立一个"学生基本信息"视图,包括"学号"、"姓名"、"性别"、"专业"和"年级"字段。

```
CREATE VIEW 学生基本信息 AS;
SELECT 学号,姓名,性别,专业,年级;
FROM 学生
```

视图一经定义,就可以和基本表一样进行各种查询,也可以进行一些修改操作。对于最终用户来说,有时并不需要知道操作的是基本表还是视图。这样建立视图后,查询学生基本信息,可以使用以下命令:

```
SELECT * FROM 学生基本信息
```

或

```
SELECT 学号,姓名,性别,专业,年级 FROM 学生基本信息
```

或

```
SELECT 学号,姓名,性别,专业,年级 FROM 学生
```

上例的视图是对表的投影操作,下面例子将再对表进行选择操作来定义一个视图。

【例 7-7】在 stu1 数据库中,基于"学生"表建立一个"学生基本信息 2"视图,只输出土木工程系的学生,字段包括"学号"、"姓名"、"性别"、"专业"和"年级"字段。

```
CREATE VIEW 学生基本信息2 AS;
SELECT 学号,姓名,性别,专业,年级;
FROM 学生 WHERE 专业 = "土木工程"
```

(2) 基于多个表的视图

要建立基于多个表的视图,需先将这多个表进行连接。

【例 7-8】在 stu1 数据库中,基于"a 班成绩表"和"a 班学生信息"两张表建立一个"学生

成绩”视图,在视图中要求按姓名显示各同学的“数学”、“英语”和“计算机”成绩。

```
CREATE VIEW 学生成绩 AS;
SELECT a 班学生信息 . 姓名, a 班成绩表 . 数学, a 班成绩表 . 英语, a 班成绩表 . 计算机;
FROM a 班成绩表, a 班学生信息;
WHERE a 班成绩表 . 学号 = a 班学生信息 . 学号
```

本例中,“a 班成绩表”和“a 班学生信息”两张表连接字段为“学号”,所以在 WHERE 中要加上这个条件,将两张表连接起来。

上例的视图基于两张表,下面再建立一个视图是基于 3 张表的。

【例 7-9】在 stu1 数据库中,基于“学生”、“课程”、“学生选课”3 张表建立一个“学生成绩 2”视图,在视图中要求按姓名和课程名显示所有成绩。

```
CREATE VIEW 学生成绩 2 AS;
SELECT a. 姓名, b. 课程名, c. 成绩;
FROM 学生 a, 课程 b, 学生选课 c ;
WHERE a. 学号 = c. 学号 AND b. 课程 ID = c. 课程 ID
```

(3) 视图中的计算字段

用一个查询来建立一个视图的 SELECT 子句可以包含算术表达式或函数,这些表达式或函数与视图的其他字段一样对待,由于它们是通过计算得来的,并不存在于表内,所以称其为计算字段。

【例 7-10】在 stu1 数据库中,基于“教师信息表”建立一个“平均工资_a”视图,在视图中要求按职称和平均工资显示各职称的平均工资。

```
CREATE VIEW 平均工资_a AS;
SELECT 职称,AVG(基础工资) AS 平均工资;
FROM 教师信息表 GROUP BY 职称
SELECT * FROM 平均工资_a
```

平均工资_a

职称	平均工资
副教授	1208.93
高工	950.00
工程师	1660.00
讲师	1531.50
教授	1950.00
助理工程师	922.65
助理实验师	930.30

图 7-2 视图浏览效果

执行上述命令后,结果如图 7-2 所示。

2. 删除视图

由于视图是从表中派生出来的,所以不存在修改结构的问题,但是视图可以删除。在 SQL 中删除视图的命令格式:

```
DROP VIEW 视图名
```

例如,要删除视图“学生成绩”,只要键入命令:

```
DROP VIEW 学生成绩
```

7.1.3 修改数据库表

用户使用数据库时,随着应用要求的改变,可能需要对原有的表结构进行修改。修改表结构的 SQL 命令为 ALTER TABLE。

1. 语句格式 1

```
ALTER TABLE 表名1
    ADD | ALTER [COLUMN] 字段名 字段类型 [(字段宽度[,小数位])]
        [NULL | NOT NULL]
        [CHECK 逻辑表达式1 [ERROR 文本信息1]]
        [DEFAULT 表达式1]
        [PRIMARY KEY | UNIQUE]
        [REFERENCES 表名2[TAG 标识名1]]
        [NOCPTRANS]
```

功能:为指定的表增加指定的字段,或修改指定的字段。

说明:

1）表名1:要修改的表名。

2）ADD [COLUMN] 字段名1 字段类型[(字段宽度[,小数位])]子句:指定增加列的字段名及字段数据类型等信息。

3）ALTER [COLUMN] 字段名1 字段类型[(字段宽度[,小数位])]子句:指出要修改的列的字段名及它们的数据类型等信息。

4）当在 ADD 子句使用 CHECK、PRIMARY KEY 或 UNIQUE 任选项时,需要删除所有数据;否则,违反有效性规则,命令不被执行。

5）在 ALTER 子句使用 CHECK 选项时,需要被修改的字段已有的数据满足 CHECK 规则;而使用 PRIMARY KEY 或 UNIQUE 任一选项时,需要被修改的字段已有的数据满足唯一性,不能有重复值。

【例 7－11】在例 7－1 创建的"研究生"表中增加"年龄"字段,类型修改为字符型,宽度为 3。

```
ALTER TABLE 研究生 ADD 年龄 C(3)
```

【例 7－12】修改例 7－11"研究生"表中的"年龄"字段,类型为数值型,要求年龄必须限定在 20～50 岁之间,并将"入学日期"的默认值修改为"09/01/2008"。

```
ALTER TABLE 研究生 ALTER 年龄 N(3,0) CHECK 年龄>20 AND 年龄<50
ALTER TABLE 研究生 ALTER 入学日期 D DEFAULT CTOD("09/01/2008")
    && CTOD 是把字符串转换日期型数据的函数
```

2. 语句格式 2

```
ALTER TABLE 表名1
    ALTER [COLUMN] 字段名2
        [NULL | NOT NULL]
        [SET DEFAULT 表达式2]
        [SET CHECK 逻辑表达式2 [ERROR 文本信息2]]
        [DROP DEFAULT]
        [DROP CHECK]
```

功能:修改表中指定字段的 DEFAULT、CHECK 约束规则,但不影响原有表的数据。

说明：

1）表名1：要修改的表名。

2）ALTER［COLUMN］字段名2：用来指出要修改列的字段名。

3）NULL | NOT NULL：用来指定该字段可以为空或不能为空。

4）SET DEFAULT 表达式2：用来重新设置该字段的默认值。

5）SET CHECK 逻辑表达式2［ERROR 文本信息2］：用来重新设置该字段的合法值，此选项要求该字段的原有数据满足新设置的 CHECK 约束。

6）DROP DEFAULT：删除默认值。

7）DROP CHECK：删除该字段的合法值限定。

【例7－13】修改例7－12“研究生”表中的“年龄”字段，要求年龄必须限定在18～45岁之间，并将“入学日期”的默认值修改为“09/01/2007”。

```
ALTER TABLE 研究生 ALTER 年龄 SET CHECK 年龄>18 AND 年龄<45
ALTER TABLE 研究生 ALTER 入学日期 SET DEFAULT CTOD("09/01/2007")
```

【例7－14】删除例7－13“研究生”表中对“年龄”字段的 CHECK 约束。

```
ALTER TABLE 研究生 ALTER 年龄 DROP CHECK
```

3. 语句格式3

```
ALTER TABLE 表名1
    [DROP [COLUMN] 字段名3]
    [SET CHECK 逻辑表达式3 [ERROR 文本信息3]]
    [DROP CHECK]
    [ADD PRIMARY KEY 表达式3 TAG 标识2]
    [DROP PRIMARY KEY]
    [ADD UNIQUE 表达式4 [TAG 标识3]]
    [DROP UNIQUE TAG 标识4]
    [ADD FOREIGN KEY [表达式5] TAG 标识4
        REFERENCES 表名2 [TAG 标识5]]
    [DROP FOREIGN KEY TAG 标识6 [SAVE]]
    [RENAME COLUMN 字段名4 TO 字段名5]
    [NOVALIDATE]
```

功能：删除指定表中的指定字段、修改字段名及指定表的完整性规则，包括主索引、外索引、候选索引及表的合法值限定的添加或删除。

说明：

1）DROP［COLUMN］字段名3：用来指定要删除的字段。

2）SET CHECK 逻辑表达式3［ERROR 文本信息3］：为该表指定合法值及错误的提示信息。

3）DROP CHECK：删除该表的合法值限定。

4）ADD PRIMARY KEY 表达式3 TAG 标识2：为该表建立主索引，一个表只能有一个主索引。

5) DROP PRIMARY KEY:删除该表的主索引。

6) ADD UNIQUE 表达式4 [TAG 标识3]:为该表建立候选索引,一个表可以有多个候选索引。

7) DROP UNIQUE TAG 标识4:删除该表的候选索引。

8) ADD FOREIGN KEY [表达式5] TAG 标识4 REFERENCES 表名2 [TAG 标识5]:为该表建立外(非主)索引,与指定的父表建立关系,一个表可以有多个外索引。

9) DROP FOREIGN KEY TAG 标识6 [SAVE]:用来删除外索引,取消与父表的关系;SAVE 子句将保存该索引。

10) RENAME COLUMN 字段名4 TO 字段名5:用来修改字段名。其中,字段名4 是要修改的字段名,字段名5 是指定新的字段名。

注意:修改自由表时,不能使用 DEFAULT,FOREIGN KEY,PRIMARY KEY,REFERENCES 或 SET 子句。

【例7-15】删除例7-2中建立的"学生信息"表的主索引。

```
ALTER TABLE 学生信息 DROP PRIMARY KEY
```

【例7-16】用 ALTER TABLE 语句重新建立例7-15中被删除的"学生信息"表主索引。

```
ALTER TABLE 学生信息 ADD PRIMARY KEY 学号 TAG 学号
```

【例7-17】删除例7-4中建立的"选课信息"表的外索引"学号"。

```
ALTER TABLE 选课信息 DROP FOREIGN KEY TAG 学号
```

【例7-18】用 ALTER TABLE 语句重新建立例7-17中被删除的"选课信息"表外索引"学号"。

```
ALTER TABLE 选课信息 ADD FOREIGN KEY 学号 TAG 学号;
REFERENCES 学生信息 TAG 学号
```

【例7-19】将"学生信息"表中的"入学年月"字段名修改为"入学日期"。

```
ALTER TABLE 学生信息 RENAME COLUMN 入学年月 TO 入学日期
```

7.2 SQL 的数据操作功能

前面介绍了表结构的建立及修改,本节将介绍对表中数据的增加、修改和删除操作。VFP 支持的 SQL 数据操纵命令包括:INSERT-SQL、UPDATE-SQL、DELETE-SQL。

7.2.1 记录的插入

VFP 支持两种格式用于插入数据的 SQL 命令。第一种为标准格式,第二种为 VFP 的特殊格式。

1. 语句格式1

```
INSERT INTO 表名[字段名1[,字段名2,…]]
```

```
VALUES(表达式1[表达式2,…])
```

说明:在指定表的表尾添加一条新记录,其值为 VALUES 后面的表达式的值。当需要插入表所有字段的数据时,表名后面的字段可以缺省,但插入数据的格式必须与表的结构完全吻合。若只需要插入表中某些字段的数据,那么就需要列出插入数据的字段名,当然相应表达式的数据位置应与其对应。

【例7-20】向"学生信息"表插入数据。

```
INSERT INTO 学生信息;
    VALUES('081001','张小四','男',20,.T.,CTOD("09/01/2007"))
```

如果只想插入部分数据,则 SQL 语句为

```
INSERT INTO 学生信息(学号,姓名,性别,年龄);
    VALUES('081002','周倩雯','女',21)
```

新记录中其他字段为空值。

2. 语句格式2

```
INSERT INTO 表名 FROM ARRAY 数组名|FROM MEMVAR
```

说明:FROM ARRAY 数组名用于添加一条新记录到指定的表中,新记录的值是指定的数组中各元素的数据。数组中元素与表中各字段顺序对应。如果数组中元素的数据类型与其对应的字段类型不一致,则新记录对应的字段为空值。如果表中字段个数大于数组元素的个数,则多出的字段为空值。

【例7-21】先定义一个数组A(6),并赋予一组合适的值。再利用 SQL 命令将此数组的值作为新记录插入到"学生信息"表中。

其具体执行命令如下:

```
DIMENSION A(6)        && 定义数组 A
A(1)="081003"
A(2)="张华"
A(3)="女"
A(4)=19
A(5)=.F.
A(6)=CTOD("09/01/2008")
INSERT INTO 学生信息 FROM ARRAY A
```

【例7-22】先创建4个内存变量,再利用 SQL 命令,将此数组的值作为新记录插入到"学生信息"表中。

其具体执行命令如下:

```
学号="081004"
姓名="吴小宁"
性别="男"
年龄=19
INSERT INTO 学生信息 FROM MEMVAR
```

注意:新记录中其他字段为空值。如果指定的表没有在任何工作区中打开,当前工作区中没有表被打开时,该命令执行后将在当前工作区中打开该命令指定的表;如果当前工作区打开的是其他的表,则该命令执行后将在一新的工作区中打开,添加记录后,仍保持原当前工作区。

例 7-20、例 7-21 和例 7-22 完成后,“学生信息”表的内容如图 7-3 所示。

学生信息

学号	姓名	性别	年龄	是否团员	入学日期
081001	张小四	男	20	T	09/01/07
081002	周倩雯	女	21		/ /
081003	张华	女	19	F	09/01/08
081004	吴小宁	男	19		/ /

图 7-3 “学生信息”表的内容

7.2.2 记录的修改

记录的修改就是对存储在表中的数据进行修改,命令是 UPDATE-SQL。UPDATE-SQL 一次只能更新一张表的数据。

格式:

```
UPDATE [数据库名!]表名
    SET 列名1 = 表达式1
    [,列名2 = 表达式2]
    [WHERE 条件表达式1[AND|OR 条件表达式2…]]
```

说明:

1) UPDATE [数据库名!]表名:用来指明将要修改的记录所在的表名和数据名。

2) SET 列名1 = 表达式1[,列名2 = 表达式2]:用来指明被修改的字段及该字段的新值。如果省略 WHERE 子句,则该字段每一行都用同样的值来更新。

3) WHERE 条件表达式1[AND|OR 条件表达式2…]:用来指明将要修改的记录,即表中符合条件表达式的记录。

【例 7-23】将“选课信息”表中的所有课程号为“1001”成绩都分别提高 5 分,课程号为“1006”成绩置为空值。

```
UPDATE 选课信息;
    SET 成绩=成绩+5;
    WHERE 课程号 = "1001"
UPDATE 选课信息;
    SET 成绩=NULL;
    WHERE 课程号 = "1006"
```

7.2.3 记录的删除

在 VFP 中 DELETE-SQL 语句可以为指定的数据表中的记录加删除标记。

格式:

```
DELETE FROM [数据库名!]表名
        [WHERE 条件表达式 1[AND | OR 条件表达式 2…]]
```

说明：

1）FROM [数据库名!]表名：为指定加删除标记的表名及该表所在的数据库名，用“!”分隔表名和数据库名，数据库名为可选项。

2）WHERE 条件表达式 1[AND | OR 条件表达式 2…]：用来指明 VFP 只对满足条件的记录加删除标记。

注意：加了删除标记的记录并没有从物理上删除，只有执行了 PACK 命令，有删除标识的记录才能真正从物理上删除。

【例 7 - 24】将“选课信息”表中学号为“081004”的记录全部逻辑删除，然后彻底删除。

```
DELETE FROM 选课信息;
    WHERE 学号 = "081004"
PACK
```

7.3 SQL 的数据查询功能

数据库中最常见的操作是数据查询，SQL 给出了简单又丰富的查询语句形式，VFP 支持的 SQL 查询语句是 SELECT-SQL。其语句格式：

```
SELECT [ALL | DISTINCT] [TOP 数值表达式 [PERCENT]]
        [表别名.] 检索项 [AS 列名]
        [,[表别名.] 检索项 [AS 列名],…]
FROM [数据库名!]表名[[AS] 逻辑别名]
[[INTO 目标] | [TO FILE 文件名 | TO PRINTER | TO SCREEN]]
[WHERE 连接条件 [AND 连接条件…]
        [AND | OR 条件表达式 [AND | OR 条件表达式 …]]]
[GROUP BY 列名 [, 列名,…]]
[HAVING 条件表达式]
[UNION [ALL] SELECT 语句]
[ORDER BY 排序项 [ASC | DESC] [,排序项[ASC | DESC],…]]
```

整个语句的含义：根据 WHERE 子句中的条件表达式，从一个或多个表中找出满足条件的记录，按 SELECT 子句中的目标列，选出记录中的分量形成结果表。如果有 ORDER 子句，则结果表要根据指定的表达式按升序（ASC）或降序（DESC）排序。如果有 GROUP 子句，则将结果按列名分组，根据 HAVING 指出的条件，选取满足该条件的组予以输出。

其中，各常用选项及子句的说明如下。

1）SELECT [ALL | DISTINCT] [TOP 数值表达式 [PERCENT]]

[表别名.] 检索项 [AS 列名]

[,[表别名.] 检索项 [AS 列名],…]子句：

用于指明在查询结果中显示的字段名、常量和表达式。

2）ALL：表示显示查询结果中的所有行，默认值。

3）DISTINCT:表示消除查询结果中的重复行。每个 SELECT 子句只能用一次 DISTINCT 选项。

4）TOP 数值表达式［PERCENT］:用来指定显示查询结果中的若干行,或显示查询结果行数的百分比。由数值表达式确定显示的行数,百分比由 PERCENT 参数确定。TOP 子句必须与 ORDER BY 子句同时使用。

5）［表别名.］检索项［AS 列名］:用来指定查询结果的各列,各列的值由检索项确定,列名由［AS 列名］确定。如果有同名的检索项,通过在各项前加表别名予以区分,表别名与检索项之间用“.”分隔。检索项可以是 FROM 子句中表的字段名、常量、函数或表达式等。

6）FROM［数据库名!］表名［［AS］逻辑别名］:用来指出包含查询数据的表名的列表。如果查询数据来自多张表,由表名用逗号分开。

7）［INTO 目标］子句:用来指明查询结果的输出目的地。该目的地可以是数组(ARRAY)、临时表(CURSOR)或表(TABLE)等,默认输出到名为“查询”的浏览窗口。

8）［WHERE 连接条件［AND 连接条件…］

［AND | OR 条件表达式［AND | OR 条件表达式 …］］］子句:

该子句用于指明查询条件。如果省略该子句,则表示查询 FROM 子句中指定表的所有记录。如果由 FROM 子句指定多表查询,则要用 WHERE 子句指定多表之间的连接条件。

9）［GROUP BY 列名［, 列名, …］］:该子句将查询结果按指定的列名分组。

10）［HAVING 条件表达式］:该子句指定每一分组所应满足的条件,只有满足条件的分组,才能在查询结果中显示。该子句要在定义的了 GRROUP BY 子句后才允许使用,它与 WHERE 子句不同,WHERE 子句指定表中记录应满足的条件。

11）［ORDER BY 排序项［ASC | DESC］［,排序项［ASC | DESC］,…］］:用来指明查询结果按排序项输出,ASC 为升序,DESC 为降序,默认为 ASC。该子句要放在整个 SELECT 语句的最后。

用 SELECT-SQL 语句形式可以实现数据库上的任何查询,使用非常灵活。为叙述方便,在此先列出后面查询要用到的一些表(见表 7－5～表 7－7)及数据,分别为“学生”表、“课程”表和“学生选课”表。

表 7－5 学　生

学号	姓名	性别	专业	年级	出生日期	籍贯	入学成绩
1161001	陶骏	男	计算机	01	08/09/82	广东大江	406
1161002	陈晴	男	计算机	01	03/05/82	湖北荆洲	424
1161003	马大大	男	计算机	01	02/26/83	广州市	442
1161004	夏小雪	女	计算机	01	12/01/83	江苏无锡	460
1161005	钟大成	女	计算机	01	09/02/83	广东汕头	479
1161006	王晓宁	男	计算机	01	02/09/84	广东汕头	497
1161009	李文静	女	计算机	01	03/04/83	河南洛阳	552
1162004	古月	男	电子	98	03/15/83	江苏南京	424
1162005	高展翔	男	电子	98	05/25/82	广州市	442
1162006	石磊	男	电子	98	12/11/82	北京市	460

（续）

学号	姓名	性别	专业	年级	出生日期	籍贯	入学成绩
1162007	张婉晴	女	电子	98	12/31/83	广州市	479
1163001	王斯雷	男	机电	01	08/19/82	广东佛山	497
1163002	冯雨	男	机电	01	03/15/82	湖北武汉	515
1163003	赵敏生	男	机电	01	02/26/83	湖北武汉	533
1163004	李书会	男	机电	01	12/01/83	江苏无锡	552
1164001	雷鸣	男	土木工程	98	11/11/83	广东清远	533
1164002	李海	男	土木工程	98	11/18/82	湖南长沙	406
1164003	陈静	女	土木工程	98	03/24/83	河南洛阳	424
1164004	王克南	男	土木工程	01	09/25/82	河南洛阳	442

表7-6 课　程

课程 ID	课程名	类型 ID	学　分	类　型
2001	离散数学	1	4	必修
2003	计算机科学导论	1	4	必修
2005	体育	1	2	必修
2006	大学语文	1	2	必修
2008	艺术教育	3	2	任选
2009	生活英语	3	2	任选
2010	哲学	1	3	必修
2015	普通物理	1	4	必修
2017	逻辑学	2	2	指定
2018	C语言程序设计	1	4	必修
2053	孙子兵法	3	2	任选
2055	数学建模	3	2	任选

表7-7 学生选课

学　号	课程 ID	成　绩
1161001	2009	65
1161001	2017	78
1164003	2055	87
1161002	2001	88
1164004	2008	67
1161009	2009	89
1161006	2009	90
1163001	2009	91
1161004	2053	85

（续）

学　号	课程 ID	成　绩
1161003	2006	76
1161001	2053	88
1162005	2053	85
1161003	2001	78

7.3.1　简单查询

SQL 中最简单的查询一般是基于单个表，可以有简单的查询条件。这样的查询可以由 SELECT 和 FROM 子句构成无条件查询，也可以由 SELECT、FROM 及 WHERE 子句构成条件查询。

【例 7－25】列出全部学生的信息。

```
SELECT * FROM 学生
```

SELECT 子句指出要选择的列名称，“＊”表示选择表的全部列，FROM 子句指出表的名称。

【例 7－26】列出计算机专业学生的学号和姓名。

```
SELECT 学号,姓名 FROM 学生 WHERE 专业 = "计算机"
```

使用 WHERE 子句作为查询的限制条件，只选择出满足条件的那些行中的相应数据。查询结果如图7－4所示。

【例 7－27】在“学生选课”表中列出所有选课的学生学号。

```
SELECT DISTINCT 学号 FROM 学生选课
```

“学生选课”表中存储着选课学生的学号，有些学生同时选了几门课，如果直接用 SELECT 选取就会出现重复记录。因此，加 DISTINCT 可去掉重复行。查询结果如图 7－5 所示。

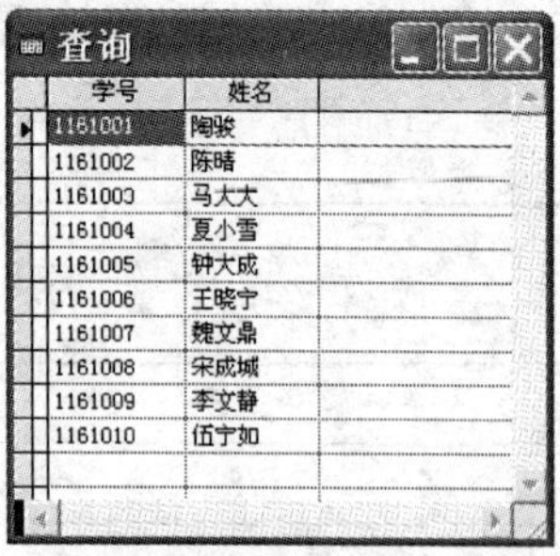

图 7－4　例 7－26 查询结果

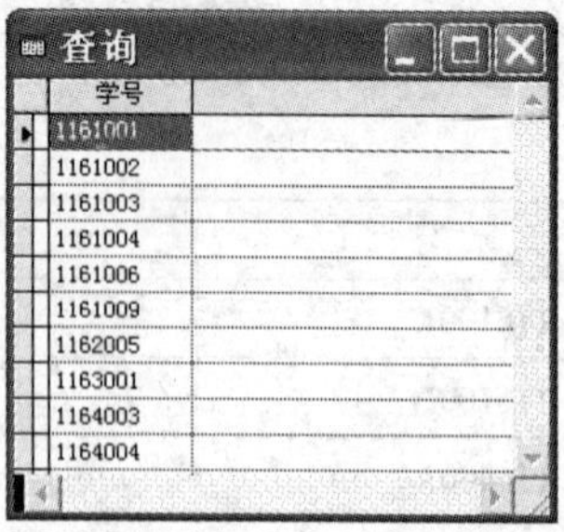

图 7－5　例 7－27 查询结果

【例 7－28】根据“学生”表查询所有入学成绩大于 500 分的女生的姓名、性别、专业和入学成绩，并按入学成绩升序排列记录。

```
SELECT 学号,性别,专业,入学成绩 FROM 学生;
WHERE 性别 = "女" AND 入学成绩 > 500;
```

```
ORDER BY 入学成绩 ASC
```

ORDER BY 子句中的 ASC 是用来指明显示结果的顺序,在此处可以不加,因为 ORDER BY 默认为升序排序。此外,多个查询条件可以用逻辑运算符 AND、OR 或 NOT 连接。查询结果如图 7-6 所示。

查询

学号	性别	专业	入学成绩
1164003	女	土木工程	533
1161009	女	计算机	552

图 7-6　例 7-28 查询结果

【例 7-29】在“学生”表中列出非计算机专业学生的学号、姓名及专业。

```
SELECT 学号,姓名,专业 FROM 学生;
WHERE 专业 < > "计算机"
```

或

```
SELECT 学号,姓名,专业 FROM 学生;
WHERE 专业 ! = "计算机"
```

或

```
SELECT 学号,姓名,专业 FROM 学生;
WHERE NOT(专业 = "计算机")
```

查询结果如图 7-7 所示。从此例可以看出,条件有时可以是不同的形式,只有熟练掌握,才能做到得心应手。

查询

学号	姓名	专业
1162004	古月	电子
1162005	高展翔	电子
1162006	石磊	电子
1162007	张婉晴	电子
1163001	王斯雷	机电
1163002	冯雨	机电
1163003	赵敏生	机电
1163004	李书会	机电
1164001	雷鸣	土木工程
1164002	李海	土木工程
1164003	陈静	土木工程
1164004	王克南	土木工程

图 7-7　例 7-29 查询结果

SELECT-SQL 语句的查询方式很丰富,在 WHERE 子句中可以用关系运算符、逻辑运算符及特殊运算符构成较复杂的条件表达式。上面几例中,已经叙述了如何用关系运算符和逻辑运算符构成条件表达式,下面介绍特殊运算符构成条件表达式。

特殊运算符包括 BETWEEN…AND…、IN、IS NULL 和 LIKE。

(1) BETWEEN…AND…运算符

在查找中,如果要求某列的数据在某个区间内,可以使用该运算符。

【例 7-30】查找成绩在 80 分~90 分(包括 80 和 90)之间的学生选课情况。

```
SELECT * FROM 学生选课 WHERE 成绩 BETWEEN 80 AND 90
```

它等价于:

```
SELECT * FROM 学生选课 WHERE 成绩 > = 80 AND 成绩 < =90
```

执行上述命令后,查询结果如图 7-8 所示。

若要查找成绩不在 80 分~90 分之间的学生选课情况,则 SELECT 语句为

```
SELECT * FROM 学生选课 WHERE 成绩 NOT
BETWEEN 80 AND 90
```

查询

学号	课程id	成绩
1164003	2055	87
1161002	2001	88
1161009	2009	89
1161006	2009	90
1161004	2053	85
1161001	2053	88
1162005	2053	85

图 7-8　例 7-30 查询结果

(2) IN 运算符

在查找中,经常会遇到要求表的列值是某几个值中的一个。此时,用 IN 运算符。

【例 7-31】列出选修了课程号为"2001"和"2053"的学生的学号和成绩。

```
SELECT 学号,成绩 FROM 学生选课 ;
WHERE 课程 ID IN("2001","2053")
```

它等价于:

```
SELECT 学号,成绩 FROM 学生选课 ;
WHERE 课程 ID ="2001" OR 课程 ID ="2053"
```

执行上述命令后,查询结果如图 7-9 所示。

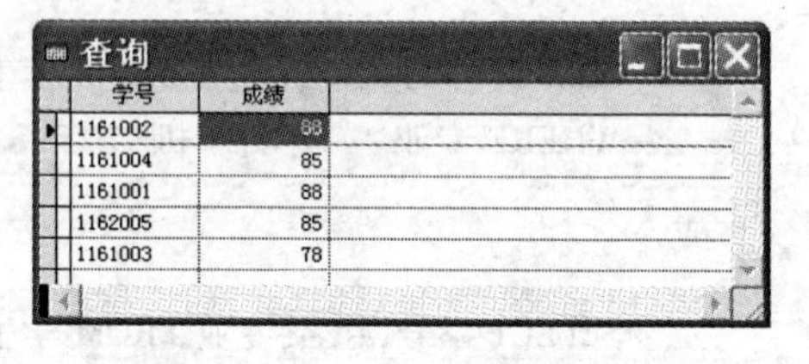

学号	成绩
1161002	88
1161004	85
1161001	88
1162005	85
1161003	78

图 7-9　例 7-31 查询结果

也可以用 NOT IN 来表示与 IN 相反的含义。

(3) IS NULL 运算符

IS NULL 的功能是测试属性值是否为空值。在查询时用"列名 IS [NOT] NULL"的形式,不能写成"列名 = NULL"或"列名 ! = NULL"。

【例 7-32】先将学号为"1161009",课程号为"2009"的课程成绩置为 NULL,然后查找成绩为空的学生的学号和课程号。

```
UPDATE 学生选课 SET 成绩 = NULL ;
WHERE 学号 ="1161009" AND 课程 ID ="2009"
SELECT 学号,课程 ID FROM 学生选课 WHERE 成绩 IS NULL
```

注意, WHERE 不要写成"WHERE 成绩 = NULL"。查询结果如图 7-10 所示。

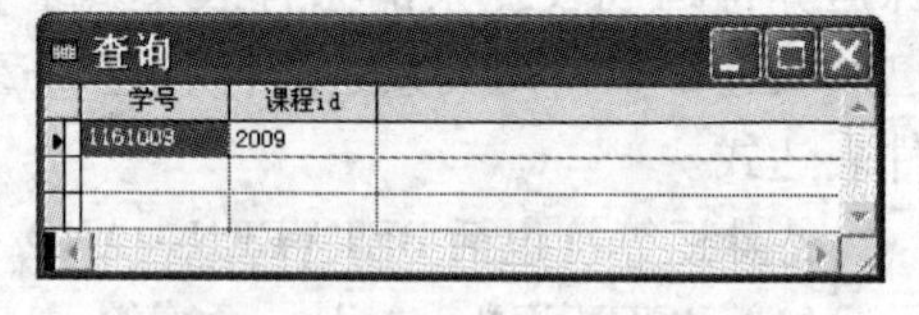

学号	课程id
1161009	2009

图 7-10　例 7-32 查询结果

(4) LIKE 运算符

在查找中,LIKE 运算符专门对字符型数据进行字符串比较。LIKE 运算符提供两种字符串匹配方式,一种是使用下画线符号"_"匹配任意一个字符,另一种是使用百分号"%"匹配 0 个或多个字符的字符串。比如,如果"王%"表示人名,则匹配的人名可以是"王五",也可以是"王二小"等;但如果"李_"表示人名,则匹配的人名加上姓也只能为两个字,如"李四",绝不能为"李小四",因为"_"只能代表一个字符。

【例 7-33】从"学生"表中查找姓名中第 2 个字是"文"的学生。

```
SELECT * FROM 学生 WHERE 姓名 LIKE'_文%'
```

【例 7-34】从"学生"表中查找姓"李"的学生。

若语句为

```
SELECT * FROM 学生 WHERE 姓名 LIKE "李%"
```

则查询结果如图 7-11 所示。

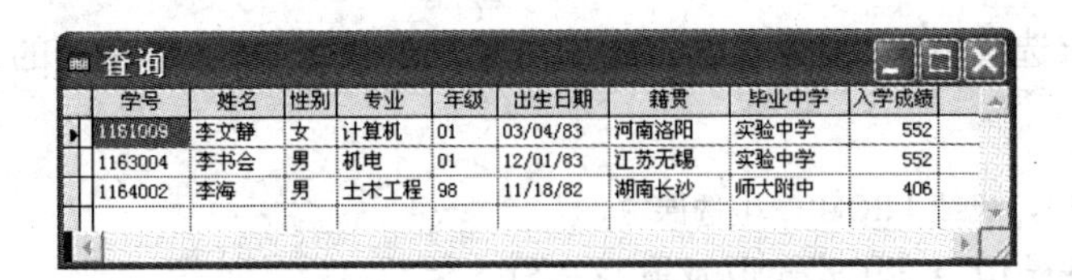

学号	姓名	性别	专业	年级	出生日期	籍贯	毕业中学	入学成绩
1161009	李文静	女	计算机	01	03/04/83	河南洛阳	实验中学	552
1163004	李书会	男	机电	01	12/01/83	江苏无锡	实验中学	552
1164002	李海	男	土木工程	98	11/18/82	湖南长沙	师大附中	406

图 7－11　例 7－34 查询结果 a

若语句为：

```
SELECT * FROM 学生 WHERE 姓名 LIKE "李_"
```

则查询结果如图 7－12 所示。

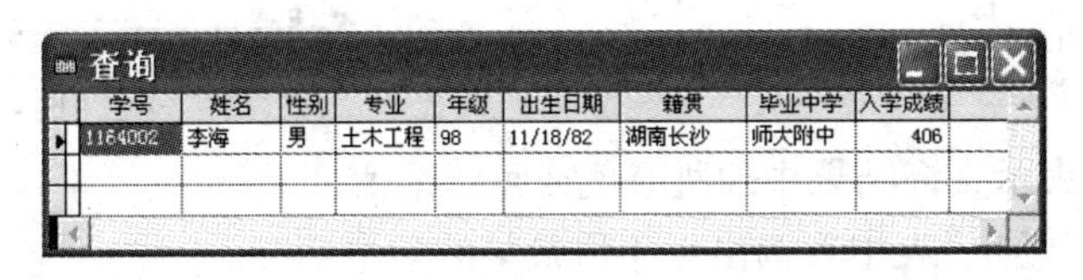

学号	姓名	性别	专业	年级	出生日期	籍贯	毕业中学	入学成绩
1164002	李海	男	土木工程	98	11/18/82	湖南长沙	师大附中	406

图 7－12　例 7－34 查询结果 b

依本题题意，查询条件应为 WHERE 姓名 LIKE "李%"。与前面类似，也可以使用 NOT LIKE 表示与 LIKE 相反的含义。

7.3.2　嵌套查询

在一个 SELECT 语句的 WHERE 子句中，如果还出现另一个 SELECT 命令，则这种查询被称为嵌套查询。一般把仅嵌入一层子查询的 SELECT 语句称为单层嵌套查询，把嵌入子查询多于一层的查询称为多层嵌套查询。VFP 只支持单层嵌套查询。

1. 返回单值的子查询

返回单值的子查询，即为子查询的结果只返回一个值。比如，查询学号为“1161001”的同学的性别，就只有一个值；再比如，查询课程号为“2053”的课程平均成绩，也只有一个值。

【例 7－35】列出选修了生活英语的所有学生的学号。

```
SELECT 学号 FROM 学生选课 WHERE 课程 ID = ;
    (SELECT 课程 ID FROM 课程 WHERE 课程名
= "生活英语")
```

由于生活英语的“课程 ID”只有一个，可以从“课程”表中查询到，有了“课程 ID”就可以在“学生选课”表中查询到哪些学号选修了这门课。查询结果如图 7－13所示。

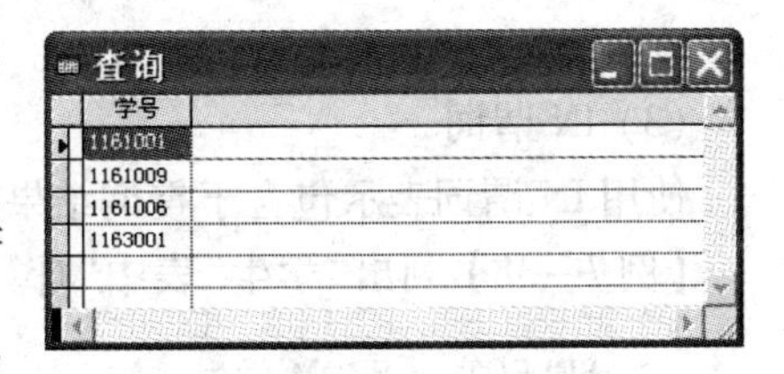

学号
1161001
1161009
1161006
1163001

图 7－13　例 7－35 查询结果

2. 返回一组值的子查询

如果某个子查询的返回值不只一个，则必须指明在 WHERE 子句中应怎样使用这些返回值。通常使用谓词 ANY、ALL 和 IN。

（1）ANY 谓词

使用 ANY 谓词表示查询结果中的任意一个值。

【例 7－36】求选修 2009 号课程的学生中成绩比选修了 2053 号课程的最低成绩要高的学生的学号和成绩。

```
SELECT 学号,成绩 FROM 学生选课 ;
WHERE 课程 ID = "2009" AND 成绩 > ANY ;
        (SELECT 成绩 FROM 学生选课 WHERE 课程 ID = "2053")
```

首先,该查询必须要找出选修了 2053 号课程的学生的成绩(85,88,85),然后找出选修了 2009 号课程的学生成绩中只要高于前面任意一个成绩的那些记录,也就是只要高于某一个就行了,不是高于每一个。查询结果如图 7－14 所示。

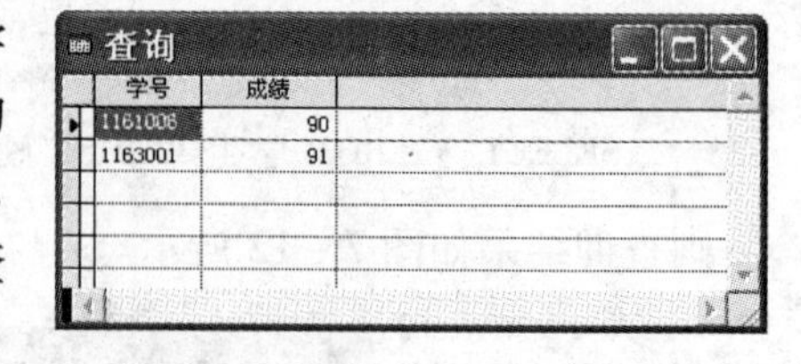

查询

学号	成绩
1161006	90
1163001	91

图 7－14　例 7－36 查询结果

(2) ALL 谓词

使用 ALL 谓词表示查询结果中的所有值或每一个值。

【例 7－37】在“学生”表中查询出生年份最早的学生情况。

```
SELECT * FROM 学生;
WHERE YEAR(出生日期) <= ALL(SELECT YEAR(出生日期) FROM 学生)
```

出生年份最早的学生一定比其他年份出生的学生都要小,所以该查询先找出所有学生的出生年份,YEAR()是一个取年份的库函数。然后在全部记录中找出生年份小于等于前面所有年份的记录。

执行上述命令后,查询结果如图 7－15 所示。

查询

学号	姓名	性别	专业	年级	出生日期	籍贯	毕业中学	入学成绩
1161001	陶骏	男	计算机	01	08/09/82	广东大江	实验中学	406
1161002	陈晴	男	计算机	01	03/05/82	湖北荆州	沙市六中	424
1162005	高展翔	男	电子	98	05/25/82	广州市	华南师大附中	442
1162006	石磊	男	电子	98	12/11/82	北京市	101中学	460
1163001	王斯雷	男	机电	01	08/19/82	广东佛山	实验中学	497
1163002	冯雨	男	机电	01	03/15/82	湖北武汉	市六中	515
1164002	李海	男	土木工程	98	11/18/82	湖南长沙	师大附中	406
1164004	王克南	男	土木工程	01	09/25/82	河南洛阳	实验中学	442

图 7－15　例 7－37 查询结果

(3) IN 谓词

使用 IN 谓词表示包含于查询结果中。IN 谓词前面已有介绍,这里再举一例。

【例 7－38】列出“学生”表中“计算机”专业未选课的学生。

```
SELECT * FROM 学生;
WHERE 专业 ="计算机" and 学号 NOT IN ;
    (SELECT 学号 FROM 学生选课)
```

首先,该查询找出所有选课的学生的学号,然后在“学生”表中找“计算机”专业的学生学号不在前面求出的学号集合中的记录。查询结果如图 7－16 所示。

查询

学号	姓名	性别	专业	年级	出生日期	籍贯	毕业中学	入学成绩
1161005	钟大成	女	计算机	01	09/02/83	广东汕头	金山中学	479

图 7－16　例 7－38 查询结果

7.3.3　连接查询

连接是关系的基本操作之一,连接查询是一种基于多个关系的查询。VFP 的 SELECT－SQL 语句支持多表之间的连接查询。

1. 简单连接查询

【例 7－39】列出选修了“2001”号课程的学生姓名及成绩。

```
SELECT 姓名,成绩 FROM 学生,学生选课;
WHERE 学生.学号 = 学生选课.学号 AND 课程 ID = "2001"
```

“姓名”和“成绩”两个字段不在一张表中,所以这样的查询是基于两个表的,其中“学生.学号 = 学生选课.学号”是这两张表的连接条件。

由于学号在两张表中出现,所以为了防止二义性,在其列名前加上表名作为前缀,以示区别。如果列名唯一,则不必加。

在列名前加前缀可以防止二义性,但输入时很麻烦,所以为了简化,可以在 FROM 子句中定义临时标记,在查询的其他部分可以使用这些临时标记,这种临时标记称为“别名”。

所以本例也可通过如下命令实现:

```
SELECT 姓名,成绩 FROM 学生 S,学生选课 SC;
WHERE S.学号 = SC.学号 AND 课程 ID = "2001"
```

查询

姓名	成绩
陈晴	88
马大大	78

图 7－17　例 7－39 查询结果

查询结果如图 7－17 所示。

2. 超连接查询

超连接查询也是一种将多表进行连接的查询,与前面所述查询相比 FROM 子句形式上有所不同。其格式:

```
FROM 表名1 INNER | LEFT | RIGHT | FULL JOIN 表名2 ON 连接条件
```

说明:

1) INNER JOIN 等价于 JOIN,为普通连接,也称内部连接。

2) LEFT JOIN 为左连接,RIGHT JOIN 为右连接,FULL JOIN 为全连接,由于这几种连接不太常用,所以本书只介绍内部连接。

3) ON 连接条件:用来指定连接条件。由于此子句已经给出连接条件,所以不再在 WHERE 子句中给出。

【例 7－40】列出“马大大”同学所选修的课程 ID 和成绩。

```
SELECT 课程 ID,成绩 ;
FROM 学生 S JOIN 学生选课 SC ON S.学号 = SC.学号 ;
WHERE S.姓名 = "马大大"
```

它等价于：

```
SELECT 课程ID,成绩 ;
FROM 学生 S,学生选课 SC ;
WHERE S. 姓名 = "马大大" AND S. 学号 = SC. 学号
```

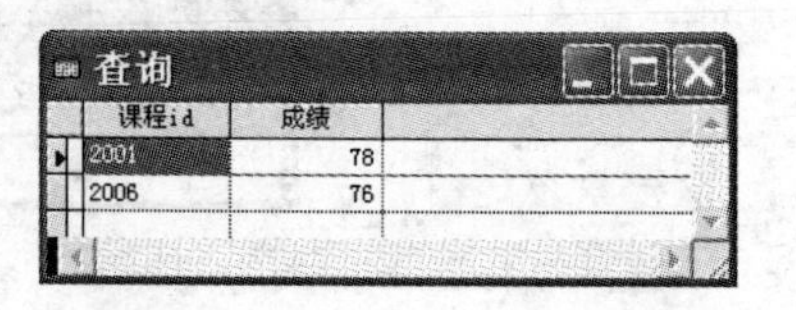
查询

课程id	成绩
2001	78
2006	76

图 7 - 18　例 7 - 40 查询结果

查询结果如图 7 - 18 所示。

【例 7 - 41】根据“学生”、“课程”和“学生选课”表，查询选修成绩不低于 85 分的学生的学号、姓名、所选课程的课程名、成绩，并按成绩降序排列记录。

```
SELECT b. 学号,姓名,课程名,成绩;
FROM 课程 a INNER JOIN 学生选课 b ON a. 课程 ID = b. 课程 ID ;
                INNER JOIN 学生 c ON b. 学号 = c. 学号 ;
WHERE 成绩 > = 85;
ORDER BY 成绩 DESC
```

JOIN 可以进行多个表的连接。JOIN 连接格式在连接多个表时，其中 JOIN 的顺序和 ON 的顺序是很重要的，特别要注意 JOIN 的顺序和 ON 的顺序(相应的连接条件)正好相反。此例也可以如下实现(注意书写顺序，先为后连接的表指定连接条件)：

```
SELECT b. 学号,姓名,课程名,成绩 ;
FROM 课程 a JOIN 学生选课 b JOIN 学生 c ;
          ON b. 学号 = c. 学号 ON a. 课程 ID = b. 课程
ID ;
WHERE 成绩 > = 85 ;
ORDER BY 成绩 desc
```

查询

学号	姓名	课程名	成绩
1163001	王斯雷	生活英语	91
1161006	王晓宁	生活英语	90
1161002	陈晴	离散数学	88
1161001	陶骏	孙子兵法	88
1164003	陈静	数学建模	87
1161004	夏小雪	孙子兵法	85
1162005	高展翔	孙子兵法	85

图 7 - 19　例 7 - 41 查询结果

查询结果如图 7 - 19 所示。

7.3.4　分组及使用库函数查询

SELECT-SQL 支持多种库函数，可以通过库函数对满足条件的记录进行最大值、最小值、平均值、总和或计数等运算。其常用库函数有以下 5 种。

- MIN()：求(字符、日期、数值等)最小值。
- MAX()：求(字符、日期、数值等)最大值。
- COUNT()：计算所选数据的行数。
- SUM()：计算数值列的总和。
- AVG()：计算数值列的平均值。

这些库函数一般是从一组值中计算出一个汇总信息。

SELECT-SQL 用 GROUP BY 子句来定义或划分字段的值成为多个组，它能控制和影响查询的结果。可以用上述的库函数来对分组后的数据进行各种运算。

【例 7 - 42】列出各门课的平均成绩、最高成绩、最低成绩及选课人数。

```
SELECT 课程 ID,AVG(成绩) AS 平均分,MAX(成绩) AS 最高分,;
    MIN(成绩) AS 最低分,COUNT(学号) AS 人数;
FROM 学生选课;
```

```
GROUP BY 课程 ID
```

查询结果如图 7－20 所示。

课程id	平均分	最高分	最低分	人数
2001	83	88	78	2
2006	76	76	76	1
2008	67	67	67	1
2009	82	91	65	4
2017	78	78	78	1
2053	86	88	85	3
2055	87	87	87	1

图 7－20　例 7－42 查询结果

【例 7－43】查询计算机专业的学生人数。

```
SELECT COUNT( * ) FROM 学生 WHERE 专业 = "计算机"
```

COUNT 的特殊形式是 COUNT (*)，统计满足 WHERE 子句中逻辑表达式的记录的行数。查询结果为 7。

【例 7－44】列出至少选修了两门课程的学生的学号。

```
SELECT 学号 FROM 学生选课 GROUP BY 学号 HAVING COUNT( * ) > =2
```

查询结果如图 7－21 所示。

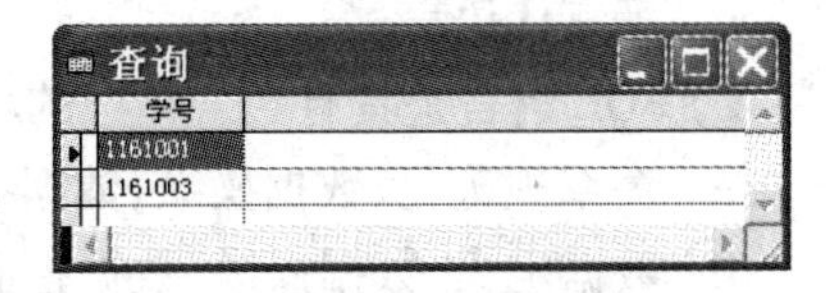

学号
1161001
1161003

图 7－21　例 7－44 查询结果

要特别注意 HAVING 子句和 WHERE 子句的区别。WHERE 子句是用来指定表中各行所应满足的条件，而 HAVING 子句是用来指定每一分组所应满足的条件，只有满足 HAVING 条件的那些组才能在结果中被显示。

此例中，先在“学生选课”表中按学号进行分组，然后，对每个分组检测其元组个数是否大于等于 2，如果满足条件，则显示其学号；否则，不显示。

【例 7－45】列出总分大于等于 150 的学生的学号、姓名及总成绩。

```
SELECT S. 学号,姓名,SUM(成绩) AS 总成绩;
FROM 学生 S JOIN 学生选课 SC ON S. 学号 = SC. 学号;
GROUP BY S. 学号 HAVING SUM(成绩) > = 150
```

查询结果如图 7－22 所示。

学号	姓名	总成绩
1161001	陶骏	231
1161003	马大大	154

图 7－22　例 7－45 查询结果

7.3.5　查询结果的合并

VFP 的 SELECT-SQL 语句中支持查询的并（UNION）运算，即可以将两个 SELECT 语句的查询结果通过并运算合并一个查询结果。但为了进行并运算，要求这样的两个查询结果具有相同的字段个数，并且对应字段的值要出自同一个值域，即具有相同的数据类型和取值范围。除非 UNION 后带有 ALL，否则合并结果将不会有重复的记录。

【例 7－46】列出单科成绩最高和最低的学生的选课情况。

```
SELECT * FROM 学生选课 WHERE 成绩 = (SELECT MAX(成绩) ;
FROM 学生选课);
UNION;
SELECT * FROM 学生选课 WHERE 成绩 = (SELECT MIN(成绩) ;
FROM 学生选课)
```

查询结果如图 7－23 所示。

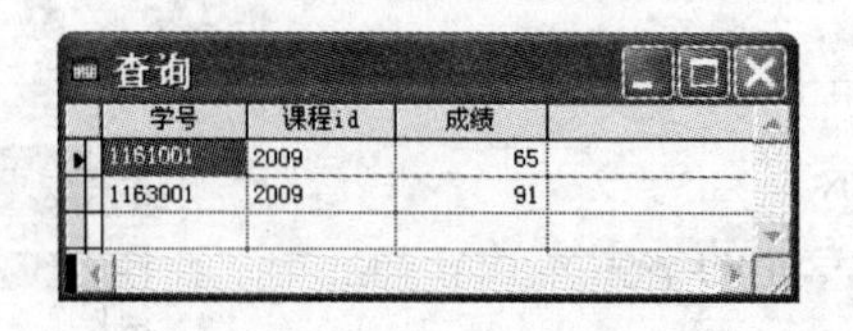

学号	课程id	成绩
1161001	2009	65
1163001	2009	91

图 7-23　例 7-46 查询结果

习　题　七

1. 选择题

1）SQL 语言是________。

A. 高级语言　　　　B. 结构化查询语言

C. 第三代语言　　　　D. 宿主语言

2）SQL 语言是具有________的功能。

A. 关系规范化、数据操纵、数据控制

B. 数据定义、数据操纵、数据控制

C. 数据定义、关系规范化、数据控制

D. 数据定义、关系规范化、数据操纵

3）在 SQL 查询时，使用 WHERE 子句指出的是________。

A. 查询目标　　　　B. 查询结果

C. 查询条件　　　　D. 查询视图

4）HAVING 子句不能单独使用，必须跟在________子句后。

A. ORDER BY　　　　B. FROM

C. WHERE　　　　D. GROUP BY

5）要显示查询结果中列在最前面的 5 条记录，则应在 SELECT 子句中添加________。

A. TOP 5　　　　B. RECORD 5

C. SKIP 5　　　　D. NEXT 5

6）假设学生表中有一字段为总成绩(数值型)。现要查看总成绩在 500 ~ 600 之间的学生信息，正确的 SELECT-SQL 命令是________。

A. SELECT * FROM 学生 WHERE 总成绩 >500 AND 总成绩 <600

B. SELECT * FROM 学生 WHERE NOT(总成绩 <500 OR 总成绩 >600)

C. SELECT * FROM 学生 WHERE BETWEEN(总成绩,500,600)

D. SELECT * FROM 学生 WHERE 总成绩 BETWEEN(500,600)

7）在 SQL 语句中用于分组的短语是________。

A. MODIFY　　　B. ORDER BY　　　C. GROUP BY　　　D. SUM

8）在“学生”表中求男生、女生平均入学成绩的 SQL 语句是________。

A. SELECT 性别, AVG（入学成绩）FROM 学生 GROUP BY 入学成绩

B. SELECT 性别, AVG（入学成绩）FROM 学生 ORDER BY 入学成绩

C. SELECT 性别, AVG（入学成绩）FROM 学生 GROUP BY 性别

D. SELECT 性别, AVG（入学成绩）FROM 学生 ORDER BY 性别

9）假设“图书”表中有字符型字段“图书号”。要求用 SQL DELETE 命令将图书号以字母 A 开头的图书记录全部打上删除标记，正确的命令是________。

A. DELETE FROM 图书 WHERE 图书号 LIKE "A?"

B. DELETE FROM 图书 WHERE 图书号 LIKE "A_"

C. DELETE FROM 图书 WHERE 图书号 = "A*"

D. DELETE FROM 图书 WHERE 图书号 LIKE "A%"

10）要使"产品"表中所有产品的单价上浮 8%，正确的 SQL 命令是________。

A. UPDATE 产品 SET 单价 = 单价 + 单价 * 8% FOR ALL

B. UPDATE 产品 SET 单价 = 单价 * 1.08 FOR ALL

C. UPDATE 产品 SET 单价 = 单价 + 单价 * 8%

D. UPDATE 产品 SET 单价 = 单价 * 1.08

2. 思考题

1）SQL 语言有哪些特点？

2）SQL 语言的主要功能有哪些？

3）如何用 SQL 语言进行多表查询？

第 8 章　Visual FoxPro 的程序设计技术

学习 VFP 程序设计的目的就是要使用它的命令来组织和处理数据,完成一些具体任务。在前面几章中,仅仅依靠一条命令来完成某项任务,有时候显得有些不足,有些任务需要执行一组命令来完成。如果依旧采用命令窗口输入命令的方式进行,不仅非常麻烦,而且容易出错。特别是当任务需要反复执行或者包含的命令很多时,采用这种逐条输入命令的方式几乎是不可行,这时使用程序将非常方便。

8.1　程序设计概述

程序是为了完成某项任务所需执行的命令序列,这些命令按照一定的结构有机地组合在一起,并以文件的形式存储在磁盘上,它的扩展名为 . prg。当程序执行时,按照其文件说明由磁盘调入内存,从第一条命令开始连续执行,直至完毕。其命令序列在执行过程中,一般不需要人为干预。与在命令窗口中逐条输入命令相比,采用程序方式可以利用编辑器方便地输入、修改及保存程序,可以用多种方式、多次运行程序,可以在一个程序中调用另一个程序。

VFP 应用程序一般由以下几个部分组成。

- 程序提示:一般多为一组注释语句,用以指出程序的名称、功能和作者等信息。
- 程序设置:此部分在前言以后,用以设置程序的运行环境。例如,用 SET 命令设置程序运行时的系统状态和参量初值。
- 程序主体:这一部分包含实现某项功能的所有命令序列,一般包含数据的输入输出、数据的处理及结果输出等有关命令。
- 程序整理:每个程序在完成其预定任务后,都需要进行一些整理工作,如关闭各种文件,使系统状态恢复到标准状态等。
- 程序退出:程序整理完成后,可以设置有关命令关闭文件,返回到系统的命令窗口状态或操作系统状态。

一个大型的程序设计的基本步骤可以描述为以下几点:

1）对问题进行说明。

2）对问题进行分解。

3）编制各个分支模块。

4）测试及完善各个分支模块。

5）组装全部模块。

6）整体程序的测试。

在利用程序解决问题前,必须对问题做清晰的描述,否则在随后的设计过程中会不断地进行修改,或需要大幅改动已设计好的代码,从而浪费人力物力而得不到满意的结果。

在分析问题过程中,将问题进行分解,分解成几个可以单独处理的步骤,不必试图一步解决问题。在程序设计过程中,注意不断地调试和测试已经编好的代码;否则,等程序编好以后,错误百出，不知从哪里改起。

此外，要提炼数据和数据存储的方式，便于程序对其进行处理。

8.2 程序文件的建立和执行

程序文件以一个文件的形式将多个命令或函数有机地组合在一起运行，下面就介绍程序文件的建立和执行的方法。

8.2.1 程序文件的建立与修改

1. 程序文件的建立

(1) 菜单方式

利用菜单建立程序的操作步骤如下：

1) 选择"文件"→"新建"命令，将弹出"新建"对话框。

2) 在"新建"对话框中选择"程序"，单击"新建文件"按钮，将打开"程序"编辑窗口，如图8-1所示。

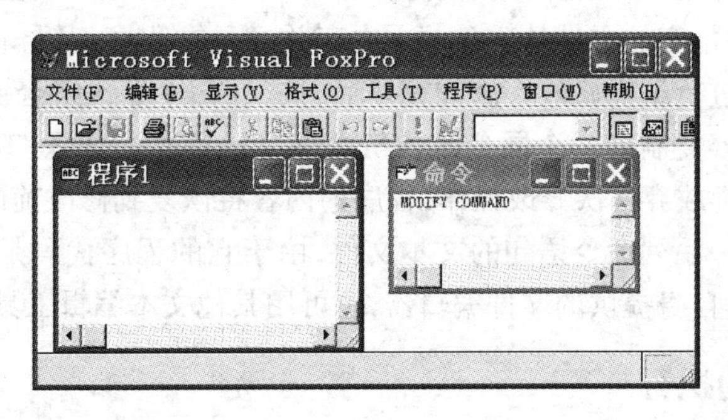

图8-1 新建程序文件

3) 在"程序"编辑窗口中，可以输入并编辑程序内容。输入完毕后，选择"文件"→"保存"命令，或按<Ctrl+S>组合键，选择程序文件的保存位置，并在"文件名"文本框中输入要保存的程序名，单击"保存"按钮，关闭并退出窗口。

(2) 命令方式

格式：MODIFY COMMAND <程序文件名>

功能：启动VFP提供的文本编辑器来建立或者编辑源程序文件。文件的默认扩展名为.prg。

【例8-1】建立名称为8-1.prg的应用程序，使其能够打开表文件"学生.dbf"，并且显示出记录数，最后关闭表文件。在命令窗口中键入如下命令：

```
MODIFY COMMAND 8-1
```

在打开的程序编辑窗口中输入以下代码：

```
SET TALK OFF          && 关闭会话状态，在第8.1.3节有详细介绍
USE 学生
? RECCOUNT()
```

```
USE
SET TALK ON              && 打开会话状态
RETURN
```

输入完毕后单击“关闭”按钮，在弹出的“保存”对话框中输入“8－1.prg”，即完成了应用程序的建立。

2. 程序文件的修改

(1) 菜单方式

使用菜单方式修改应用程序的操作步骤如下：

1) 选择“文件”→“打开”命令，或单击常用工具栏中的按钮，弹出“打开”对话框。

2) 在“打开”对话框中，选定程序所在的文件夹及文件名，单击“确定”按钮，需要修改的应用程序便出现在编辑窗口中。

3) 在编辑窗口中对应用程序进行编辑或修改后，选择“文件”→“保存”命令，或按<Ctrl＋S>组合键，保存修改后的程序。

(2) 命令方式

命令格式与建立应用程序的命令相同，即 MODIFY COMMAND <程序名>。

执行本命令后，将指定的文件从磁盘调入内存并显示在程序编辑窗口中。用户可以用全屏幕编辑方式对程序进行编辑修改。修改完毕后，按<Ctrl＋W>组合键退出。同时，系统自动把修改前的程序内容复制到一个同名的备份文件(.bak)中。若不打算把修改后的内容重新存盘，可按<Esc>键放弃本次修改操作，程序的内容将恢复到修改前的状态。

VFP 程序是包含一系列命令语句的文本文件，由于它的程序代码是一种标准的 ASCII 码文件，因而不仅可用其自身提供的文件编辑器，也可用其他文本编辑工具来建立和修改。

8.2.2 程序文件的执行

1. 菜单方式

当要运行的程序文件没有打开时，运行程序的操作步骤如下：

1) 选择“程序”→“运行”命令，将打开“运行”对话框。

2) 在打开的“运行”对话框中选择要运行的程序文件。

3) 单击执行窗口中的“运行”按钮，即可执行该应用程序。

如果要运行的程序已经打开，可以选择“程序”→“执行…”命令运行程序，其中“…”为当前打开的程序文件名。也可以直接单击常用工具栏上的“!”按钮运行程序。

2. 命令方式

格式：DO <程序文件>

功能：将指定程序文件调入内存并运行。

说明：程序文件的默认扩展名为.prg。该命令既可以在命令窗口中发出，也可以在程序文件中出现，这就使一个程序在执行的过程中还可以调用另一个程序。

在程序运行过程中，用户若按<Esc>键可强行中断运行中的程序。此时，系统将给予用户 4 种选择，如图 8－2 所示。它们分别是

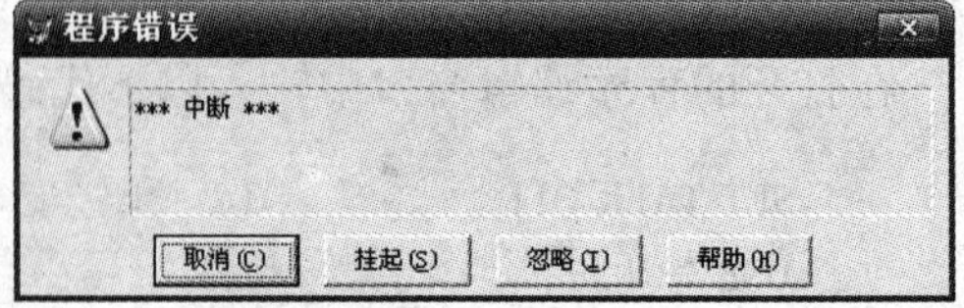

图 8－2 中断程序

● 取消:中断程序的运行,这是默认选项。
● 忽略:忽略 Esc 的中断作用,继续执行程序。
● 挂起:暂时中断程序的运行,返回命令窗口,当再次运行时可以从中断处继续运行程序。
● 帮助:打开 VFP 的帮助文件。

8.2.3 程序的常用命令

1. 交互输入命令

(1) ACCEPT 命令

格式:ACCEPT [<字符表达式>] TO <内存变量>

功能:暂停程序的运行,等待用户键入字符型常量以赋给指定的内存变量。

说明:<字符表达式>为可选项,它是一个用于提示说明的字符型表达式。当程序执行到可选项时,将会计算该表达式的值并将其显示出来。如果不输入任何字符而只按<Enter>键,则赋给内存变量的值将是一个空字符串。该命令最多能接收254个字符。

【例8-2】从键盘输入表文件名。

```
ACCEPT "请输入数据表文件名:" TO FILEN
USE &FILEN        && 宏替换符,把代码"&FILEN"替换为变量 FILEN 的内容
    LIST
```

上述程序执行时,屏幕上显示"请输入数据表文件名:",当用户输入表文件名(如"A班学生信息")时,程序将继续执行并打开"A班学生信息"表,以列表的形式显示表文件的全部记录及字段内容。程序运行结果如下:

请输入数据表文件名:A班学生信息

记录号	学号	姓名	性别	出生日期	籍贯
1	1161001	陶骏	男	08/09/82	广东大江
2	1161002	陈晴	男	03/05/82	湖北荆洲
3	1161003	马大大	男	04/02/83	广州市
4	1161004	夏小雪	女	12/01/83	江苏无锡
5	1161005	钟大成	女	09/02/83	广东汕头
6	1161006	王晓宁	男	02/09/84	广东汕头
7	1161007	魏文鼎	男	11/09/83	广东清远
8	1161008	宋成城	男	07/08/82	湖南长沙
9	1161011	张小四	男	05/21/83	安徽安庆
10	1161010	伍宁如	女	09/05/82	河北石家庄
11	1161009	李文静	女	03/04/83	河南开封

(2) WAIT 命令

格式:WAIT [<字符表达式>] [TO <内存变量>] [WINDOW [AT 行,列]]
[NOWAIT] [CLEAR|NOCLEAR] [TIMEOUT 数值表达式]

功能:暂停程序执行,等待用户输入单个字符后或单击后继续执行。

说明:

1) <字符表达式>为可选项,其格式、功能和要求与 ACCEPT 命令相同。如果命令中无此项,则系统默认的提示信息是"按任意键继续…"。

2) 若选择了[TO <内存变量>]时,则从键盘输入的字符存入这个内存变量中,其类型为

字符型;如果只是按 <Enter> 键,则只将一个字符存入内存变量。

3）一般情况下,提示信息被显示在 VFP 主窗口或者当前用户的自定义窗口中。如果选择 WINDOW 子句,则在 VFP 主窗口的左上角会出现一个提示信息窗口,有关提示信息便在此窗口中显示。提示窗口可以用 AT 短语指定其在主窗口的位置。

4）如果同时选择 NOWAIT 和 WINDOW 选项,系统将不等待用户按键,直接往下执行。

5）如果选用 NOCLEAR 选项,则不关闭提示窗口,直到用户执行下一条 WAIT WINDOW 命令或者 WAIT CLEAR 命令为止。

6）TIMEOUT 子句用于指定 WAIT 命令等待的时间(s)。一旦超时,系统将不等待用户按键,继续往下执行程序。

WAIT 只需用户按一个键,而不像 INPUT 或 ACCEPT 命令需要用回车键确认输入结束。因此,WAIT 命令的执行速度快,常用于等待用户对某个问题的确认。

【例 8－3】WAIT 命令使用示例。

```
WAIT "请按任意键退出" TO Q WINDOW TIMEOUT 10
```

命令执行后,在主窗口右上角将出现一个提示窗口,如图 8－3 所示。当用户按任意键或者等待超过 10 s 时,提示窗口将关闭,程序将继续执行。

请按任意键退出

图 8－3　WAIT 命令提示窗口

(3) INPUT 命令

格式:INPUT［<字符表达式>］TO <内存变量>］

功能:暂停程序运行,等待输入表达式并将其值赋给指定的内存变量,用户按 <Enter> 键后继续运行程序。

说明:

1）<字符表达式> 为可选项,其格式、功能和要求与 ACCEPT 命令相同。

2）命令中的 <内存变量> 是类型决定于输入数据的类型,但不能为 M 型数据。

3）若输入的是表达式,将先计算出表达式的值,然后把结果赋给 <内存变量>。

4）若输入字符型常量或逻辑型常量时,必须带有定界符。

5）在响应该命令时,若输入了无效表达式或只按〈Enter〉键,系统将会给出“句法错误”的提示信息。

【例 8－4】输入学生姓名,把“A 班学生信息”表中该学生的信息显示出来。

```
SET TALK OFF
USE A 班学生信息
INPUT "请输入要查询的学生姓名:" TO name
LOCATE FOR 姓名 = name
DISPLAY
USE
SET TALK ON
```

上述程序运行时,根据提示输入“马大大”,显示马大大的信息。其结果如下所示:

请输入要查询的学生姓名:"马大大"

记录号	学号	姓名	性别	出生日期	籍贯
3	1161003	马大大	男	04/02/83	广州市

2. 输出命令

(1) 文本输出命令

格式：TEXT

<文本内容>

ENDTEXT

功能:在屏幕或打印机上按原样输出文本的内容。

【例 8 -5】TEXT 的使用示例。

```
TEXT
        学生信息管理系统
    ======================
    1. 查询          2. 修改
    3. 添加          4. 删除
    5. 打印          0. 退出
ENDTEXT
```

上述程序运行结束后,结果如下所示：

```
      学生信息管理系统
  ======================
  1. 查询          2. 修改
  3. 添加          4. 删除
  5. 打印          0. 退出
```

(2) 定位输出命令

格式:@ <行, 列> SAY <表达式 1> [GET <变量> [DEFAULT <表达式 2>]]

…

READ

功能:从指定的行、列坐标位置开始显示 SAY 子句中表达式的值。

说明：

1) 有 GET 时, <表达式 1>起提示作用。

2) GET 子句:用来显示待输入数据的变量值,该变量必须事先定义(即有初值,确定类型与宽度)。

3) DEFAULT 子句:用于给 GET 中的变量赋初值。该值仅在 GET 中的变量没有任何值的时候起作用。

4) …:表示此处可以写入多条@开头的输出语句。

5) 执行 READ 语句时,系统允许用户从键盘上输入新的值,并将其赋给 GET 中的变量。一个 READ 可以配合多个 GET 使用。

【例 8 -6】@…SAY…GET…READ 的使用示例。要求用户输入姓名和基本工资,用户输入后,将结果赋给相应变量。

```
CLEAR
@5,10 SAY "姓名:" GET xm DEFAULT SPACE(6)       && 把用户输入值赋给 xm
@6,10 SAY "基本工资:" GET gz DEFAULT 0          && 把用户输入值赋给 gz
```

READ

执行上述命令后,结果如下所示:

姓名： 张小四
基本工资： 1500

3. 辅助命令

(1) 注释命令

为了提高程序的可读性或帮助读者了解程序的结构,程序设计人员会对某些语句进行一些解释性的说明。这一部分内容不是必须的,但这是程序设计的基本要求。

格式1:NOTE <注释内容>

格式2:* <注释内容>

格式3:…&& <注释内容>

功能:作为一个独立的语句行注明程序的名称、功能或其他备忘标记。

说明:注释命令为非执行语句。系统执行到该语句时,不进行任何相应的操作。如果注释内容的最后一个字符是“;”,则系统将认为下一行内容仍属注释内容。

(2) 设置会话状态命令

格式:SET TALK ON | OFF

功能:该命令决定是否将命令执行的响应信息显示在屏幕上。

通常情况下,为使程序运行时屏幕上不出现大量的中间结果,并且提高运行速度,每个程序的前面一般都要加上 SET TALK OFF。系统默认值为 ON。

(3) 清除命令

格式1:CLEAR

功能:清除当前屏幕上的所有信息,切断 GET 命令与 READ 命令的联系,并将光标置于屏幕的左上角。

格式2:CLEAR ALL

功能:关闭所有文件,释放所有内存变量,将当前工作区置为1号工作区。

格式3:CLEAR MEMORY

功能:释放所有的内存变量。

CLEAR 命令还有许多选项,在此不一一介绍,读者可以参考 VFP 帮助文件。

(4) 结束程序运行命令

有时候一个 VFP 程序有多个程序模块,各模块间按需要进行多级调用。一个程序模块运行结束后可返回到调用它的上级模块中,也可以直接返回到其最上级的主程序模块中,或者返回到系统的交互状态等。因此需要有些命令来指明程序模块运行结束后的去向,命令如下。

- CANCEL:终止程序运行,消除所有的私有变量,返回命令窗口。
- DO:转去执行另一个程序。
- RETURN:结束当前程序的运行,返回到调用它的上级程序;若没有上级程序,就返回命令窗口。
- QUIT:退出 VFP 程序,返回到操作系统。

8.3 程序的基本结构

程序结构是指程序中命令或者语句执行的流程结构。所有的程序都可以由3种基本结构组成,它们分别是顺序结构、选择结构和循环结构。

8.3.1 顺序结构

顺序结构程序也称为直接程序或简单程序。它自始至终严格按照程序中语句的先后顺序逐条执行,是任何一种语言程序中最基本、最普遍的结构形式。

【例8-7】在表文件中查看学号为“1161009”的学生的信息。

```
SET TALK OFF
CLEAR
USE 学生
LOCATE FOR 学号 = "1161009"
DISPLAY
USE
SET TALK ON
```

执行上述命令后,运行结果如下:

记录号	学号	姓名	性别	专业	年级	出生日期	籍贯	毕业中学	入学成绩
7	1161009	李文静	女	计算机	01	03/04/83	河南洛阳	实验中学	552

【例8-8】让用户为“课程”表输入一条记录。

```
SET TALK OFF
CLEAR
USE 课程
?' 录入课程数据'
?' ================
ACCEPT'课程 ID:' TO CID
ACCEPT'课程名:' TO C
ACCEPT'类型 id:' TO TID
ACCEPT'学分:' TO CR
ACCEPT'类型:' TO T
* 把用户输入的数据插入数据库
APPEND BLANK
REPLACE 课程 ID WITH CID,课程名 WITH C,类型 id WITH TID, ;
学分 WITH VAL(CR),类型 WITH T
USE
SET TALK ON
```

程序运行完成后,用户输入数据,在“课程”表末尾添加了一条记录。运行结果如下:

```
录入课程数据
================
课程ID：2021

课程名：线性代数
类型id：2

学分：2

类型：选修
```

执行这个程序时,语句也是按顺序执行的。因此,它也是一个顺序结构程序。

8.3.2 选择结构

在一般情况下,在进行数据处理时需要根据不同的条件采用不同的操作。选择结构程序使程序的走向既可以在一部分区间按照语句排列顺序执行,也可以在一定条件下从一个语句跳跃到另一个语句,从一个段落转移到另一个段落。

选择结构程序是按照一定条件由判断语句或选择语句构成的双重或多重走向的程序。选择结构可分为双重选择和多重选择两种不同的结构形式,分别由 IF 语句和 DO CASE 语句实现。

1. 双重选择结构

双重选择结构是选择结构的基本形式,它通常有一个入口和两个出口,包括以下几种情况。

(1) 简单分支结构

格式:IF <条件表达式>

<语句序列>

ENDIF

功能:首先对<条件表达式>的值进行判断,若其值为真,就顺序地执行<语句序列>;若其值为假,就跳过<语句序列>,执行 ENDIF 语句后面的语句。

其中,<条件表达式>可以是 VFP 中的关系表达式、逻辑表达式或者可产生逻辑值的函数。IF 语句与 ENDIF 语句必须成对使用。

例如,简单分支结构流程如图 8-4 所示。

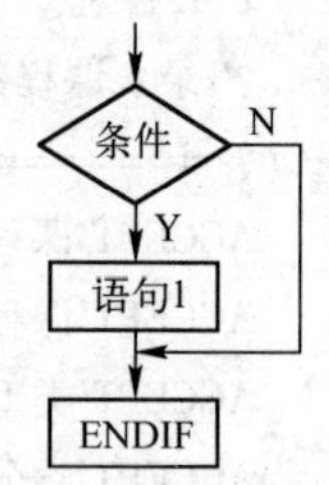

图 8-4 简单分支结构

【例 8-9】询问是否要显示教师信息表,若用户选择“是”,则显示该表。

```
USE 教师信息表
WAIT "是否要显示教师信息表？(Y/N)" TO OP
IF OP $ "Yy"                && 或 IF AT(OP, "Yy") < >0
    BROW
ENDIF
```

上述程序运行时,询问是否要显示教师信息表,若输入“Y”或“y”,则浏览教师信息表。

(2) 选择分支结构

格式:IF <条件表达式>

```
        <语句序列 1>
    ELSE
        <语句序列 2>
    ENDIF
```

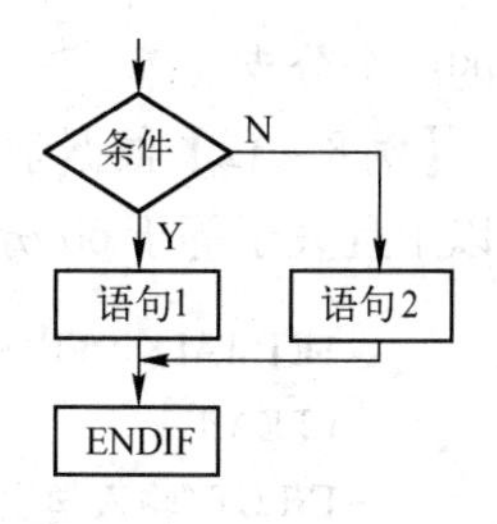

图 8－5 选择分支结构

功能：首先对<条件表达式>的值进行判断，若其为真，就顺序执行<语句序列 1>，然后转去执行 ENDIF 后的语句；否则，就执行<语句序列 2>，然后顺序执行 ENDIF 后续的语句。选择分支结构流程如图 8－5 所示。

【例 8－10】按姓名查找学生，找到则显示该学生信息，否则显示“查无此人！”。

```
CLEAR
USE A 班学生信息
ACCEPT "请输入姓名：" TO XM
LOCATE FOR 姓名 = XM
IF FOUND( )
    DISPLAY
ELSE
    ? "查无此人!"
ENDIF
```

执行上述命令后，运行结果如下：

请输入姓名： 马大大

记录号	学号	姓名	性别	出生日期	籍贯
3	1161003	马大大	男	04/02/83	广州市

或者

请输入姓名： 马晓

查无此人！

【例 8－11】广州向某地寄送特快专递，计费标准为每克 0.04 元，当邮件重量超过 100 克后，超出的重量为每克 0.02 元，请根据邮件重量编写程序计算邮费。

```
CLEAR
INPUT "请输入邮件的重量：" TO weight
IF weight <= 100
    f = weight * 0.04
ELSE
    f = 100 * 0.04 + (weight - 100) * 0.02
ENDIF
? "该邮件邮费：",f
```

输入重量 156 后，程序运行的结果为

```
请输入邮件的重量：156
该邮件邮费：        5.12
```

（3）判断语句嵌套

现实生活中，在解决具体问题时，需要进行判断的条件往往不只一个，要多次进行判断，这就形成了条件判断的嵌套，使程序的结构发生多重走向。这时，就要根据具体条件选择执行其中的一个分支。

【例 8－12】根据学生的成绩判定等级。当分数大于等于 80 分时，输出“优”；分数在 80 分以下且大于等于 60 分时，为“合格”；分数小于 60 分时，为“不合格”。

```
SET TALK OFF
CLEAR
INPUT "输入学生姓名:" TO Sname
INPUT "输入学生性别:" TO Ssex
INPUT "输入学生成绩:" TO Score
IF Score >= 80
    ? Sname," ",Ssex," 优"
ELSE
    IF Score < 80 AND Score >= 60
        ? Sname," ",Ssex," 合格"
    ELSE
        ? Sname," ",Ssex," 不合格"
    ENDIF
ENDIF
SET TALK ON
```

运行上述程序时，输入“陈宁/男/25”后，输出结果如下：

```
输入学生姓名："陈宁"

输入学生性别："男"

输入学生成绩：25

陈宁    男  不合格
```

【例 8－13】输入教师的姓名，判断教师信息。如果教师的年龄小于 50 岁，显示这位老师是青年教师；否则，显示不是青年教师。如果教师信息表中找不到，就显示没有这位老师的信息。

```
SET TALK OFF
CLEAR
INPUT "请输入教师的姓名:" TO TNAME
USE 教师信息表
LOCATE FOR 姓名 = TNAME
IF FOUND()
    IF (YEAR(DATE()) - YEAR(出生日期)) < 50
        ? TNAME,"老师是青年教师"
    ELSE
        ? TNAME,"老师不是青年教师"
    ENDIF
ELSE
    ? "没有这位老师的信息!"
```

```
ENDIF
USE
SET TALK ON
```

上述程序运行时,输入“王方”,运行结果如下:

```
请输入教师的姓名:"王方"
王方 老师不是青年教师
```

上面给出了嵌套选择的两个实例,它们都是二重嵌套,VFP 允许多重嵌套。实际上,嵌套的形式不只一种,VFP 系统允许在程序的任何位置设置条件语句的嵌套。

在使用嵌套时,需要注意以下两点:

- 在每一层嵌套中必须使“IF”与“ENDIF”语句一一对应,互相匹配。
- 为使嵌套层次清晰,便于查询、修改,在编写程序时,建议采用分层缩进书写方式。

2. 多重选择结构

虽然用条件分支语句的嵌套结构可以解决程序中的多重选择问题,但是程序结构显得很复杂,层次较多,有时候容易出错,使用也不太方便。为此,VFP 系统提供了一种专门多重选择结构语句 DO CASE…ENDCASE。

格式:

```
DO CASE
CASE <条件表达式 1>
     <语句序列 1>
CASE <条件表达式 2>
     <语句序列 2>
…
CASE <条件表达式 N>
     <语句序列 N>
[OTHERWISE
     <语句序列 N+1>]
ENDCASE
```

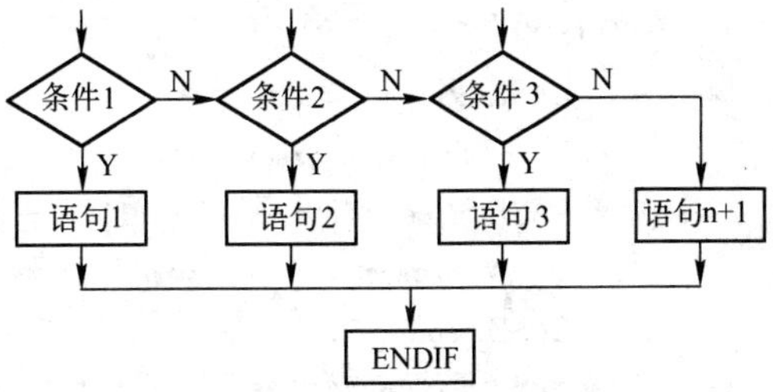

图 8-6 多重选择结构

多重选择结构流程如图 8-6 所示。

功能:语句的各个表达式均为逻辑表达式,系统依次判断每个 CASE 语句中的 <条件表达式>,遇到第一个逻辑值为真的表达式时,则执行该条件下的语句序列,然后其他的语句均被忽略,而转去执行 ENDCASE 语句后面的语句。

若所有的 CASE 语句的条件表达式的值均为假时,在有可选项 OTHERWISE 语句的情况下,则先执行 OTHERWISE 语句下的语句序列,然后再去执行 ENDCASE 以后的语句;否则,将直接执行 ENDCASE 语句后面的语句。

说明:

1) 各个 <条件表达式> 的值必须是一个逻辑值,如果 <条件表达式> 的值有多个为真,系统只执行第 1 个结果为真的条件表达式下的语句序列。

2）DO CASE 和 ENDCASE 必须成对出现。

3）DO CASE…ENDCASE 可以嵌套使用，也可以与判断语句嵌套，但是嵌套层次必须清晰，不得相互交叉。

【例 8－14】编写一程序，要求输入身份代号，显示不同的问候。

```
CLEAR
?"身份代号：1：经理 2：助理 3：职员 4：其他"
INPUT "请输入您的身份代号：" TO A
DO CASE
    CASE A=1                        && 用户输入 1 的情况
      ?"经理，您好！"
    CASE A=2                        && 用户输入 2 的情况
      ?"助理，您好！"
    CASE A=3                        && 用户输入 3 的情况
      ?"女士/先生，您好！"
    OTHERWISE                       && 用户输入非 1、2、3 的情况
      ?"您好！"
ENDCASE
```

【例 8－15】修改例 8－12，用 CASE 语句来代替 IF 语句实现。

```
SET TALK OFF
CLEAR
INPUT "输入学生姓名：" TO Sname
INPUT "输入学生性别：" TO Ssex
INPUT "输入学生成绩：" TO Score
DO CASE
    CASE Score >= 80
      ? Sname," ",Ssex," 优"
    CASE Score < 80 AND Score11 >= 60
      ? Sname," ",Ssex," 合格"
    CASE Score <60
      ? Sname," ",Ssex," 不合格"
ENDCASE
SET TALK ON
```

从此例可以看出，CASE 语句使程序逻辑比较清晰、简洁。也可以使用 OTHERWISE 语句代替最后的小于 60 分的情况。

【例 8－16】根据输入的自变量 x 的值，计算分段函数的函数值。

$$f(x)=\begin{cases}2x^2+1 & (x<0)\\ 3x+1 & (0<x<3)\\ x^2+5 & (3<x<5)\\ 5x-6 & (5<x<10)\\ x^3-6x^2 & (x\geqslant 10)\end{cases}$$

```
SET TALK OFF
CLEAR
INPUT "请输入自变量 x 的值:" TO x
DO CASE
    CASE x < 0
        y = 2 * x^2 + 1
    CASE x < 3
        y = 3 * x + 5
    CASE x < 5
        y = x^2 + 5
    CASE x < 10
        y = 5 * x - 6
    OTHERWISE
        y = x^3 - 6 * x^2
ENDCASE
? "分段函数值","f(",ALLTRIM(STR(x)),") =",ALLTRIM(STR(y))
                    && 使用 ALLTRIM()函数是为了输出格式显得美观
SET TALK ON
```

运行上述程序,并输入 5,结果如下:

```
请输入自变量x的值：5
分段函数值 f( 5 )= 19
```

8.3.3 循环结构

无论是顺序结构程序还是选择结构程序,它们中的语句一般只执行一遍。但在实际工作中,往往需要对不同的数据进行多次相同的操作,而这些相同的操作可以通过重复执行同一个程序段来实现。这种按照一定条件重复进行某种特定操作的程序,称为循环结构程序。

1. 当型循环

"当"型循环控制语句,即根据条件表达式的值决定循环体内语句的执行次数。

格式:

```
DO WHILE <条件表达式>
    <语句序列 1>
    [LOOP]
    <语句序列 2>
    [EXIT]
    <语句序列 3>
ENDDO
```

功能:DO WHILE 语句为循环起始语句,ENDDO 为循环终端语句。这两条语句之间的所有语句为循环体。在程序执行时,首先判断循环起始语句中<条件表达式>的值,当其值为真时执行循环体,遇到循环终端语句(或 LOOP 语句)就返回 DO WHILE 循环起始处重新判断

<条件表达式>的值。若为真,则重复上述操作,直至<条件表达式>的值为假(或遇到 EXIT 语句)时,退出循环体。

说明:

1）循环起始语句 DO WHILE <条件表达式>的作用是判断循环的条件是否满足。满足时,则执行循环体;若第一次判断条件为假,则直接退出循环。语句中的<条件表达式>的值必须是逻辑型的数据。

2）循环终端语句的作用是标明循环的终点。它必须与循环起始语句成对出现。

3）循环体是循环程序段的主要组成部分,它是被多次重复执行的语句序列。一般用来完成某种功能操作。

4）如果循环体遇到 LOOP 语句,则迫使程序不再执行其后面至 ENDDO 之间的语句序列,而直接返回到循环起始语句再次判断条件。

5）如果循环体遇到 EXIT 语句,则无条件地迫使程序中断循环而转去执行 ENDDO 语句后的语句。

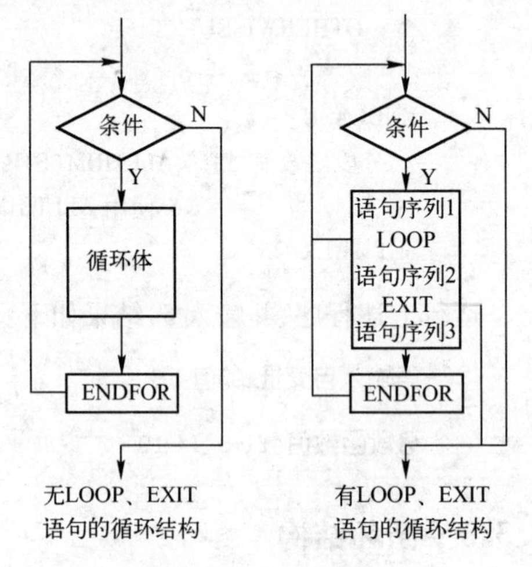

图 8－7　循环结构

【例 8－17】编程求和 S＝1＋2＋3＋…＋100。

```
SET TALK OFF
CLEAR
i = 1
sum = 0
DO WHILE i < = 100
    sum = sum + i
    i = i + 1
ENDDO
? "从 1 到 100 的和是:" + ALLTRIM(STR(sum))
SET TALK ON
```

在这个例子中,i 是作为计数器,同时又作为加数,而 sum 作为和项,每次都在前面的基础上加上 i。这样重复执行 100 次,i 就从 1 增加到 100,而 sum 刚好又将所有的数都加在一起了。其程序运行的结果如下:

```
从1到100的和是：5050
```

【例 8－18】输出"学生"表中 1982 年出生的学生记录。

方法 1:不使用索引,先使用 LOCATE 命令将记录指针定位在满足条件的第一条记录上,然后进入循环体。在每次执行过程中,首先显示满足条件的记录信息,然后使用 CONTINUE 命令将记录指针定位于满足条件的下一条记录上。

```
SET TALK OFF
CLEAR
USE 学生
LOCATE FOR YEAR(出生日期) = 1982
DO WHILE NOT EOF()              && 当记录指针未指向表尾时
    DISPLAY
    * WAIT "请按任意键显示下一条记录!"
```

```
    CONTINUE
ENDDO
? "查询结束。"
SET TALK ON
```

方法2:使用索引,先用SEEK命令将记录指针定位于满足条件的第一条记录上,然后进行循环体。在每次执行过程中,首先显示满足条件的记录信息,然后使用SKIP命令将记录指针定位于下一条记录上,并判断满足条件的记录是否显示完成,若显示完成,则退出。

```
SET TALK OFF
CLEAR
USE 学生
INDEX ON YEAR(出生日期) TAG birthday
SEEK 1982
DO WHILE NOT EOF()
    DISPLAY
    WAIT "请按任意键显示下一条记录!"
    SKIP
    IF YEAR(出生日期) ! = 1982
        EXIT            && 退出循环
    ENDIF
ENDDO
? "查询结束。"
SET TALK ON
```

【例8-19】输出"教师信息表"中职称为"副教授"的教师基本信息,并统计出"副教授"的人数。

```
SET TALK OFF
CLEAR
USE 教师信息表
DO WHILE NOT EOF()
    IF 职称 < > "副教授"
        SKIP
        LOOP
    ENDIF
    DISPLAY
    SKIP
ENDDO
COUNT FOR 职称 = "副教授" TO P_NO
? "以上显示的是副教授的基本信息,共计有:" + STR(P_NO) + "人"
SET TALK ON
```

其程序运行结果如下:

```
记录号    序号 姓名        性别   出生日期     职称
     3       3 李华        女     11/01/65     副教授

记录号    序号 姓名        性别   出生日期     职称
     7       7 王方        男     12/21/45     副教授

记录号    序号 姓名        性别   出生日期     职称
    10      10 许国华      男     08/26/57     副教授

记录号    序号 姓名        性别   出生日期     职称
    12      12 朱志诚      男     10/01/63     副教授

以上显示的是副教授的基本信息，共计有：          4人
```

此例中,可以不使用 LOOP 语句,并且程序还更简单,这里使用 LOOP 主要目的是介绍一下 LOOP 的用法。

2. 步长型循环

在循环结构中也可以建立固定次数的循环,即所谓步长型循环。构造这种循环,首先要设置一个循环控制变量,这种变量一般是由数值型内存变量充当,然后为其设置初值、终值及步长,则循环体的执行次数即被固定。

格式:

```
FOR <循环变量> = <初值> TO <终值> [ STEP <步长> ]
    <语句序列 1>
    [LOOP]
    <语句序列 2>
    [EXIT]
    <语句序列 3>
ENDFOR(或 NEXT)
```

功能:按照设置好的循环变量参数,执行固定次数的循环。执行过程是先为循环变量赋初值,然后判断其是否超出终值,若不超出,则执行循环体,遇到循环终端语句使控制变量增加一个步长值,再判断循环变量当前值是否超出终值,不超出时再执行循环体,直至循环变量当前值超出 <终值>或执行到 EXIT 语句,程序才退出循环。

说明:

1) 格式中的 FOR 语句称作循环说明语句,语句中所设置的初值、终值与步长决定了循环的执行次数。循环次数 = INT((终值 - 初值)/步长 + 1),步长的默认值为 1。

2) ENDFOR(或 NEXT)语句称为循环终端语句,它的作用是标明循环程序段的终点,同时使用循环变量的当前值增加一个步长。它必须与循环说明语句成对出现。

3) 循环体指 FOR 与 ENDFOR 语句之间被循环执行的语句,用来完成多次重复操作功能。

4) LOOP 与 EXIT 语句的作用与在当型循环中的作用相同。

【例 8 - 20】用 FOR…ENDFOR 语句求出 1 ~ 200 之间(不包含 200)的偶数的和。

```
SET TALK OFF
CLEAR
S = 0
FOR i = 1 TO 200 STEP 2
```

```
    S = S + i - 1
ENDFOR
?"1 到 200 之间的偶数和为:" + ALLTRIM(STR(S))
SET TALK ON
```

其程序运行结果如下:

```
1到200之间的偶数和为：9900
```

【例 8-21】用下列级数的前 n 项的和计算自然对数 e 的近似值,其中 n 值由用户输入。

$$e = 1 + \frac{1}{1!} + \frac{1}{2!} + \frac{1}{3!} + \cdots + \frac{1}{(n+1)} + \frac{1}{n!}$$

此例中各项分母均依次为 1,2,3,…,n 的阶乘,共计 n+1 项,若 e 赋初值 1,则后面共计 n 项,所以循环变量从 1~n,步长为 1。用 a 存放阶乘,则每项分母是前一项分母乘以当前的循环变量,然后将每项加到级数和 e 上即可。

```
SET TALK OFF
CLEAR
STORE 1 TO e,a
INPUT "请输入数列项数:" to n
FOR i = 1 TO n
    a = a * i
    e = e + 1/a
ENDFOR
?"自然对数 e 近似值:", ALLTRIM(STR(e,20,10))
SET TALK ON
```

运行程序输入不同的数据,如输入 20,可计算出 e 的值为 2.7182818285。

3. 表扫描型循环

表循环语句一般用于处理表中的记录,语句可以包括需要处理的记录范围和应满足的条件。

格式:

```
SCAN [ <范围> ] [FOR <条件表达式 1> ] [WHILE <条件表达式 2> ]
    <语句序列 1>
        [LOOP]
    <语句序列 2>
        [EXIT]
    <语句序列 3>
ENDSCAN
```

功能:在当前表中从首记录开始逐个移动记录指针扫描全部记录,对于符合条件的记录执行循环体规定的操作。

说明:

1) 在循环起始语句 SCAN 中, <范围> 子句用来指明了扫描记录的范围,其默认值为

ALL,FOR 子句说明只对使 <条件表达式 1>的值为真的记录进行相应操作;WHILE 子句则指定只对使 <条件表达式 2>的值为真的记录进行相应操作,直至出现使其值为假的记录为止,即不再执行循环体。

2）循环终端语句 ENDSCAN 标明了循环程序段的结束,它必须与 SCAN 语句成对出现。

3）LOOP 语句和 EXIT 语句与其他循环结构中的该语句作用相同。

【例 8-22】统计“学生”表中男学生的人数。

```
CLEAR
N=0
USE 学生
SCAN FOR 性别="男"
  N=N+1
ENDSCAN
?"学生表中男学生的人数是:",N
USE
```

表扫描循环结构的特点在于它能够自动、依次移去记录指针,当程序执行到 ENDSCAN 或 LOOP 语句时,会对条件表达式进行判断,若条件成立,则自动将记录指针移到下一个符合条件的记录上,不需要使用 SKIP 移动指针。读者试比较以下使用当循环来代替表循环的程序,有何不同。

```
DO WHILE .NOT. EOF()
    IF 性别="男"
        N=N+1
    ENDIF
    SKIP      && 当循环要使用 SKIP 命令来移动指针
ENDDO
```

【例 8-23】用表扫描循环结构将教师信息表中基础工资小于 1000 的姓名、基础工资两个字段输出,并统计这些职工的人数。

```
SET TALK OFF
CLEAR
USE 教师信息表
n = 0
SCAN FOR 基础工资 < 1000
    ?姓名,基础工资
    n = n + 1
ENDSCAN
?"基础工资在 1000 元以下的人数有:"+STR(N,2)+"人。"
SET TALK ON
```

其程序运行的结果如下:

```
陈茂昌        950.00
黃浩          950.00
李华          902.90
李元          967.96
刘毅然        850.00
张丽君        930.30
朱志诚        972.90
基础工资在1000元以下的人数有： 7人。
```

【例 8－24】统计“学生”表中各个专业的人数。

```
CLEAR
STORE 0 TO A,B,C,D
USE 学生
SCAN
    DO CASE
        CASE 专业 ="土木工程"
            A = A +1
        CASE 专业 ="计算机"
            B = B +1
        CASE 专业 ="电子"
            C = C +1
        CASE 专业 ="机电"
            D = D  +1
        ENDCASE
ENDSCAN
? "土木工程专业的人数:",ALLTRIM(STR(A))
? "计算机专业的人数:",ALLTRIM(STR(B))
? "电子专业的人数:",ALLTRIM(STR(C))
? "机电专业的人数:",ALLTRIM(STR(D))
SET TALK ON
```

此例是一个 SCAN 循环中嵌套 CASE 的例子,运行结果如下：

```
土木工程专业的人数： 4
计算机专业的人数： 7
电子专业的人数： 4
机电专业的人数： 4
```

4. 多重循环

与选择结构类似,如果一个循环程序段的循环体内完整地包含一个循环程序段,则称此循环程序段为循环嵌套。运行循环嵌套对于表记录的处理进行比较,它可以缩短程序,节约存储空间,而且可以提高程序的执行速度。

以当型循环结构为例,其多重循环结构一般格式如下：

```
DO WHILE 〈条件表达式 1〉
    〈语句行序列 11〉
    DO WHILE 〈条件表达式 2〉
```

```
        〈语句行序列 21〉
        DO WHILE〈条件表达式 3〉
            〈语句行序列 31〉
            …
        ENDDO                   && 3
        〈语句序列 22〉
    ENDDO                       && 2
    〈语句行序列 12〉
ENDDO                           && 1
```

在 VFP 系统中,循环嵌套的层次不限,但内层循环的所有语句必须完全嵌套在外层循环中,否则就会出现循环的交叉,造成逻辑上的混乱。

【例 8 - 25】打印一个 6 行 5 列的自然数矩阵。

```
SET TALK OFF
CLEAR
DIME A(6,5)
FOR I = 1 TO 30
    A(I) = I
ENDFOR
FOR I = 1 TO 6
    FOR J = 1 TO 5
        ?? A(I,J)
    ENDFOR
    ?                           && 输出一个回车,即换行
ENDFOR
SET TALK ON
```

第一个循环就是定义一个数组来生成并存储这个 6 行 5 列的自然数矩阵,第二个循环里面又嵌套了一个循环,这个内嵌循环用来打印一行,外循环用来换行。其程序运行结果如图 8 - 8所示。

```
 1    2    3    4    5
 6    7    8    9   10
11   12   13   14   15
16   17   18   19   20
21   22   23   24   25
26   27   28   29   30
```

图 8 - 8　6 行 5 列的自然数矩阵

【例 8 - 26】用 FOR…ENDFOR 语句绘制图案,如图 8 - 9 所示。

```
**********        **********
 **********      **********
  **********    **********
   **********  **********
    ********** **********
```

图 8 - 9　"V"字形图案

```
SET TALK OFF
CLEAR
FOR I = 1 TO 5                    && 外循环控制行数,共5行
    FOR J = 1 TO I                && 每行前打印行号个空格,即第1行1个,第2行2个
        ?? " "
    ENDFOR
    FOR J = 1 TO 10               && 打印10个"*"
        ?? "*"
    ENDFOR
    FOR J = 1 TO 2*(5-I+1)        && 每行打印2*(5-I+1)个空格
        ?? " "
    ENDFOR
    FOR J = 1 TO 10               && 打印10个"*"
        ?? "*"
    ENDFOR
    ?                             && 换行
ENDFOR
SET TALK ON
```

打印分步进行,每次打一行,共5行。在一行中,首先打印空格,再打印10个"*",然后打印空格,最后再打印10个"*",所以内循环中共4个并列循环,这些循环结束后,换行打印下一行。

【例8-27】编写程序,输出九九乘法表。

```
CLEAR
FOR Y=1 TO 9
    FOR X=1 TO 9
        Z= Y * X
        * ?? Y,"*",X,"=",Z
        ?? STR(Y,1)+"*"+STR(X,1)+"="+STR(Z,2)+" "
    ENDFOR
    ?
ENDFOR
```

程序也是由双循环实现的,内循环实现打印一行,外循环实现换行。其运行结果如图8-10所示。

```
1*1= 1  1*2= 2  1*3= 3  1*4= 4  1*5= 5  1*6= 6  1*7= 7  1*8= 8  1*9= 9
2*1= 2  2*2= 4  2*3= 6  2*4= 8  2*5=10  2*6=12  2*7=14  2*8=16  2*9=18
3*1= 3  3*2= 6  3*3= 9  3*4=12  3*5=15  3*6=18  3*7=21  3*8=24  3*9=27
4*1= 4  4*2= 8  4*3=12  4*4=16  4*5=20  4*6=24  4*7=28  4*8=32  4*9=36
5*1= 5  5*2=10  5*3=15  5*4=20  5*5=25  5*6=30  5*7=35  5*8=40  5*9=45
6*1= 6  6*2=12  6*3=18  6*4=24  6*5=30  6*6=36  6*7=42  6*8=48  6*9=54
7*1= 7  7*2=14  7*3=21  7*4=28  7*5=35  7*6=42  7*7=49  7*8=56  7*9=63
8*1= 8  8*2=16  8*3=24  8*4=32  8*5=40  8*6=48  8*7=56  8*8=64  8*9=72
9*1= 9  9*2=18  9*3=27  9*4=36  9*5=45  9*6=54  9*7=63  9*8=72  9*9=81
```

图8-10 九九乘法表

8.4 过程与过程调用

在应用程序系统中，一般是根据实际需要将整个系统划分为若干个模块，然后在主控模块的控制下，调用各个功能模块实现系统的各种功能操作。通常将这些可被调用的功能模块或能完成某种特定功能的独立程序，称作过程或子程序；把调用其他程序而没有被其他程序调用的程序段，称为主程序。

8.4.1 子程序

结构化程序的总体结构通常是由一个主模块（即主程序），与若干个子模块（即子程序）所构成。子程序的引入可以将一个大而复杂的问题拆分为若干个可解的小而简单的问题，子程序的使用可以简化程序中多处重复出现完成相同功能的程序段的设计问题。这样，主程序可以写得比较简捷，整个应用系统的维护方便，应用系统运行的效率也很高。

子程序的建立方法与程序文件的建立方法相同，扩展名为 . prg。

调用子程序的命令格式：

```
DO <子程序名> [WITH <参数表>]
```

说明：

1）[WITH <参数表>]用来指定传递到子程序的参数。与参数相关的内容将在后面讲解。

2）调用子程序与运行程序的命令格式相同，只不过运行程序是以命令方式执行程序，而调用子程序是从某个程序内执行另一个程序。调用时，可以用 WITH 传递参数到子程序中，并根据需要可以从子程序中返回值。

【例 8-28】编写主程序调用子程序，计算 Z = f(x1) + f(x2) + f(x3)的值，其中 $f(x) = x^2 + 1$。

```
*主程序开始
INPUT "x1 =" TO x1
INPUT "x2 =" TO x2
INPUT "x3 =" TO x3
STORE 0 TO z,y
x = x1
DO SUB          && 调用子程序 SUB,求 f(x1),结果赋值给 y
z = z + y       && 将结果 x1^2 +1 加入 z
x = x2
DO SUB          && 调用子程序 SUB,求 f(x2)
z = z + y       && 将结果 x2^2 +1 加入 z
x = x3
DO SUB          && 调用子程序 SUB,求 f(x3)
z = z + y       && 将结果 x3^2 +1 加入 z
? "z =",z
```

```
RETURN

* 子程序开始,文件名为 sub. prg
y = x^2 + 1
RETURN
```

在主程序,调用了 3 次子程序,分别对不同的参数计算 x^2+1。其程序运行结果如下:

```
x1=2

x2=3

x3=4

z=          32.00
```

8.4.2 过程的定义与调用

过程的建立和调用可以使应用程序结构清晰,功能明确,便于编写、修改和调试,充分体现程序结构化、结构模块化、模块层次化的基本特征。

一个程序可以调用一个或多个过程,也可以多次调用一个,过程。当一个过程又调用了另一个过程,则称为过程调用的嵌套。

过程定义的命令格式:

```
PROCEDURE <过程名>
    [ PARAMETER <形式参数表> ]
    <语句序列>
RETURN [表达式]
[ENDPROC]
```

功能:建立一个指定名称的过程。

说明:

1)PROCEDURE 命令表示一个过程的开始,并命令过程名。

2)ENDPROC 命令表示一个过程的结束,如果省略此命令,那么过程结束下一条 PROCEDURE 命令或文件结尾处。

3)当过程执行到 RETURN 时,控制将转回到调用程序(或命令窗口),并返回表达式的值。如果省略此命令,系统在过程结束处自动的执行一条隐含的 RETURN 命令。

过程调用的命令格式:

```
DO <过程名> [IN <文件名>] [WITH <实际参数表>]
```

说明:<过程名>必须是已经建立在磁盘上的命令文件名。可选项 WITH <实际参数表>的作用是为调用过程传递参数。当程序执行到本语句时,将会记录下断点,把指定的过程调入内存并执行。遇到过程中的 RETURN 语句就返回到调用程序的断点,继续执行调用程序。可选项 IN <文件名>用于标明要执行的过程所在的文件。

【例 8-29】编写过程求圆的面积并在主程序内调用这个过程。

```
SET TALK OFF
CLEAR
DO AREA              && 调用 AREA 过程
SET TALK ON

*AREA 过程开始
PROCEDURE AREA
STORE 0 TO R
INPUT "请输入圆的半径:" TO R
S = 3.14156 * R * R
? "圆的面积:" + STR(S,8,5)
RETURN
```

其程序运行的结果如下:

```
请输入圆的半径：3
圆的面积：28.27404
```

8.4.3 过程文件的建立与调用

过程可以作为一个文件独立地存储在磁盘上,因此,每调用一次过程都要打开一个磁盘文件。一个应用程序如果需要多个过程,则要打开多个磁盘文件。这样一来,一则增加了打开文件的个数,再则频繁地访问磁盘也会影响系统的运行速度。为此,VFP 采用过程文件的方式来解决这个问题。

所谓过程文件,就是过程的集合。VFP 对在一个过程文件中包含的过程个数未限制,其中每个过程用 PROCEDURE <过程名>来标识。当某一程序需要调用过程文件中的过程时,只需一次性地打开该过程文件,然后按照过程名调用其中的某个过程。

过程文件中的过程又称作内部过程,它将不能作为一个命令文件而单独存盘或运行。过程文件的入口语句必须是带有其名称的标识语句 PROCEDURE <过程名>,而独立存储在磁盘上的过程文件则同其他文件一样,可以单独存盘和运行,称作外部过程。

(1) 过程文件的命令格式

```
PROCEDURE <过程名1>
    <语句序列1>
RETURN
PROCEDURE <过程名2>
    <语句序列2>
RETURN
…
PROCEDURE <过程名n>
    <语句序列n>
RETURN
```

(2) 过程文件的建立和修改的命令格式

MODIFY COMMAND <过程文件名>

说明:在该命令提供的编辑状态下,可将各个过程逐一写入过程文件中,也可以运用其编辑程序建立或修改。

在调用过程文件中的过程时,必须首先在调用程序中打开过程文件。

(3) 打开过程文件的命令格式

SET PROCEDURE TO <过程文件名>

说明:该命令打开指定的过程文件,并将过程文件中所包含的过程全部调入内存。

(4) 过程文件的调用命令格式

DO <过程文件> [WITH <实际参数表>]

说明:系统同一时刻只能打开一个过程文件,打开新过程文件的同时将关闭原来打开的过程文件。若要修改过程文件内容,则一定要先关闭该过程文件。

(5) 关闭过程文件的命令格式

格式1:CLOSE PROCEDURE

格式2:SET PROCEDURE TO

当退出 VFP 系统时,所有已打开的过程文件将会自动关闭。

【例8-30】一个过程定义和调用的示例,其中有3个文件。文件 f1. prg 中的内容为主程序,另外包含一个过程 p1;文件 p2. prg 作为一个单独的过程或者说子程序被主程序调用;过程 f3. prg 包含两个过程中 p2 和 p3。

文件 f1. prg 的程序内容:

```
* 主程序:f1. prg
?"主程序开始"
CLEAR
SET PROCEDURE TO f3        && 打开过程文件 f3
DO f2                      && 调用
DO p1
?"主程序结束"
* 过程 p1
PROCEDURE p1
?"过程 1 开始"
?"调用 p3()"
?"返回值:",p3()
?"过程 1 结束"
ENDPROC
```

文件 f2. prg 的内容:

```
* 子程序 f2. prg
?"子程序 f2 开始"
```

```
?"调用 p2()"
x = p2()
?"子程序 f2 结束"
RETURN

*过程文件 f3.prg
PROCEDURE p2
RETURN
PROCEDURE p3
RETURN 100
```

其程序的运行结果显示如下：

```
子程序f2开始
调用p2()
子程序f2结束
过程1开始
调用p3()
返回值： 100
过程1结束
主程序结束
```

8.4.4 变量的作用域

在过程调用中，为了在调用程序与被调用的过程之间，正确地运用内存变量进行参数的传递，需要了解内存变量的作用范围，即作用域。按照作用域的不同，内存变量可以划分为全局变量、局部变量及私有变量3种。

1. 全局变量

全局变量是指在程序的任何嵌套中及在程序执行期间始终有效的变量。它的全局属性必须用 PUBLIC 命令来定义。程序执行完毕后，它们不会在内存中自动释放，必须使用 RELEASE 命令予以清除。在 VFP 的命令窗口中建立的内存变量，系统默认为全局变量。

定义全局变量的命令格式有两种：

格式1:PUBLIC <内存变量表>

功能:该命令是将<内存变量表>中指定的内存变量定义为全局变量。

格式2:PUBLIC <数组名>(<数值表达式1>[,<数值表达式2>])[<数组名>(<数值表达式3>[,<数值表达式4>])]…

功能:该命令定义数组变量并将其元素定义为全局变量。

在建立全局变量时，为它们赋初值逻辑假。

【例8-31】主程序和过程中的全局变量。

```
SET TALK OFF
CLEAR
PUBLIC A            && 声明全局变量 A
A = 1
DO SUB_PROC
```

```
?"返回主程序:A,B,C,D 的值分别为", A, B, C, D && 出错,找不到变量'D'
RETURN

*过程 SUB_PROC
Proc SUB_PROC
PUBLIC B,C            && 声明全局变量 B,C
B=2
D=3                   && 创建私有变量 D
?"在过程中:A,B,C,D 的值分别为", A, B, C, D
RETURN
SET TALK ON
```

其程序的结果如下:

```
在过程中:A,B,C,D 的值分别为 1 2 .F. 3
返回主程序:A,B,C,D 的值分别为 1 2 .F.
```

由于变量 D 不是全局变量,在主程序中不能被识别,所以程序运行时会弹出如图 8－11 所示的错误提示。

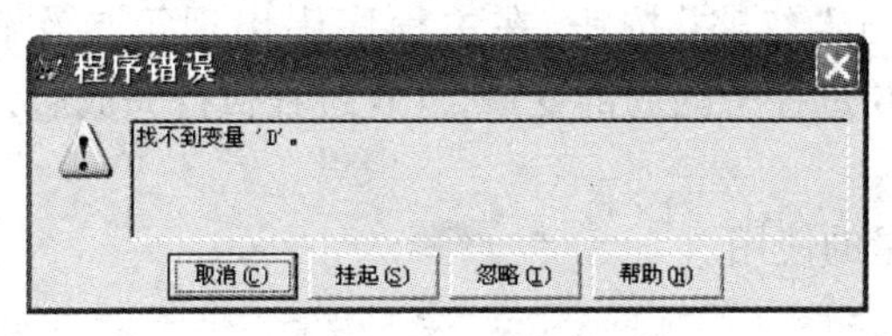

图 8－11　错误提示

2. 局部变量

局部变量只能在建立它的模块中使用,不能在上层或下层模块中使用。当建立它的模块程序运行结束时,局部变量将自动释放。定义局部变量的命令格式:

LOCAL <内存变量表>

说明:该命令建立指定的内存变量,同样为它们赋初值逻辑假。这条命令的命令动词不能缩写,局部变量要建立后使用。

3. 私有变量

没有通过 PUBLIC 或者 LOCAL 命令事先声明,由系统自动隐含建立在程序中直接使用的变量都是私有变量。私有变量的作用域是建立它的模块及其下属的各层模块,一旦建立它的模块程序运行结束,这些私有变量将自动清除。其命令格式:

PRIVATE [<内存变量表>] | [ALL [LIKE/EXCEPT <通配符>]]

说明:这条命令并不建立新的内存变量。它的作用是隐藏(屏蔽)指定的在上层模块中可能已经存在的内存变量,使得这些变量在当前模块程序中暂时无效。这样,这些变量名就可以用来命名在当前模块中需要的私有变量或者局部变量,并且不会改变上层模块中同名变量的取值。一旦当前模块程序运行结束返回上层模块时,那些被隐藏的内存变量就自动恢复有效性,并保持原有的取值。

【例 8 -32】局部变量的使用。

```
CLEAR
LOCAL X
X =10
DO SUB
? Y            && 出错:找不到变量 Y
RETURN

PROCEDURE SUB
LOCAL Y
Y =20
? X            && 出错:找不到变量 X
RETURN
```

上述程序运行时有两次错误提示,第一次是在 SUB 过程中打印 X 变量时提示“找不到变量‘X’”,原因是 X 为主程序中的局部变量,作用域只在其所在的模块中,不会延伸至其下层模块或其他模块中,所以出错;

出现错误提示后,单击“忽略”按钮,在主程序中出现第二次错误提示,“找不到变量‘Y’”,原因也是 Y 为 SUB 过程中的局部变量,SUB 过程执行完成后,Y 已经被释放,所以在主程序中无法访问。

【例 8 -33】私有变量的使用。

```
CLEAR
A =1
B =2
D =0
?"主程序中: A =",A," B =",B ," D =",D
DO SUB1
?'返主程序后:A =',A,' B =',B,' C =',C,'D =',D
RETURN

PROC SUB1
PRIVATE B,D
PUBLIC C
A =10
B =11
C =12
D =13
?'在过程中: A =',A,' B =',B,' C =',C,'D =',D
RETURN
```

其程序运行结果如下:

```
主程序中：   A= 1    B= 2    D= 0
在过程中：   A= 10   B= 11   C= 12 D= 13
返主程序后：A= 10   B= 2    C= 12 D= 0
```

此程序的主程序中 A、B、D 为私有变量，所以执行语句?″主程序中：A =″，A，″B =″，B ，″D =″，D 时，打印结果分别为 1、2、0。

进入 SUB1 过程中，也就是进入它的下层模块时，B、D 被声明为私有，这时的 B、D 就屏蔽了其上层的 B、D，而 A 还是上层的私有变量 A，因为私有变量的作用域可以延伸至下层模块。C 被声明为全局变量，使得在上层的主程序中也可以访问。

当再次返回到主程序中时，A 在下层被修改为 10，下层 B、D 被释放，主程序的 B、D 重新可见，其值与原来相同，而 C 为全局变量，其值为 12。

【例 8 - 34】局部变量和私有变量比较示例。

```
CLEAR
PUBLIC x,y              && 定义全局变量
x =5
y =10
DO SUB2
? x,y                   && 显示 5,bbb
RETURN

*SUB2
PROCEDURE SUB2
PRIVATE x               && 隐藏上层模块(主程序)中的变量 x
x =50                   && 建立私有变量,并赋值 50
LOCAL y                 && 建立局部变量 y,仅在本模块中使用
DO SUB3
? x,y                   && 显示 aaa .F. (x 的值被下层模块修改)
RETURN

*SUB3
PROCEDURE SUB3
x ="aaa"                && x 为 SUB2 中建立的私有变量,其值上传
y ="bbb"                && y 为全局变量
RETURN
```

其程序运行结果如下：

```
aaa .F.
         5 bbb
```

8.4.5 过程调用中的参数传递

前面我们介绍了定义好一个过程，就可以在主程序或其他过程中调用已经定义的过程，并且可以执行多次，但是，每次执行都会得到相同的结果。有时，我们希望能够向过程发送一些消息，让过程在执行时，根据不同消息，可以得出不同的结果。

在 VFP 中，把向过程发送消息称为过程调用中的参数传递。这种参数传递的方法：在定义过程时，设置一个参数表，用来接收过程调用时传递来的参数，这个参数是未知的，形式上

的,所以这个参数表称为形式参数表;在调用定义好的过程时,要向被调用过程传递实际值(消息),这时也需要一个参数表,这个参数表称为实际参数表。这两个参数表中参数个数相同,数据类型一致且排序顺序一一对应。

调用过程的命令将一系列参数的值传递给被调用过程中的对应参数,被调用过程运行结束时,再将参数的值返回到调用它的上一级过程或主程序中。

1. 接收参数命令

格式1:PARAMETERS <形式参数表>

格式2:LPARAMETERS <形式参数表>

功能:接收调用过程的命令中传递过来的参数。

说明:

1)该命令必须位于被调用过程的第一条可执行语句处。

2)格式1声明的形参变量被看作是模块程序建立的私有变量;格式2中声明的形参变量看作是模块程序中建立的局部变量。除此以外,两者没有区别。

3)形式参数一般为内存变量。

2. 通过过程调用命令传递参数

格式1:DO <文件名> | <过程名> WITH <实际参数表>

功能:调用过程或过程文件的命令,并为过程或过程文件提供参数。

说明:实参可以是常量或变量,也可以是一般形式的表达式。调用时,系统自动把实参传递给对应的形参。形参的数目不能少于实参的数目,否则系统会产生运行错误。如果形参数目多于实参数目,多余的形参将取逻辑假(.F.)。

(1)按值传递

如果实参是常量、函数、字段变量或者一般形式的表达式,系统会计算出实参的值,并赋值给相应的形参变量,这种情况称为按值传递。

在调用过程时,形参所得到的是实参的值;过程调用结束时,实参将得不到形参的值。也就是说,按值传送时,实参与形参之间的传递是单向的。

(2)按引用传递

如果实参是变量,那么传递的将不是变量的值,而是变量的地址。实际上,这时形参和实参是同一个变量(名字允许不同),模块程序中对形参变量的改变,也是对实参变量值的改变,这种情况称为按引用传递。

这时,在调用过程中,形参所得到的是实参的地址,过程调用结束时,实参将得到与形参相同的值。也就是说,按址传送时,实参与形参之间的传递是双向的,即可以是输入参数,也可以是输出参数(返回值)。

格式2:<文件名> | <过程名>(<实际参数表>)

说明:默认以按值方式传递参数。如果实参是变量,可以通过命令重新设置参数传递方式,其命令如下:

格式:SET UDFPARMS TO REFERENCE | VALUE

说明:

1)TO VALUE:按值传递。形参变量不会影响实参变量的取值。

2)TO REFERENCE:按址传递。形参变量值改变,实参变量也随之改变。

【例 8-35】编写程序计算从 m 个元素中取 n 个的组合数，即计算

$$C_m^n = \frac{m!}{n!\ (m-n)!}$$

该公式用到了 3 个阶乘。为了避免重复，把阶乘的计算用一个过程来实现。

```
STORE 0 TO A,B,C
INPUT "M =" TO M
INPUT "N =" TO N
DO SUB WITH M,A             && 调用过程，并传递实参
DO SUB WITH N,B             && 调用过程，并传递实参
DO SUB WITH M - N,C         && 调用过程，并传递实参
W = A/(B * C)
?"W =" + STR(W,7)
RETURN

PROC SUB                    && 定义过程
PARAMETER K,T               && 接收参数
T = 1
FOR I = 1 TO K              && 计算 K!，并将结果保存在 T 中
    T = T * I
ENDFOR
RETURN
```

由于实参 A、B、C 是变量，所以在过程 SUB 中被修改后，返回到主程序其值发生变化。虽然 M、N 也是变量，但是在 SUB 中没有被修改。其程序运行结果如下：

```
M=5

N=2

W=      10
```

【例 8-36】按值传递和按引用传递示例。

```
CLEAR
STORE 100 TO x1,x2
SET UDFPARMS TO VALUE               && 设置按值传递
DO P1 WITH x1,(x2)                  && x1 按引用传递，(x2)按值传递
?"第一次:",x1,x2
STORE 100 TO x1,x2
P1(x1,(x2))                         && x1,(x2)都按值传递
?"第二次:",x1,x2
SET UDFPARMS TO REFERENCE           && 设置引用传递
DO P1 WITH x1,(x2)                  && x1 按引用传递，(x2)按值传递
?"第三次:",x1,x2
STORE 100 TO x1,x2
```

```
P1(x1,(x2))                       && x1 按引用传递,(x2)按值传递
?"第四次:",x1,x2
RETURN

PROCEDURE P1
PARAMETERS x1,x2
STORE x1 +1 TO x1
STORE x2 +1 TO x2
ENDPROC
```

(x2)用一对圆括号将一个变量括起来使其变成一般形式的表达式,所以总是按值传递。而使用格式1的参数传递方式并不受UDFPARMS值的设置影响。第一次和第三次执行过程P1,由于采用格式1,所以x1按引用传递,(x2)按值传递;而第二次由于前面已经设置了SET UDFPARMS TO VALUE,所以x1,(x2)都按值传递,第四次执行前设置了SET UDFPARMS TO REFERENCE,所以x1按引用传递,而(x2)仍是按值传递。

8.5 数组

8.5.1 数组的建立及使用

数组是具有相同变量名并在内存中占有连续存储单元的一组数据,数组中的各个变量称为数组元素。每一个数组元素在内存中独占一个内存单元。为了区分不同的数组元素,每一个数组元素都是通过数组名和下标来访问的。数组与变量具有相同的作用域原则,可以存储任何类型的数据,数组必须先定义后使用。

1. 数组的定义

格式:DIMENSION | DECLARE <数组名1>(<下标1>[,<下标2>])[,<数组名2>(<下标1>[,<下标2>])]…

功能:该命令定义一维或二维数组,同时定义了下标的个数及下标的上界。

说明:在VFP中,规定数组下标的下界为1,最大值将受内存的限制。使用数组名及下标为数组元素赋值例如:

```
DIMENSION x(3), a(2,3)
```

上面代码定义了一个名称为x的一维数组和名称为a的二维数组。数组x的下标的上限为3,由于下限规定为1,所以数组x有3个数组元素,分别为x(1)、x(2)和x(3)。数组a是一个二维数组,第一个下标为行标,第二个下标为列标,所以数组a有2行3列,共6个元素,分别为a(1,1)、a(1,2)、a(1,3)、a(2,1)、a(2,2)和a(2,3)。

数组类型是指数组元素的类型。因为每一个数组元素又是一个内存变量,所以它的类型同样由它接受的数据的类型所决定。在VFP系统环境下,同一个数组元素在不同时刻可以存放不同类型的数据。

2. 数组的赋值

给数组赋值,就是分别给每个数组元素赋值,与给内存变量赋值操作完全相同。

格式 1:

```
STORE <表达式> TO <数组名/数组元素>
```

功能:将表达式的值赋给数组中所有元素或某一个元素。

例如:

```
STORE 0 TO A              && 将数值 0 赋给数组 A 的所有元素
STORE "陈红" TO A(2,1)     && 将"李磊"赋给数组 A 的第 2 行第 1 列的元素
```

格式 2:

```
<数组名/数组元素> = <表达式>
```

功能:可以用赋值语句直接赋值给数组。

例如:

```
A =.T.                    && 将逻辑真值赋给数组 A 的所有元素
```

【例 8-37】定义一维数组,给数组赋值并输出结果。

```
CLEAR
DIMENSION x(3)
x = 5                     && 赋值给数据所有元素
DIMENSION y(3)
STORE 3 TO y(1),y(2)      && 赋值给数组前两个元素
?"x:",x(1),x(2),x(3)
?"y:",y(1),y(2),y(3)      && y(3)的值显示为.F.
```

其程序运行结果如下:

```
x:          5          5          5
y:          3          3 .F.
```

在定义数组时,系统将各数组元素的初值设置为.F.,所以 y (3) 的值显示为.F.。

数组变量建立后,数组中的每一个元素只是一个带下标的内存变量而已,因而其性质及其使用方法与普通内存变量是类似的,使用时还需要注意以下几点:

1) 可用 STORE 命令或"="对某个数组元素赋值。

2) 可用 LIST | DISPLAY MEMORY、RELEASE 或 CLEAR MEMORY 等命令,查看、释放或清除已建立的数组变量。

3) 可用 SAVE 命令将数组存入内存变量文件(.mem),用 RESTORE 命令将其恢复到内存中来。

4) 在同一运行环境中,应注意数组名与一般的内存变量名不要重名。

【例 8-38】定义二维数组,给数组赋值并输出结果。

```
CLEAR MEMORY
```

```
DIMENSION aa(2,3)
aa(1,1) ="王楠"
aa(2) ="是"
STORE "奥运冠军" TO aa(1,3)
aa(6) ="China"
LIST MEMORY LIKE aa
```

其程序运行结果如下：

```
AA              Priv    A  stu
   (   1,   1)          C  "王楠"
   (   1,   2)          C  "是"
   (   1,   3)          C  "奥运冠军"
   (   2,   1)          L  .F.
   (   2,   2)          L  .F.
   (   2,   3)          C  "China"
```

二维数组各元素在内存中按行的顺序存储,但也可按一维数组的形式来表示其数组元素。如 aa(2,2)排在第2行第2列,由于每行有3个元素,所以 aa(2,2)是数组中的第5个元素,可以用 aa(5)来表示。所以此例中 aa(2)也就是 a(1,2),a(6)就是 a(2,3)。

8.5.2 数组与表之间的数据传递

VFP 数组中的元素可以通过命令与内存变量进行数据传递。

1. 将记录内容传递到数组

格式1：SCATTER [FIELDS <字段名列表>] TO <数组名>

功能:将所打的数据表当前记录的各个数据复制并传送到指定数组的各个元素中。

说明:

1）若指定短语 FIELDS <字段名列表>,则只传送指定的各字段内容;否则,传递所有字段内容(备注型字段和通用型字段除外)。

2）传递时,从第一个字段开始依次向对应的数组元素传递,各数组元素的数据类型则应由该记录对应的字段类型所决定。

3）若数组元素的个数比字段个数多,则多余数组元素的值仍保留不变;若数组元素的个数比字段个数少或未定义数组,则系统将自动建立一个新的一维数组来接受传递过来的数据。

格式2:COPY TO ARRAY <数组名> [FIELDS <字段名列表>] [FOR 条件]

功能:将所打开的数据表中从当前指针开始的,若干条记录的指定字段的内容复制到指定的数组中。

说明:

1）COPY TO ARRAY 和 SCATTER 相似。但 COPY TO ARRAY 将多个记录复制到数组,而 SCATTER 只复制一条记录到数组或一组内存变量。若指定的数组不存在,则 COPY TO ARRAY 和 SCATTER 都创建一个新的数组。

2）要将单个记录复制到数组,可指定一维数组。指定的一维数组的元素数目必须与表中字段的数目相同,但不包括备注字段。在 COPY TO ARRAY 中,不考虑备注字段。

3）要将多个记录或整个表复制到数组,则指定一个二维数组。数组的行数就是数组能容纳的记录数,数组的列数就是数组能容纳的字段数。

【例 8－39】将“学生”表中姓名为“马大大”的学生记录数据传递给数组变量 A。

```
SET TALK OFF
USE 学生
DIMENSION A(FCOUNT()) && FCOUNT()函数返回该表的字段数目
LOCATE FOR 姓名 ="马大大"
DISPLAY
SCATTER TO A
DISPLAY MEMORY LIKE A
USE
SET TALK ON
```

其程序运行结果如下：

```
记录号  学号      姓名    性别  专业    年级  出生日期   籍贯    毕业中学      入学成绩
     3  1161003   马大大  男    计算机  01    02/26/83   广州市  华南师大附中       442

A              Priv      A   stu
        (   1)           C   "1161003 "
        (   2)           C   "马大大  "
        (   3)           C   "男"
        (   4)           C   "计算机              "
        (   5)           C   "01  "
        (   6)           D   02/26/83
        (   7)           C   "广州市              "
        (   8)           C   "华南师大附中        "
        (   9)           N   442                (       442.00000000)
```

2. 将数组内容传递到记录

格式 1：GATHER FROM ＜数组名＞［FIELDS ＜字段名列表＞］

功能：将指定数组变量中的各元素的数据复制并传递到当前数据表中的当前记录。

说明：

1）若指定短语 FIELDS ＜字段名列表＞，仅对指定字段进行传送；否则，将把所有数组元素内容传送到当前记录。

2）传递时，依次从数组的第一个元素向记录的对应字段传送，如果遇到备注型字段和通过型字段时，则不处理而跳到下一个字段。各个数组元素与对应字段的数据类型必须一致，否则将导致类型不匹配使操作失败。

3）若数组元素的个数比字段个数少，则多出的字段不受影响而保持原值；若数组元素的个数比字段个数多，则多出的数组元素不予传送。

格式 2：APPEND FROM ARRAY ＜数组名＞

功能：将一维数组或二维数组中的各元素数据添加到当前数据表尾部。

说明：

1）在 APPEND FROM ARRAY 命令中，备注字段和通用字段将被忽略。

2）如果数组是一维的，APPEND FROM ARRAY 命令只在表中添加一个记录。当指定数组为二维数组，则为数组中的每一行在表中添加一个新记录。

3）如果二维数组的列数多于表中的字段数，多余的列将被忽略。如果表字段数多于数组列数，多出的字段将初始化为空值。

【例 8-40】将数组元素的数据添加到“学生”表中。

```
CLEAR
SET TALK OFF
CLEAR MEMORY
DIMENSION x(10)
x(1) = "1164005"
x(2) = "林惠娟"
x(3) = "女"
x(4) = "土木工程 "
x(5) = "01"
x(6) = CTOD("5/23/1983")
x(7) = "广东湛江"
x(8) = "湛江一中"
x(9) = 522
USE 学生
APPEND BLANK              && 插入一条空记录,指针指向该记录
GATHER FROM x             && 把数组 x 的内容赋值给当前指针指向的记录
DISPLAY
SET TALK ON
```

在将数组元素添加到表的记录中,首先要在表后添加一条空记录,否则会改写当前记录内容。其程序运行结果如下:

记录号	学号	姓名	性别	专业	年级	出生日期	籍贯	毕业中学	入学成绩
20	1164005	林惠娟	女	土木工程	01	05/23/83	广东湛江	湛江一中	522

【例 8-41】在“A 班学生信息”表中添加一条新记录,其中字段的数据依次为“1161011/张小四/男/83.05.21/安徽安庆”,然后,再将它与“李文静”调换一下位置。

```
CLEAR
SET TALK OFF
DIMENSION aa(5)
aa(1) = "1161011"
aa(2) = "张小四"
aa(3) = "男"
aa(4) = CTOD("05/21/83")
aa(5) = "安徽安庆"
USE A 班学生信息
COPY TO ARRAY Y FOR 姓名 = "李文静"      && 把"李文静"记录赋值给数组 y
LOCATE FOR 姓名 = "李文静"
GATHER FROM aa                          && 用数组 aa 的内容替换当前记录
APPEND FROM ARRAY Y                     && 把数组 y 的内容添加到表尾
USE
SET TALK ON
```

习　题　八

1. 选择题

1）在命令窗口执行一条命令时，若该命令要占用多行，续行符是________。

A. 冒号（:）　B. 分号（;）　C. 逗号（,）　D. 连字符（-）

2）结构化程序设计的3种基本逻辑结构是________。

A. 选择结构、循环结构和嵌套结构

B. 顺序结构、选择结构和循环结构

C. 选择结构、循环结构和模块结构

D. 顺序结构、递归结构和循环结构

3）在Visual FoxPro中，用于建立或修改过程文件的命令是________。

A. MODIFY <文件名>

B. MODIFY COMMAND <文件名>

C. MODIFY PROCEDURE <文件名>

D. PROCEDURE <文件名>

4）下面关于过程调用的陈述中，________是正确的。

A. 实参与形参的数量必须相等

B. 当形参的数量多于实参的数量时，出现运行时错误

C. 当形参的数量多于实参的数量时，多余的形参被逻辑假

D. 当实参的数量多于形参的数量时，多余的实参被丢弃

5）执行如下命令序列后，最后一条命令的显示结果是________。

```
DIMENSION M(2,2)
M(1,1) =10
M(1,2) =20
M(2,1) =30
M(2,2) =40
? M(2)
```

A. 变量未定义的提示　B. 10　C. 20　D. .F.

6）有如下程序：

```
INPUT TO A
IF A =10
    S =0
ENDIF
S =1
? S
```

假定从键盘输入的A的值一定是数值型，那么上面条件选择程序的执行结果是________。

A. 0　　B. 1

C. 由 A 的值决定　　D. 程序出错

7）将内存变量定义为全局变量的 Visual FoxPro 命令是________。

A. LOCAL　　B. PRIVATE　　C. PUBLIC　　D. GLOBAL

8）SCATTER 命令用于将当前记录的字段值送到一个数组中，与该命令相对应，利用数组中的值更新当前记录字段值的命令是________。

A. REPLACE　　B. UPDATE　　C. CHANGE　　D. GATHER

9）设学生表当前记录的“计算机”字段的值是 89，执行下面的程序段后，屏幕输出________。

```
DO CASE
    CASE 计算机 < 60
        ?“计算机成绩是:”+”不及格”
    CASE 计算机 > = 60
        ?“计算机成绩是:”+”及格”
    CASE 计算机 > =70
        ?“计算机成绩是:”+”中”
    CASE 计算机 > =80
        ?“计算机成绩是:”+”良”
    OTHERWISE
        ?“计算机成绩是:”+”优”
ENDCASE
```

A. 计算机成绩是:不及格　　B. 计算机成绩是:及格

C. 计算机成绩是:良　　D. 计算机成绩是:优

10）如下程序的运行结果是________。

```
DIMENSION k(2,3)
i =1
DO WHILE i < =2
    j =1
    DO WHILE j < =3
        K(i,j) =i * j
        ?? k(i,j)
        ?? " "
        j =j +1
    ENDDO
    ?
    i =i +1
ENDDO
```

A. 1 2 3
　 2 4 6

B. 1 2
　 3 2

C. 1 2 3
　 1 2 3

D. 1 2 3
　 2 4 9

2. 思考题

1）简述结构化程序设计的基本过程及 3 种基本逻辑结构。

2）在应用程序设计中，有哪些命令可用于输入输出？叙述它们的格式及语法功能。

3）试述 IF 命令与 CASE 命令功能的异同点及在程序中的作用。

4）过程与过程文件在程序设计中具有什么作用？主程序与过程之间是如何实现参数传递的？有几种传递方式？

5）怎样使某个内存变量在整个应用程序中起作用？局部变量和私有变量有什么异同点？

第9章　表单设计技术

表单(Form)是 Visual FoxPro 提供的用于建立应用程序界面的最主要工具之一。它是用户与 VFP 应用程序之间进行数据交换的界面,是一个具有属性、事件、方法程序、数据环境和包含的其他控件的容器类对象。

在一个表单中可以包含其他的控件,表单通过控件为用户提供图形化的操作环境。它的主要用途是显示并可输入输出数据,完成某种具有特定功能的操作,构造用户和计算机相互沟通的屏幕界面。

本章主要介绍 Visual FoxPro 提供的两种表单设计工具——表单向导和表单设计器,以及表单中各种控件的使用方法。

9.1　创建表单

创建表单后会生成两个同文件名但不同扩展名的文件,它们分别是.SCX 文件(表单文件)和.SCT 文件(表单备注文件)。其中,表单文件(.SCX)是一个具有固定表结构的表文件,用于存储生成表单所需要的信息;表单备注文件(.SCT)是一个文本文件,用户存储生成表单所需要的信息项中的备注代码。

该两个文件是缺一不可的,只有当它们同时存在的时候才能执行表单,但是在通过命令方式调用表单时,只需执行.SCX 文件即可。

Visual FoxPro 提供了两种创建表单的方法:

1）使用表单向导。

2）使用表单设计器。

9.1.1　表单向导

表单向导是通过使用 Visual FoxPro 系统提供的功能快速生成表单程序的手段,向导以简洁的方式引导用户通过更快捷的操作产生程序,省去了代码的书写,比较适合于设计简单的表单。但是其不足之处是由于其简洁性,只能产生一定模式的表单。

调用表单向导的方法有以下两种。

方法一:选择菜单“文件”→“新建”命令,然后在打开的“新建”对话框中选择“表单”文件类型,并单击“向导”按钮。也可选择“工具”→“向导”→“表单”命令。

方法二:在“项目管理器”中选择“文档”选项卡中的“表单”,然后单击“新建”按钮,并在打开的“新建表单”对话框中选择“表单向导”。

通过使用表单向导可以创建两种表单,如图 9-1 所示,在“向导选取”对话框中有两个向导可供使用,选择“表单向导”可以创建基于一个表的表单;而选择“一对多表单向导”可以创建基于两个具有一对多关系的表的表单。

1. 创建单表表单

下面使用一个具体例子来说明利用表单向导创建单表表单的操作步骤。

【例 9-1】使用表单向导创建一个可维护学生表信息的表单。

其具体操作步骤如下：

1）选择菜单“文件”→“新建”命令，然后在打开的“新建”对话框中选择“表单”文件类型，并单击“向导”按钮。或者选择“工具”→“向导”→“表单”命令，在弹出的“向导选取”对话框中，选择“表单向导”选项，单击“确定”按钮。

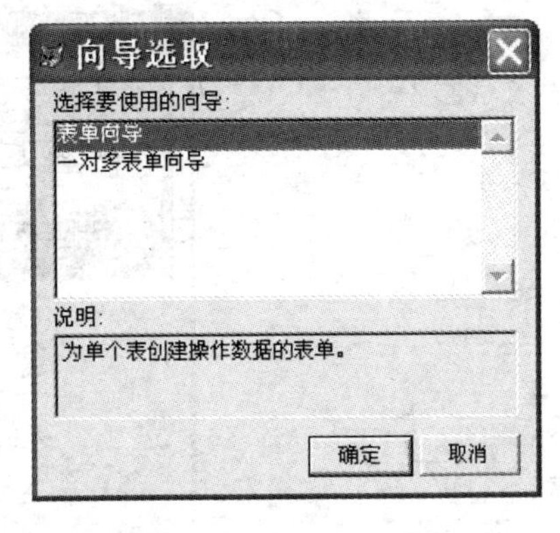

图 9-1 “向导选取”对话框

2）在打开的“字段选取”对话框中选择作为数据资源的数据库或表，本例选取“STU1”数据库中的“学生表”。然后在“可用字段”列表框中选取需要的字段，单击中间的按钮把它们移动到“选定字段”列表框中，结果如图 9-2 所示。完成字段选取后单击“下一步”按钮，进入“选择表单样式”对话框。

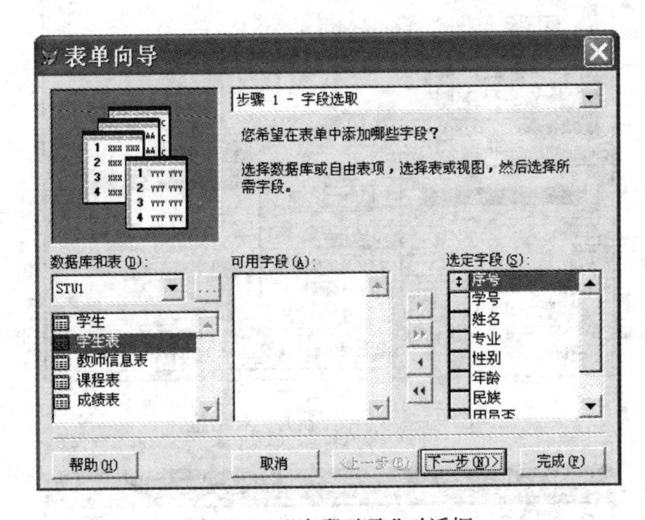

图 9-2 “字段选取”对话框

3）在“选择表单样式”对话框中，选择合适的样式及按钮类型，如图 9-3 所示。单击“下一步”按钮，进入“排序次序”对话框。

4）在“排序次序”对话框中，将“可用的字段或索引标识”列表框中选择作为排序字段的依据，并确定其升降序。其中可以选择多个字段进行按主次关系排序，或者选择一个索引标识项排序（如果该表已按某字段建立索引）。本例中选择“学号”字段以升序排序，如图 9-4 所示。单击“下一步”按钮进入“完成”对话框。

5）在“完成”对话框中，可以修改表单标题，该标题将会显示在运行后的表单标题栏中；或者选择表单的保存方式及一些设置选择，如图 9-5 所示。单击“预览”按钮，可以查看表单的设计效果。最后单击“完成”按钮，保存表单后完成表单设计。

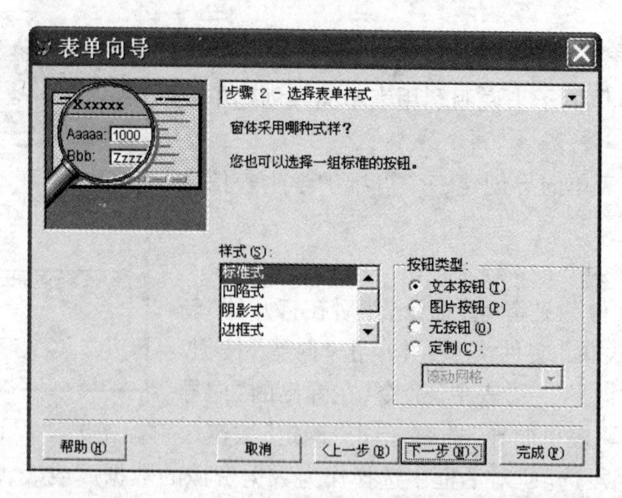

图 9-3 “选择表单样式”对话框

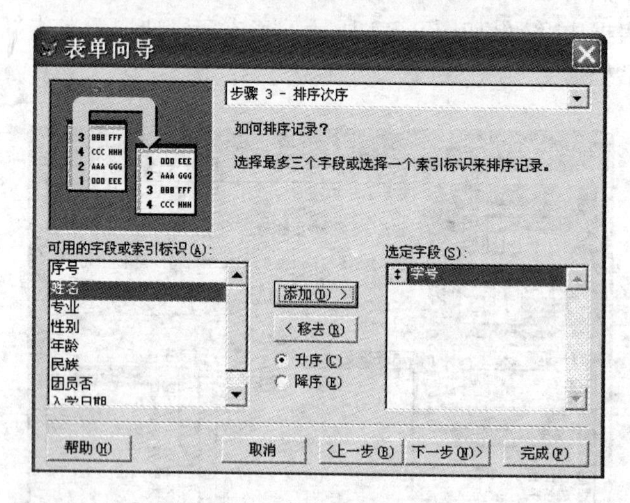

图 9-4 “排序次序”对话框

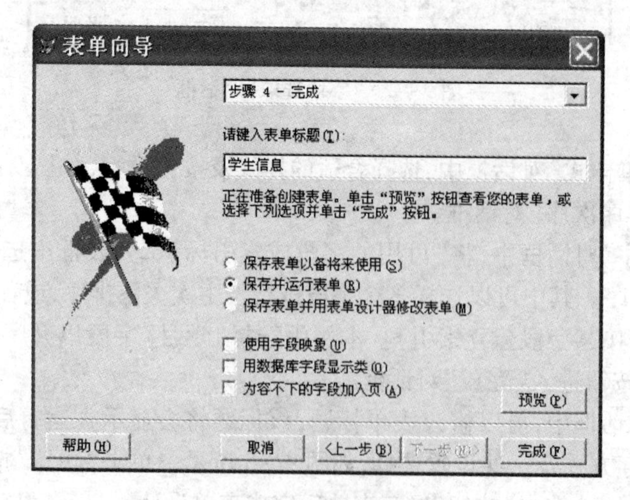

图 9-5 “完成”对话框

2. 创建多表表单

当表单需要显示父表记录及其子表记录的时候,可以创建多表表单。这使用户能够在一个窗体中同时打开两个或多个数据表,方便操作。

【例9-2】创建一个用于显示学生课程名及成绩的表单,其中涉及了学生表及成绩表。

1) 打开"向导选取"对话框,选择"一对多表单向导"选项,单击"确定"按钮。

2) 在打开的"从父表中选定字段"对话框中,选择需要作为父表的数据库表,父表一般显示在表单的上半部分。选择好父表后,在"可用字段"列表框中把父表内需要显示的字段移动到"选定字段"列表框中,选择结果如图9-6所示。单击"下一步"按钮进入"从子表中选定字段"对话框。

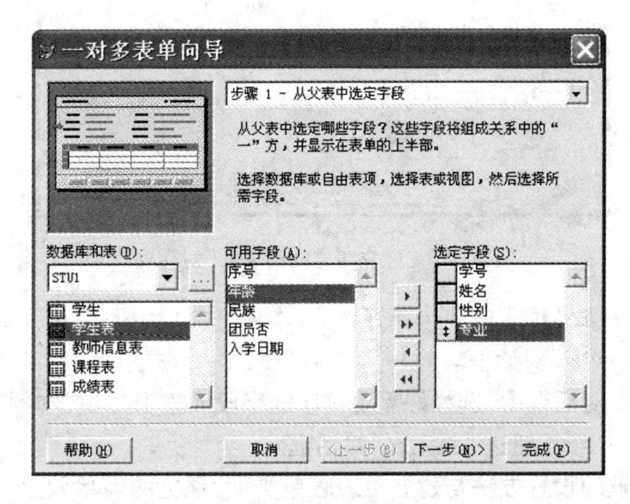

图9-6 "从父表中选定字段"对话框

3) 在"从子表中选定字段"对话框中,选择需要作为子表的数据库表。选择好子表后,在"可用字段"列表框中把子表内需要显示的字段移动到"选定字段"列表框中,选择结果如图9-7所示。单击"下一步"按钮进入"建立表之间的关系"对话框。

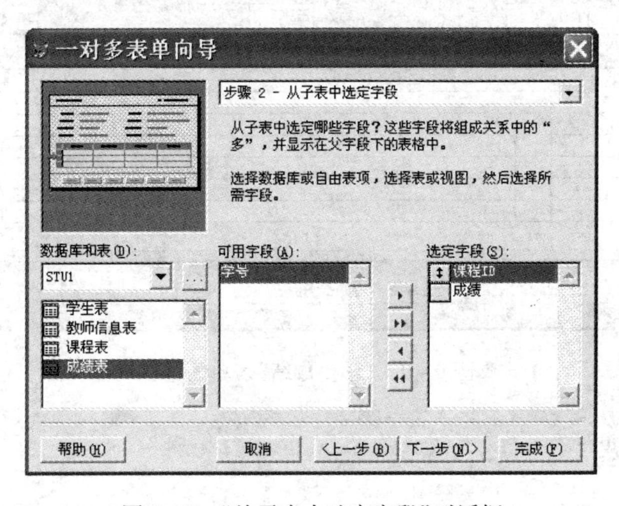

图9-7 "从子表中选定字段"对话框

4）在“建立表之间的关系”对话框中，从字段列表中接受或选择需要建立表之间关系的字段，为父表与子表建立关联，如图9－8所示。单击“下一步”按钮进入“选择表单样式”对话框。

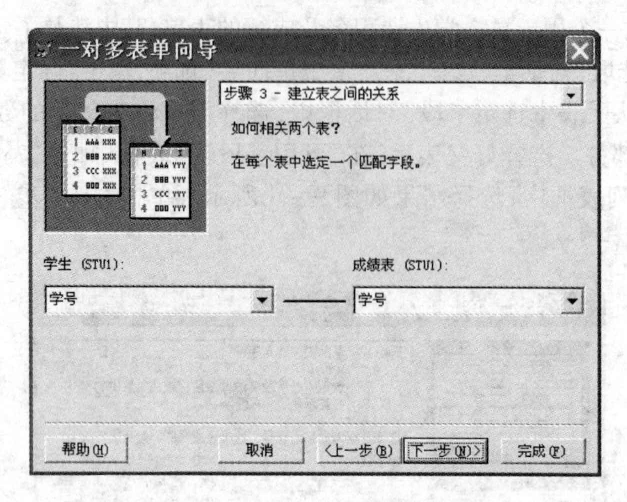

图9－8 “建立表之间的关系”对话框

5）在“选择表单样式”对话框中选择好样式，本例选择“阴影式”和“文本按钮”，单击“下一步”按钮进入“排序次序”对话框。

6）在“排序次序”对话框中，选择好需要排序的字段或索引标识，本例选择按“学号”字段升序排序。单击“下一步”按钮进入“完成”对话框。

7）“完成”对话框的设置方法与建立单表表单类似，预览的表单效果如图9－9所示。然后单击“完成”按钮，保存表单后完成对一对多表单的设计。

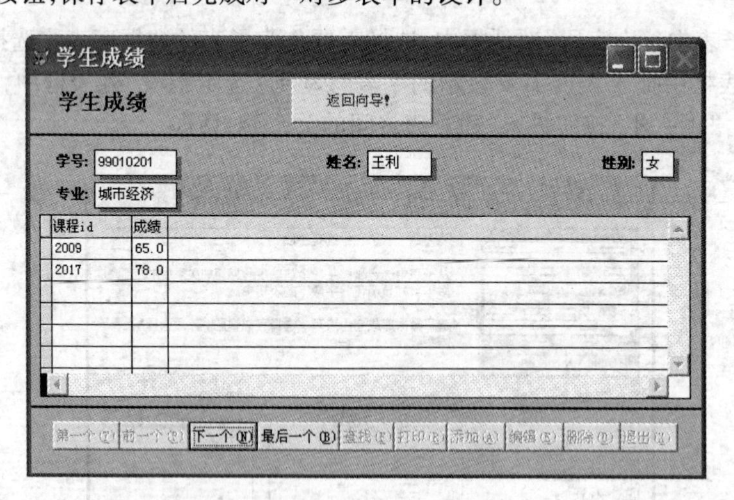

图9－9 “学生成绩”表单预览

9.1.2 表单设计器

在实际应用中，许多表单都具有个性化的功能要求，这类表单一般不能通过表单向导设计来完成。表单设计器是创建表单的重要工具，使用表单设计器不仅可以创建表单，还可以修改表单，即使是由表单向导产生的表单，也可以使用表单设计器来修改。

表单设计器不仅能够在表单内任意添加各种所需的控件，还可以为各个控件设置相关的属性及合理的安排其布局。用户可以根据实际的需要为表单及其控件编写特定触发事件的程序代码，创建出各种复杂、实用的表单界面。

无论新建表单或修改已经存在的表单，均可以通过菜单操作或使用命令来打开表单设计器，其操作方法见表 9－1。

表 9－1　打开表单设计器的方法

操作类型	菜单方式	命令方式
新建表单	选择“文件”菜单中的“新建”命令，在弹出的“新建”对话框中选择“表单”单选按钮，最后再单击“新建文件”按钮	CREATE FORM <表单文件名>
修改已有表单	选择“文件”菜单中的“打开”命令，在弹出的“打开”对话框中将“文件类型”选定为“表单”，在列表中选择已存在的表单并确定	MODIFY FORM <表单文件名>

使用以上任一种方法打开的“表单设计器”窗口，如图 9－10 所示。

打开“表单设计器”后，在 Visual FoxPro 的主窗口中除了弹出“表单设计器”窗口外，一般还出现“表单设计器”工具栏、“表单控件”工具栏、“属性”窗口等相关工具栏（窗口）。此外，还会在主菜单中增加一个“表单”菜单项。

浮动的工具栏（窗口）可以很方便地进行显示或隐藏，方法是在已打开的任意工具栏上右击，在弹出的快捷菜单中设置，如图 9－11 所示。也可以在“显示”菜单中选择。

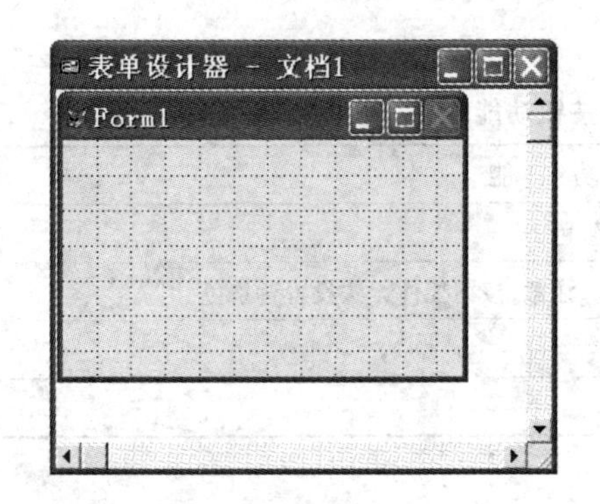

图 9－10　“表单设计器”窗口

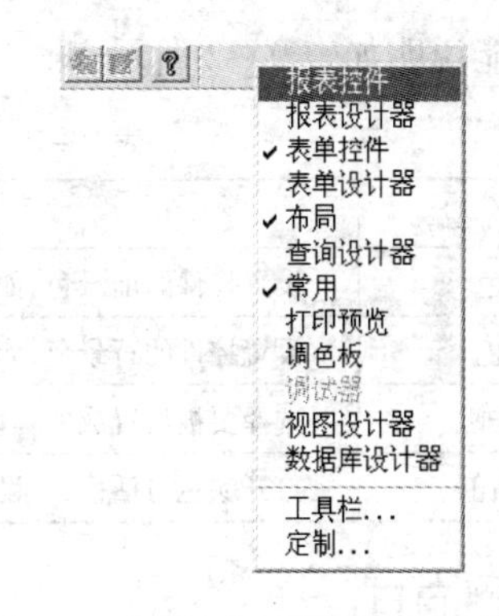

图 9－11　设置工具栏（窗口）选项

1. 表单设计器工具栏

表单设计器工具栏如图 9－12 所示，主要是控制各个与表单设计相关窗口的显示与隐藏。例如，要打开布局工具栏，可单击“布局工具栏”按钮；要打开“代码窗口”，可单击“代码窗口”按钮。

图 9－12　“表单设计器”工具栏

2. 表单控件工具栏

“表单控件”工具栏如图 9－13 所示，包含“标签”、“文本框”、“编辑栏”和“命令按钮”等各种表单控件按钮。利用“表单控件”工具栏可以方便地往表单窗口中添加控件。方法是首先在表单控件工具栏中选定某个控件，然后在表单中适当位置单击，此时控件就被添加至表单中。

上述方法添加控件的大小是系统默认的,如果用户需要在添加控件的时候指定其大小,可以在选定好控件后,在表单适当位置上拖动出一个矩形区域,该区域的大小就是控件的大小。

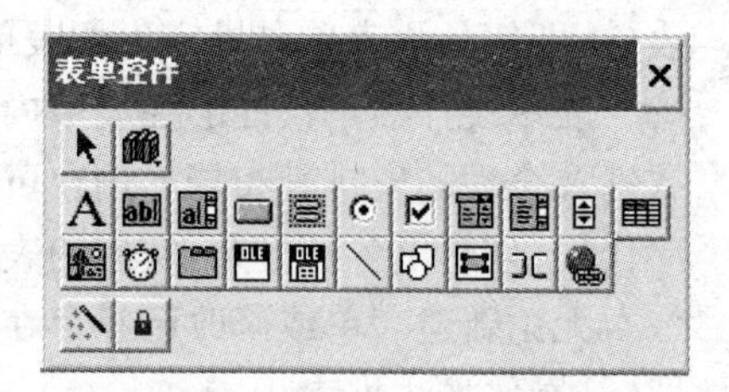

图 9-13 "表单控件"工具栏

3. 布局工具栏

"布局"工具栏如图 9-14 所示,包含"左边对齐"、"右边对齐"和"顶边对齐"等多个按钮,主要用于调整表单窗口内各个控件的大小及位置,美化表单窗口。

使用方法是首先选定多个控件,然后根据需要单击"布局"工具栏内的相关按钮即可。例如,单击"左边对齐"按钮,则选中的控件将会靠最左边的控件进行水平方向的左对齐。

4. 调色板工具栏

"调色板"工具栏如图 9-15 所示,用于设置表单内控件的颜色。

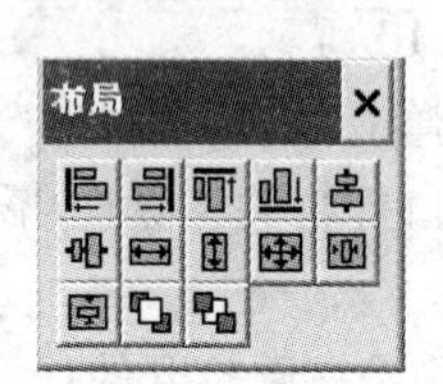

图 9-14 "布局"工具栏

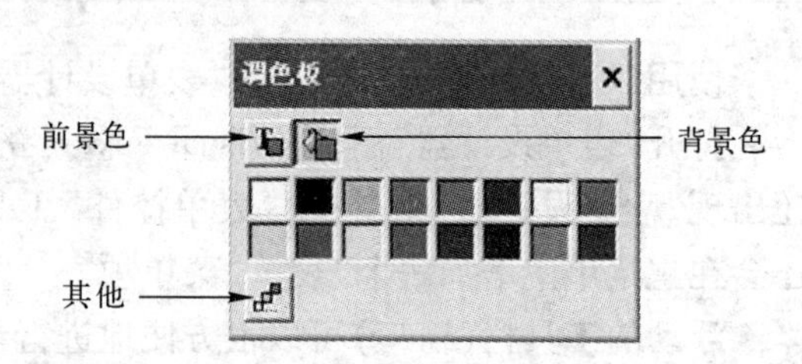

图 9-15 "调色板"工具栏

其功能说明如表 9-2 所示。

表 9-2 调色板工具栏各按钮功能说明

按钮类型	功能
前景色	设置控件的前景色,如按钮控件中文字的颜色
背景色	设置控件的背景色,如文本框的背景颜色。注意,按钮控件无法设置背景色
彩色按钮	选择要被设置成的颜色
其他颜色	打开颜色对话框,可设置自定义的颜色

5. 属性窗口

在 Visual FoxPro 中,每个控件都有多个属性用于描述其特征或定义其某方面的行为,例如一个按钮控件,我们需要为其设置诸如"按钮文字"、"颜色"、"点击事件"、"是否可用"等多个属性,用属性窗口可以很方便地对表单及控件进行属性设置。我们也可以通过程序代码对属性进行动态设置。

"属性"窗口如图 9-16 所示,包含对象框、选项卡、属性设置框、属性、方法、事件列表框及属性说明等内容。

其中,对象框表示当前正被选中的对象,单击旁边的下列箭头,将列出表单上所有正在使用的对象,用户可以从中选择需要修改属性的对象。

每个对象在"属性"窗口中都有 5 个选项卡,其含义如下。

- 全部:列出指定对象的全部属性、事件和方法,是其他 4 个选项卡内容的总和。
- 数据:列出指定对象的数据方面属性。

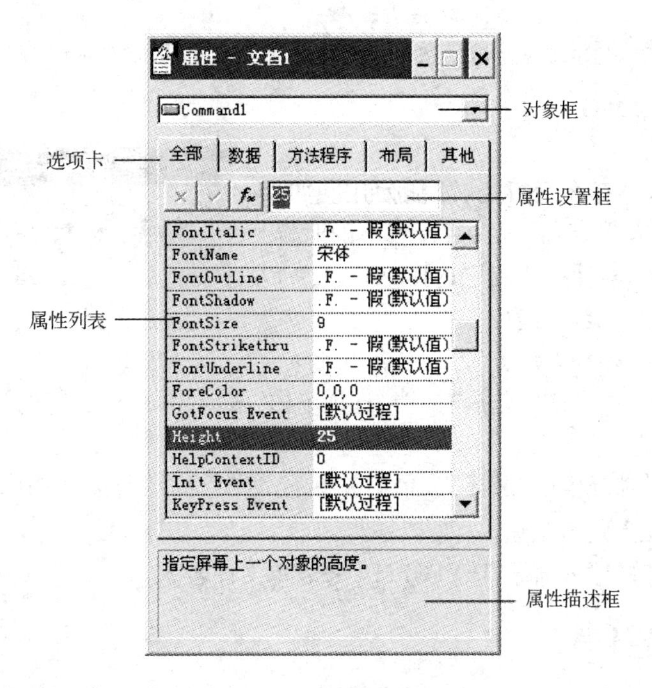

图9-16 “属性”窗口

- 方法程序:列出指定对象的各种事件与方法。
- 布局:列出所选择对象与布局相关的属性。
- 其他:列出指定对象的其他属性。

属性设置框显示出选择对象的当前选定属性值,如在图9-16中Command1对象的Height属性值为25。修改属性设置框内的值后,其左边的×和✓按钮变成可选,单击×按钮将取消修改,✓按钮则是确认修改。而f_x按钮是以公式生成器方式输入值。

属性列表分为左右两列,左边是属性名,右边是该属性对应的值。最后的属性描述框用于显示选定属性的说明文字。

9.2 管理表单

9.2.1 修改运行表单

1. 修改表单

对于已经建立好的表单,可以用以下两种方法修改。

(1) 菜单方式

选择“文件”→“打开”命令,在弹出的“打开”对话框中,选择“文件类型”为“表单”,再选定所需修改的表单文件,最后单击“确定”按钮。

(2) 命令方式

在命令窗口中输入命令:MODIFY FORM <表单文件名>,其中表单文件名可以包含路径,否则系统将会在默认路径中搜索该表单。如果所指定的表单文件并不存在,系统将会为用户创建一个新的表单。

例如,要打开默认目录下名称为“教师信息”的表单文件,可以在命令窗口中输入以下命令:

```
MODIFY FORM 教师信息.scx
```

2. 运行表单

创建完的表单只有在运行后,才能使用。如果在修改完表单后没有保存,那么在运行表单的时候,系统会弹出保存确认对话框让用户选择,如图 9-17 所示,只有在保存后才能运行表单。

图 9-17 保存确认对话框

运行表单有以下多种方法:

1)在项目管理器窗口中,选择“文档”选项卡内“表单”项中要运行的表单文件,然后单击“运行”按钮。

2)在表单设计器环境中,选择“表单”→“执行表单”命令,或按 <Ctrl + E> 组合键。

3)单击工具栏上的 ! 按钮。

4)在命令窗口中输入命令:DO FORM [<表单文件名>]。

9.2.2 设置数据环境

每一个表单都包括一个数据环境,数据环境是表单的数据来源,它包含与表单相互作用的表、视图,以及表单所要求的表间关系。可以在数据环境设计器中设置数据环境,并与表单一起保存。

通常,数据环境中的表或视图会随着表单的打开或运行而打开,随表单的关闭而关闭。因此,在设计与表相关的表单时,采用数据环境来绑定数据比设置属性来绑定控件的数据源更方便。

1. 查看数据环境

在启动“表单设计器”后,如果该表单已经设置过了数据环境,则可单击“表单设计器”工具栏上的“数据环境”按钮,或选择菜单“显示”→“数据环境”命令,打开数据环境设计器查看。

2. 向数据环境添加表或视图

当一个表单需要用到数据库中的表或视图的时候,都必须把它们添加到数据环境中。操作方法是打开了数据环境设计器后,在其空白位置上右击,在弹出的快捷菜单中选择“添加”命令,此时弹出“添加表或视图”对话框,如图 9-18 所示。在弹出的对话框中选择好数据库及库中的表或视图后,单击“添加”按钮即可。当把所有需要的表或视图添加完毕后,单击“关闭”按钮关闭对话框。

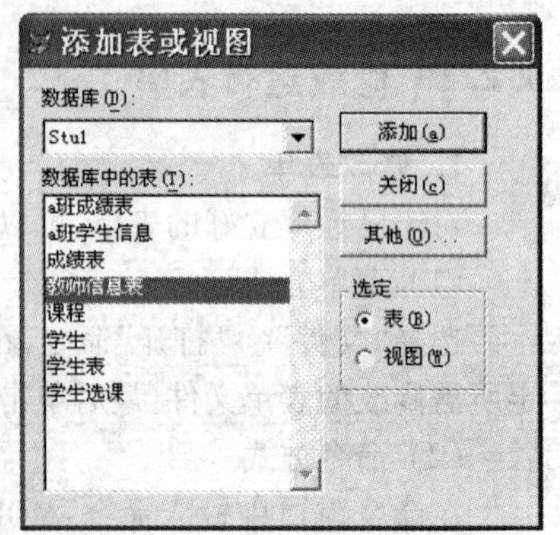

图 9-18 “添加表或视图”对话框

3. 从数据环境中移去表或视图

从数据环境中移去表或者视图的方法:在“数据环境设计器”中选取要移去的表或视图,然后选择菜单“数据环境”→“移去”命令,或直接按键盘 <Delete> 键,或右击,在弹出的快捷菜单中选择“移去”命令,移去并不会删除表或视图。

4. 设置表间关系

如果添加进数据环境设计器中的表具有在数据库中设置的永久关系，那么这些关系将会自动添加的数据环境中。如果它们之间没有永久关系，我们可以根据需要为其建立关系。

以下用一个例子来讲述在数据环境设计器中建立关系的方法。

【例9-3】在表单的数据环境中已经存在"学生"、"学生选课"、"课程"3张表，如图9-19所示。为"学生"表和"学生选课"表，"学生选课"表和"课程"表建立永久关系，具体步骤如下：

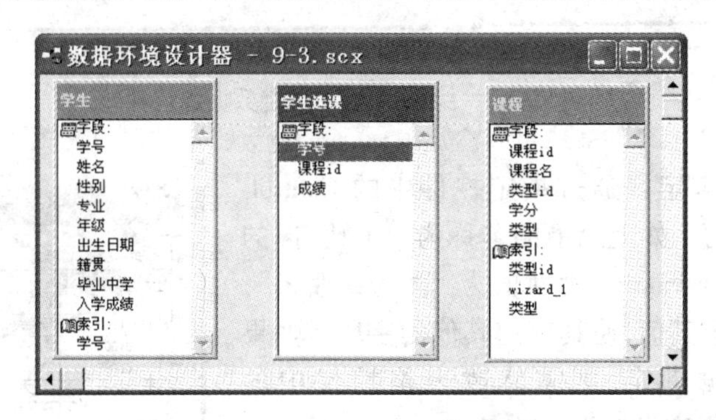

图9-19 例9-3数据环境(1)

1）将主表"学生选课"表中的"学号"字段拖动到子表"学生"表"学号"字段上。

2）将主表"学生选课"表中的"课程id"字段拖动到子表"课程"表的"课程id"字段上。由于"课程"表中并没有建立"课程id"索引，此时系统会要求用户建立相关的索引如图9-20所示，此时用户单击"确定"按钮即可。

图9-20 要求用户建立索引对话框

添加关系后，两表间将会产生一条连接线。若要删除表间的关系，只需单击表示表间关系的连线，然后按<Delete>键即可。

5. 添加绑定数据源的控件

Visual FoxPro允许用户从数据环境中直接把表、视图或某些字段拖动到表单上，形成相应的控件，这种操作方式使用户在表单上创建与数据源绑定的控件变得十分简单。

例如，从数据环境内拖动一个字符型字段到表单中，系统将自动产生文本框控件；拖动一个逻辑型字段，系统会产生复选框控件；而如果拖动的是整张表或视图，系统将产生一个表格控件。

【例9-4】新建表单，根据图9-21a的数据环境，得到图9-21b的表单界面。

其具体操作步骤如下：

1）拖动数据环境设计器中"学生"表到表单左部得到表格，并适当调整表格大小。

2）分别从"学生"表中把"姓名"、"年级"、"专业"和"毕业中学"4个字段拖动到表单相应位置，并把它们排列整齐。最终的运行效果如图9-22所示。

上述使用的是一种快速将数据源绑定到某控件的方法，实际上一种数据绑定操作。数据绑定是指将表单中的控件与某个数据源联系起来，表单中的大部分控件都可以与数据源进行绑定。

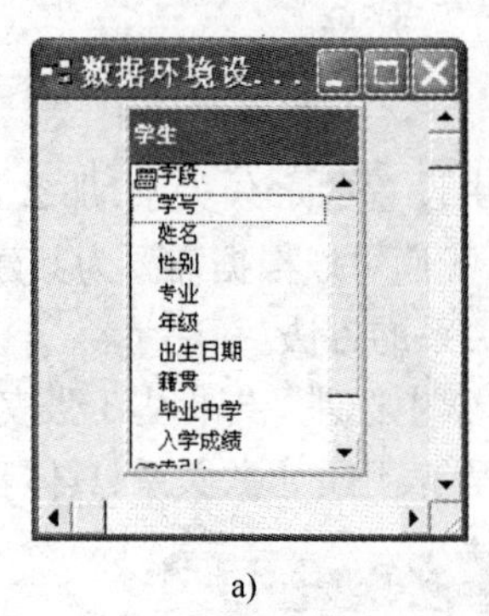

a)

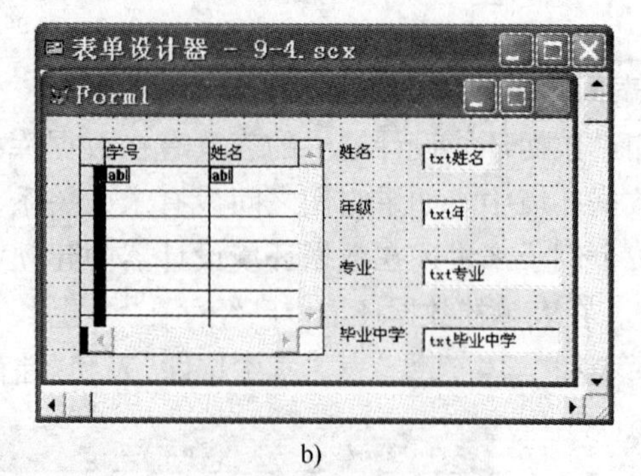

b)

图 9-21 例 9-4 添加绑定数据源控件

a) 数据环境 b) 表单效果

单个字段数据绑定是通过指定控件中的 ControlSource 属性来实现的。如上例中的名称为"txt 姓名"的文本型控件,其 ControlSource 属性值为"学生 . 姓名",用户还可以人工修改其值,使其绑定其他的字段。如果是要进行表的数据绑定,则需修改表格控件中的 RecordSource 属性,把它设置为表的名字。

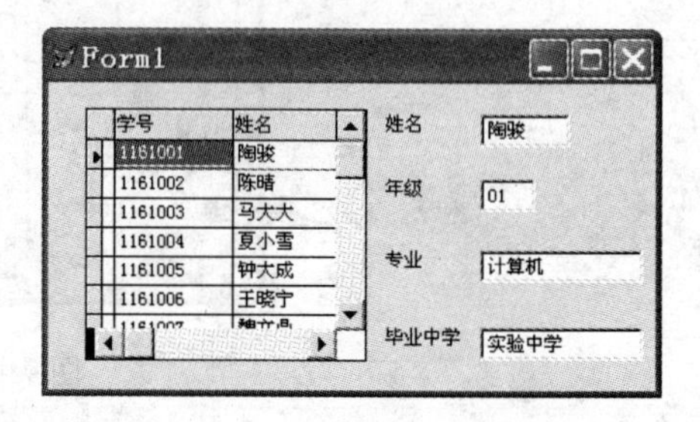

图 9-22 例 9-4 最终效果图

大多数情况下,控件与数据源绑定后,控件值与数据源的值是相关联的,修改其中的控件值的时候会一并修改数据源的值,反之也一样。这种相关联性使得通过程序来操纵数据库变得十分简单。

9.2.3 表单属性、事件和方法

表单本身是一个对象,因此具有对象所具有的属性、事件和方法。在本章下面将介绍一些常用的属性、事件和方法,详细说明请查阅 VFP 的帮助文件。

1. 表单属性

当创建好表单后,需要设置许多的属性。对表单的操作主要是通过设置它的属性和方法来完成的,表单常用的属性如表 9-3 所示。当设置表单的时候,系统会自动设置默认的属性值,用户可以在其基础上进行修改。

表 9-3 表单的常用属性

属 性 名	说 明	设置值示例
AlwaysOnTop	指定表单是否总是位于其他窗口上	. F.
AutoCenter	表单是否自动在屏幕居中	. T.
BackColor	设置表单的背景色	128,156,100
ForeClolr	设置表单的前景色	0,0,0
Caption	指定表单的标题	学生查询
WindowState	表单运行时的窗口类型:0 普通、1 最小化、2 最大化	0

2. 表单事件和方法

Visual FoxPro 的表单是依靠外部发生的事件来驱动的。表单在运行时,总是在不断等待任何可能的输入,然后作出判断,并做适当的处理。

上述说的输入就是指事件,例如,点击鼠标,按下键盘某个键等,而表单所做的适当处理就是指方法。因此事件和方法两者的关系是十分紧密的,我们设计表单的过程实际上就是对某些事件设置方法,编写代码的过程。

在 Visual FoxPro 表单的属性窗口中,“方法程序”栏列出了所有的事件与方法,其中事件的名字都带有单词 Event。例如,“Moved Event”表示当一个对象被移动或用代码改变对象的 Top 或 Left 属性时发生的事件;而对应的“Move”则是一个方法,表示移动一个对象的这个操作。

表单设计中常用的事件和方法如表 9-4 和表 9-5 所示。

表 9-4 常用事件

事件名	说明
Init Event	创建一个对象时发生
Click Event	当用户在一个对象上面点击鼠标左键时发生
Right Click Event	当用户在一个对象上面点击鼠标右键时发生
KeyPress Event	当用户按下键盘某键并释放时发生

表 9-5 常用方法

方法名	说明
Show	显示表单、表单集或工具栏
Hide	隐藏表单、表单集或工具栏
Refresh	重新绘制表单或控件并刷新任何值
Release	释放表单集或表单
SetAll	对容器对象中全部或某类控件设置统一的属性
SetFocus	使对象获得控制焦点,获得焦点后的控件可以用键盘进行操作

3. 为表单设置事件和方法

在表单设计中,常常需要为表单设置事件和方法。具体方法:在属性窗口的“方法程序”栏,在选择需要设置的事件或方法上双击,此时将弹出代码编辑对话框,如图 9-23 所示,用户可直接在文本编辑框中输入代码,完成设置。

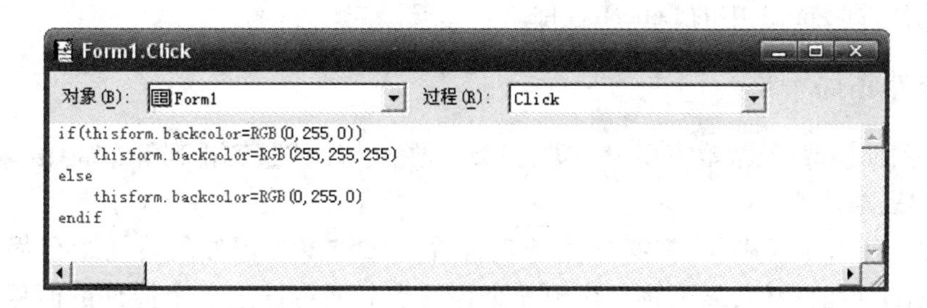

图 9-23 代码编辑对话框

【例 9-5】设计如图 9-24 所示表单,表单的标题为“点击变色”,运行时,表单自动在屏幕的中央位置显示,表单的初始背景颜色为白色,当在表单上单击后,背景颜色变成绿色,如果再次单击表单,背景颜色会重新变为白色。

a)

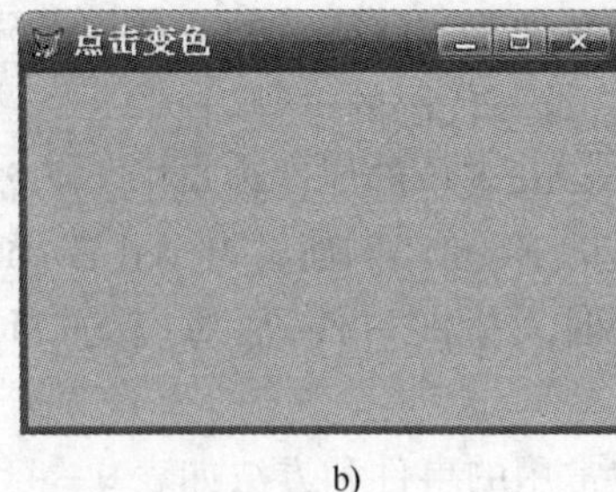

b)

图 9-24 例 9-5 表单运行效果

a) 表单运行时的初始状态 b) 点击表单后的状态

其操作步骤如下:

1) 在"属性"窗口的对象框中选择表单对象 Form1。

2) 为表单 Form1 设置的属性如下。

```
AutoCenter = .T.
BackColor = RGB(255,255,255)      && RGB 函数用于设置颜色
Caption ="点击变色"
```

3) 打开"属性"窗口的"方法程序"栏,找到 Click Event 属性并在它上面双击。

4) 在弹出的代码编辑对话框中编写以下代码。

```
if(thisform.backcolor = RGB(0,255,0))
  thisform.backcolor = RGB(255,255,255)
else
  thisform.backcolor = RGB(0,255,0)
endif
```

5) 保存并运行表单。

此处要注意的是 Thisform 这个关键字,在以后编写代码的时候,常常需要用到。它表示当前对象所在的表单。

例如,某表单 Form1 上有一个控件 Label1,此时 Thisform. Label1 表示为当前对象的表单中的 Label1 控件,即 Form1 中的 Label1 控件。

9.2.4 控件布局

往表单添加控件后,常常需要对其进行移动、改变大小或整齐排列等布局操作。

1. 选定表单控件

无论进行什么布局操作,都必须先选定控件。选定单个控件的方法十分简单,单击控件即可,被选定后的控件,周围将会出现 8 个控件点。而在选定多个控件的时候,有以下两种方法。

1) 选定相邻控件:首先在表单控件工具栏中单击"选定对象"按钮,然后在表单上拖动鼠标产生一个矩形,矩形所包含区域内的控件都将会被选中,如图 9-25 所示。

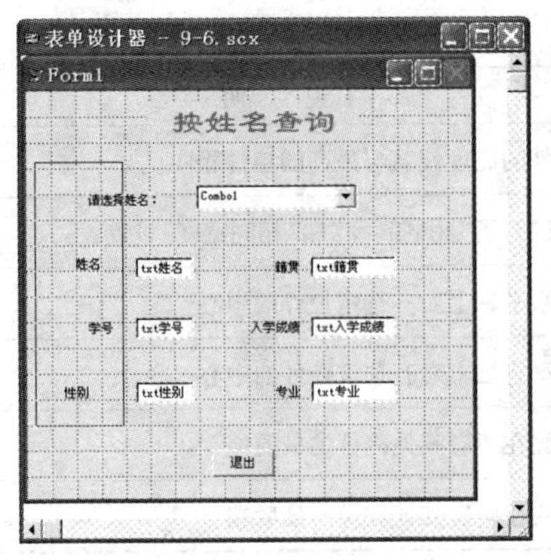

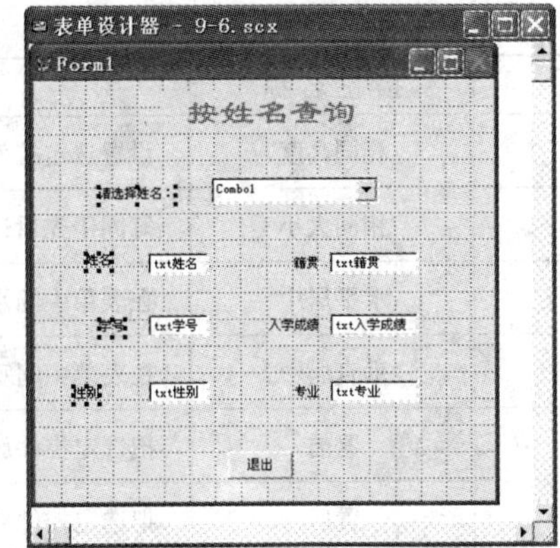

图 9－25　选定相邻控件

2）选定不相邻的多个控件：首先单击表单控件工具栏中的“选定对象”按钮，然后按住<Shift>键，再分别单击需要被选定的控件。

2. 移动控件

选定控件后，按住鼠标左键可以把控件拖动到合适的位置上。如果用户需要对控件进行细微的位置调整，可以在选定控件后按键盘的方向键进行。

3. 调整控件大小

选定控件后，控件周围会出现 8 个控制点，用户可以通过拖动控件周围的控制点修改控件的宽度、长度及整体尺寸。

如果用户想让多个控件的宽度、高度或大小相同，可以通过“布局”工具栏中的“相同宽度”、“相同高度”或“相同大小”按钮来实现。其详细用法说明见表 9－6。

4. 调整控件前后位置

如果多个控件出现重叠，那么用户可以通过“布局”工具栏中的“置前”和“置后”按钮来修改它们的前后位置。其详细用法说明见表 9－6。

5. 控件的对齐

如果要对齐控件，要先选定一组控件，然后再在“布局”工具栏中选择相应的对齐方式即可。其详细用法说明见表 9－6。

表 9－6　布局工具栏按钮功能说明

图　标	按 钮 名 称	说　明
	左边对齐	将选定的多个控件的最左边对齐
	右边对齐	将选定的多个控件的最右边对齐
	顶边对齐	将选定的多个控件的最上边对齐
	底边对齐	将选定的多个控件的最下边对齐
	垂直居中对齐	在一条垂直轴上居中对齐选定的控件
	水平居中对齐	在一条水平轴上居中对齐选定的控件
	相同宽度	设置选定控件的宽度使其与最宽的控件相同

（续）

图　标	按钮名称	说　明
	相同高度	设置选定控件的高度使其与最高的控件相同
	相同大小	等同于先后进行了“相同高度”和“相同宽度”设置
	水平居中	在表单中间水平轴上对齐选定控件的中心
	垂直居中	在表单中间垂直轴上对齐选定控件的中心
	置前	把选定控件放在所有其他控件的最前端
	置后	把选定控件放在所有其他控件的最后端

【例9-6】对图9-26中选定的控件进行左边对齐操作。

其具体操作步骤如下：

1）选定多个控件，如上图9-25所示。

2）单击“布局”工具栏中的“左边对齐”按钮后得到如图9-26所示的效果。

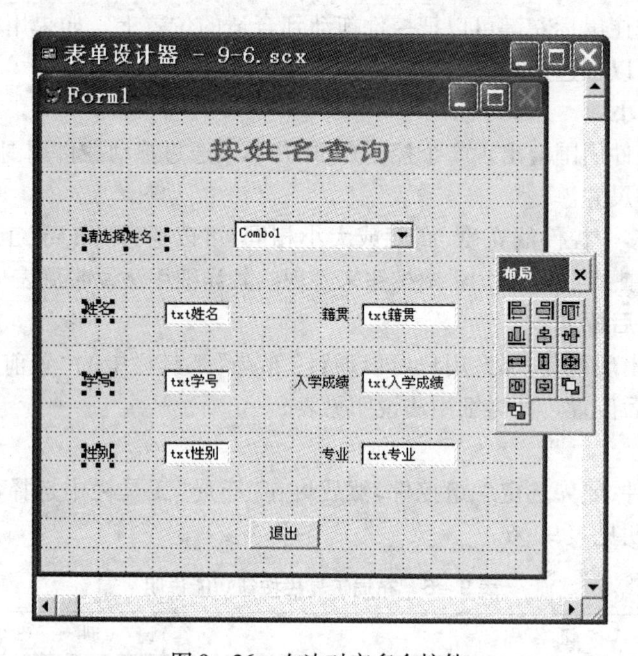

图9-26　左边对齐多个控件

9.3　常用表单控件

控件是表单中用于显示数据、执行操作命令或修饰表单的一种对象。使用表单控件工具栏可以快速地在表单上创建控件。表单控件工具栏中包含多种控件，如命令按钮控件、文本框控件和标签控件等。

表单控件包含3类：常用控件、ActiveX控件和自定义控件。其中常用控件用得最多，也较简单，如命令按钮控件、文本框控件、标签控件和列表框控件等都是常用控件；ActiveX控件是

OLE 自定义控件,通常用于32 位的开发工具和平台,功能强大而复杂;自定义控件是用户自己根据需要创建的控件。

通常,控件设计过程是首先创建表单本身并设置属性;然后创建数据环境,添加表及关系;接下来为表单添加控件,为控件布局,并设置好控件的属性;最后为表单或控件添加事件和方法。

要注意的是,每个控件都由许多属性、事件和方法,但是有不少控件的属性、事件和方法是一样的。一般来说,只要属性、事件或方法的名字一样,其代表的含义及功能也是一样的。例如,标签控件和命令按钮控件都有 Caption 属性,其含义都是指显示的文本值。

9.3.1 标签

标签(Label)是用以显示文本的图形控件,被显示的文本在 Caption 属性中指定,称为标题文本。标签的标题不能在屏幕上直接编辑修改,但可以在代码中通过重新设置 Caption 属性间接修改。标签标题文本最多可包含的字符数目是256。

标签控件的常用属性如表9-7 所示。

表9-7 标签常用属性

属性名	说明
AutoSize	指定控件的大小是否根据内容自动地调整。为 .T. 时,可以自动调整;为 .F. 时(默认值),不能自动调整,这时,若内容太多,有一部分内容将不能显示
Caption	指定要在控件中显示的字符串,用属性窗口设置时,不用加定界符;用赋值方式时,要加定界符
FontBold	指定文字是否为粗体
FontName	指定显示文本的字体类型
FontSize	指定显示文本的字体大小
ForeColor	指定控件的前景色
Left	指定控件最左边相对于父控件的位置
Top	指定控件顶边相对于父控件的位置
Name	指定在代码中引用对象时所用的名称。新建对象的默认名称是该对象的类型加上一个唯一的整数。例如:第一个新建表单对象的名称是 Form1,而表单上创建的第三个文本框为 Text3

这里要注意控件的 name 属性,它一般是由系统定义的,也可以由人工指定。它是这个控件的唯一标识,就好比人的身份证号码一样。在一个表单中,每个控件的 name 属性值都是不能重复的。

在编写代码时,如果需要对某个控件做操作,可以根据它的 name 属性来得到该控件。例如,要修改命令按钮控件 Command1 的 Caption 属性,可以用以下代码完成:

```
Thisform.Command1.Caption = "OK"
```

将控件添加到表单中并设置属性,只是完成了程序界面的设计。如果要使表单在运行时能与用户交互,响应用户的操作,就必须为表单或控件添加事件代码。

例如，要想实现单击表单中的“退出”按钮，表单就能关闭的操作，就必须为“退出”按钮添加单击事件，编写关闭表单的代码。

Visual FoxPro 的表单为事件驱动工作方式，事件一旦被触发，系统就会立即执行与该事件相对应的过程。事件触发的方式有以下 3 种：

1）由用户触发，如单击鼠标、按键盘某键等。

2）由系统触发，如计时器控件，在设定的时间自动触发。

3）由代码引发，用户显式的输入事件的代码。

【例 9－7】设计如图 9－27 所示表单，当鼠标在标签上单击时，显示红色的日期；当鼠标在标签上右击时，显示蓝色的时间。

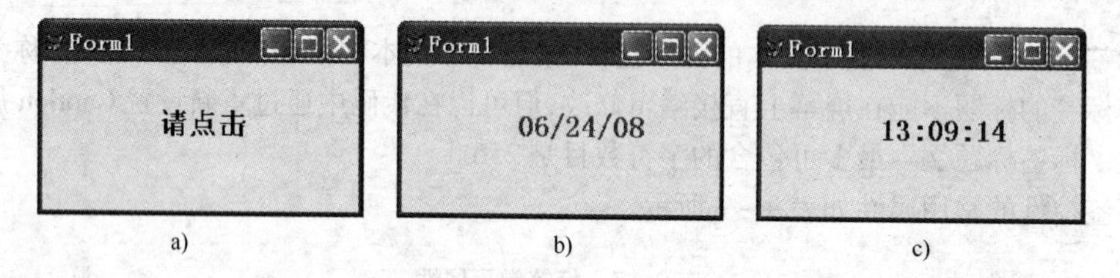

图 9－27　例 9－7 表单运行结果

a）表单运行初始状态　b）单击标签后　c）右击标签后

其操作步骤如下：

1）在表单 Form1 中添加标签控件 Label1，其属性设置如下。

```
Caption = "请点击"
FontSize = 18
FontBold = . T.
AutoSize = . T.
```

2）确定控件 Label1 处于选中状态，从“属性”窗口的“方法程序”栏中找到“Click Event”事件，然后在它的文字处双击。

3）在弹出的代码编辑对话框中输入以下代码。

```
this. label1. forecolor = RGB(255,0,0) && RGB 函数用于设置颜色
thisform. label1. caption = dtoc( date( ) )
```

4）在 Label1 的 RightClick Event 中加入以下代码。

```
this. label1. forecolor = RGB(0,0,255)
thisform. label1. caption = time( )
```

5）保存并运行表单。

9.3.2　命令按钮

命令按钮（Command）通常用来启动一个事件，如关闭一个表单、移到不同记录或打印报表等动作。一般命令按钮要完成的动作代码都会放在 Click Event 中。

命令按钮控件的常用属性如表 9－8 所示。

表9-8　命令按钮的常用属性

属 性 名	说　明
BackColor	指定控件的背景色
Cancel	指定一个命令按钮是否为“取消”按钮;即当用户按 <Esc> 键时,“取消”按钮的 Click 事件是否发生
Default	指定按下 <Enter> 键时,该命令按钮控件是否响应。即默认按钮键
Enabled	指定控件是否能在表单运行时接受用户事件。为 . F. 时,表单运行时该控件表现为不可操作的灰色状态
Picture	指定命令按钮的显示图形
ToolTipText	为控件添加“提示”文本。只有当包含控制的表单的 ShowTips 属性设置为 . T. 时,表单运行时才可以显示“提示”文本

【例9-8】为例9-7中的表单添加一个显示为“退出”的默认按钮,并为该按钮添加显示“提示”功能,当鼠标停留在按钮上一段时间后,将显示“提示”,如图9-28所示。最后为该按钮添加事件,当单击该按钮后自动关闭表单。

图9-28　例9-8表单运行结果

其操作步骤如下:

1)在表单 Form1 中添加命令按钮控件 Command1,其属性设置如下。

```
Caption = "退出"
Default = . T.
ToolTipText = "点击将关闭程序"
```

2)把表单 Form1 的 ShowTips 属性设置为 . T. 。

3)在 Command1 的 Click Event 中加入以下代码。

```
thisform. release
```

4)保存并运行表单。

9.3.3　文本框

文本框(Text)常用来当做输入输出框。可利用文本框来输入多种不同类型的数据,也可利用文本框来显示指定的数据。

文本框控件的常用属性如表9-9所示。

表9-9　文本框常用属性

属 性 名	说　明
Alignment	指定文本框中内容的对齐方式,其中0表示左对齐;1表示右对齐;2表示中对齐;3(默认值)表示自动选择对齐方式
DataFormat	指定文本框中日期或时间类型数据的显示格式,其中0(默认)表示使用默认方式;1表示美语方式等
DateMark	指定文本框中日期类型数据的日期分隔符

（续）

属 性 名	说 明
InputMask	指定输入到文本框中字符的特性，一般用于限制用户输入数值数据的大小和小数位数。例如，将该属性设置为999，则可限制用户只能输入0～999的整数
MaxLength	指定文本框中可输入的最大字符串长度，0表示没有限制。对于文本框数据必须在未指定InputMask时，MaxLength才能起作用
PasswordChar	指定文本框中是显示用户输入的字符还是显示占位符，如果需要显示占位符，可在此处输入指定的占位符
Visible	指定控件在表单运行时是否可见。为.F.时，表示不可见

【例9-9】设计如图9-29所示表单，该表单是一个口令对话框，用户在文本框中输入口令，然后单击"确定"按钮，系统根据口令的正误给出相应的提示。其中，正确的口令为"123456"。

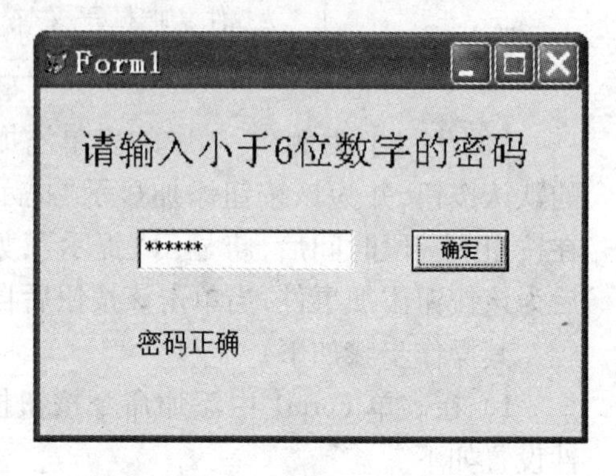

图9-29 例9-9表单运行结果

其操作步骤如下：

1）在表单Form1中添加标签控件Label1，其属性设置如下。

```
Caption = "请输入小于6位数字的密码"
FontSize = 18
AutoSize = .T.
```

2）在表单Form1中添加标签控件Label2，其属性设置如下。

```
FontSize = 12
AutoSize = .T.
Visible = .F.
```

3）在表单Form1中添加文本框控件Text1，其属性设置如下。

```
MaxLength = 6
PasswordChar = *
```

4）在表单Form1中添加命令按钮控件Command1，其属性设置如下。

```
Caption = "确定"
```

5）在Command1的Click Event中加入以下代码。

```
thisform. Label2. visible = . T.
If thisform. Text1. value = "123456"
  thisform. Label2. caption = "密码正确"
else
  thisform. Label2. caption = "密码错误"
endif
```

6）保存并运行表单。

9.3.4 编辑框

编辑框(Edit)与文本框类似,也是用于输入或编辑数据,但是与文本框的主要区别在于,编辑框允许输入多行文本,并能自动换行;而文本框只能输入一行,在输入数据时遇到回车将结束输入。

编辑框控件的常用属性如表 9-10 所示。

表 9-10 编辑框常用属性

属性名	说明
BorderStyle	指定控件的边框样式。其中,0(缺省值)表示无边框;1 表示固定单线边框
ScrollBars	指定编辑框所具有的滚动条类型。其中,2(默认值)表示垂直方向有滚动条;0 表示无
SelLength	返回在编辑框中说选定的字符数目,或指定要选定的字符数目
SelStart	返回在编辑框中所选择文本的起始点位置,或指定文本插入点的位置
SelText	返回在编辑框中所选择的文本内容,如果没有选定任何文本,则返回空字符串

【例 9-10】设计如图 9-30 所示表单,要求当文本框得到焦点时能够立即在编辑空中显示所选定的文本。

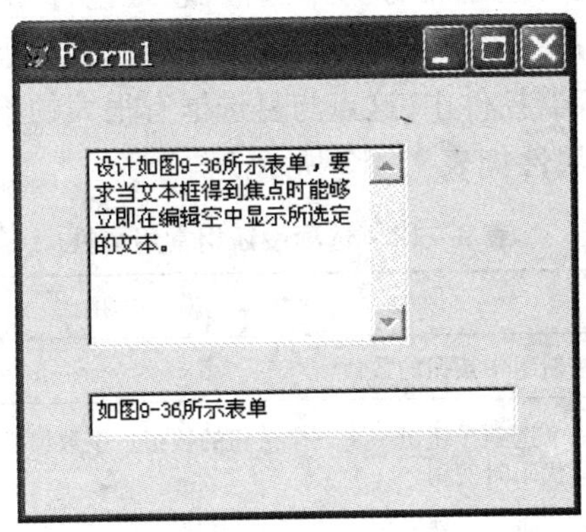

图 9-30 例 9-10 表单运行结果

其操作步骤如下:

1) 在表单 Form1 中添加编辑框控件 Edit1。

2) 在表单 Form1 中添加文本框控件 Text1。

3) 在 Text1 的 GotFocus Event 中加入以下代码。

```
thisform. text1. value = thisform. edit1. seltext
    && 该代码作用是把 edit1 控件中选定的文本赋值给 text1 控件
```

4) 保存并运行表单。

GotFocus 事件是在当一个对象通过用户操作或以代码的方式获得焦点时发生。本例表示当 Text1 控件进入编辑状态时,触发该事件。

9.3.5 复选框

复选框(Check)用于指定一个逻辑状态,可以是选中状态或未选中状态。选中时在方框内显示一个“√”,否则为空。

复选框控件最重要的属性是 Value,它用于指定复选框的当前状态,其属性值及说明如表 9-11 所示。

表 9-11　复选框 Value 的属性值

属　性　值	说　　明
0	默认值,表示复选框未被选中
1	表示复选框被选中
非 0 或 1	表示复选框处于不确定状态,此时复选框以灰色显示,该属性值只是在代码中有效

由于复选框 Value 属性取值的特点,用 ControlSource 属性与复选框建立连接的数据源类型只能是逻辑型或数字型。

复选框是独立工作的,也就是说,若干个复选框之间的选择是相互独立的。可以在表单里选中一个或多个复选框。

9.3.6　选项按钮组

选项按钮组(Option Group)也通常称为单选框,它是包含一个或多个选项按钮的容器类控件。选项按钮组只允许用户在多个选项中选择其中某一个,因此多个选项按钮是不能单独存在的,它们只能放在一个容器控件中,这点与复选框有很大的不同。

选项按钮组控件的常用属性如表 9-12 所示。

表 9-12　选项按钮组常用属性

属　性　值	说　　明
ButtonCount	指定选项按钮组中按钮的数目
Buttons	用于存取一个选项按钮组中每一个按钮的数组。该数组下标的取值范围介于 1 到 ButtonCount 之间。在编写代码时使用
TabIndex	指定一个页面上控件的 Tab 键次序。例如,某控件的 TabIndex = 2 在页面上按下 <Tab> 键后,焦点会自动跳到 TabIndex = 3 的控件中
Value	指定用户选定了哪一个按钮。例如,用户选择了第三个按钮,则该属性值就为 3

【例 9-11】设计如图 9-31 所示表单,要求可以设置文本框中字体的字号、名称及格式,每次字体的选择都会立即应用到文本框的文字中。

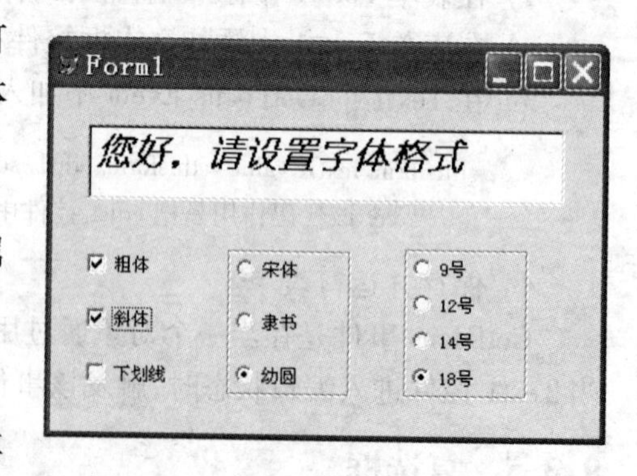

图 9-31　例 9-11 表单运行结果

其操作步骤如下:

1) 在表单 Form1 中添加文本框控件 Text1,其属性设置如下。

Value ="您好,请设置字体格式"

2) 在表单 Form1 中添加复选框控件 Check1,其属性设置如下。

Caption = 粗体

3）在 Check1 的 Click Event 中加入以下代码。

```
if this. value = 1
  thisform. text1. fontbold = . T.
else
  thisform. text1. fontbold = . F.
endif
```

4）重复类似步骤 2）、3）操作，分别为 Check2（斜体）、Check3（下画线）设置属性并添加类似代码。

5）在表单 Form1 中添加选项按钮组控件 Optiongroup1。选项按钮组控件设置一般需要使用生成器完成，对控件右击，在弹出的快捷菜单中选择“生成器”命令，打开“选项组生成器”对话框，如图 9－32a 和图 9－32b 所示。

其中的“按钮”选项卡主要用于设置按钮的数目及按钮的标题文字或图形；“布局”选项卡用于设置按钮的布局方向，按钮间隔等排列方式；“值”选项卡用于与数据表或视图进行连接。在本例中，只需按照图 9－32 设置“按钮”及“布局”选项卡的内容。

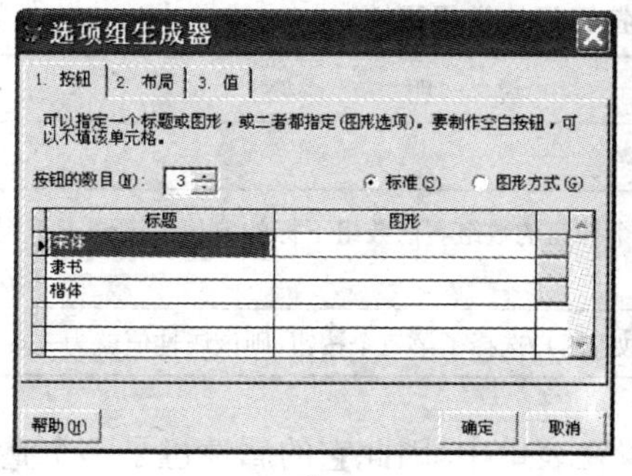

a)

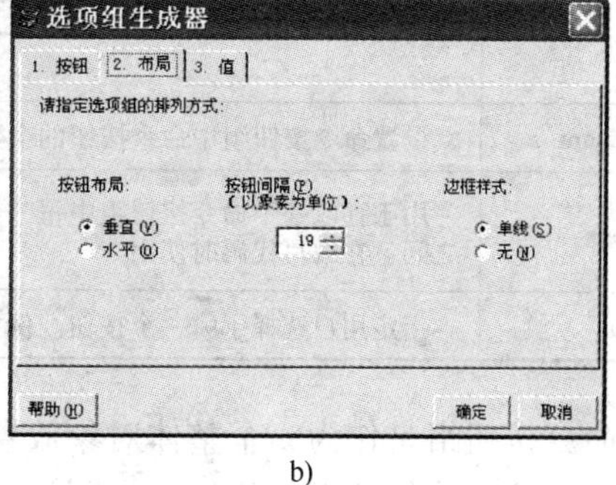

b)

图 9－32 “选项组生成器”对话框

a）“按钮”选项卡 b）“布局”选项卡

6）在 Optiongroup1 的 Click Event 中加入以下代码。

```
do case
 case this. value = 1                  && 选中第一个选项的情况
     thisform. text1. fontname = "宋体"
 case this. value = 2                  && 选中第二个选项的情况
     thisform. text1. fontname = "隶书"
 case this. value = 3
     thisform. text1. fontname = "幼圆"
endcase
```

7）在表单 Form1 中添加选项按钮组控件 Optiongroup2，该选项按钮组用于设置字体大小，属性设置方法类似步骤 5）。

8）在 Optiongroup2 的 Click Event 中加入以下代码。

```
do case
    case this. value = 1
        thisform. text1. fontsize = 9
    case this. value = 2
        thisform. text1. fontsize = 12
    case this. value = 3
        thisform. text1. fontsize = 14
    case this. value = 4
        thisform. text1. fontsize = 18
endcase
```

9）保存并运行表单。

9.3.7 命令按钮组

当表单有多个功能相近的命令按钮时,可以将相关的命令按钮编成一个组,这样既可以单独操作各个命令按钮,也可以将其作为一个组来操作。

命令按钮组(Command Group)控件的常用属性如表 9-13 所示。

表 9-13 命令按钮组的常用属性

属性值	说明
ButtonCount	设置命令按钮组中命令按钮的个数
Buttons	用于存取一个命令按钮组中每一个按钮的数组。该数组下标的取值范围介于 1 到 ButtonCount 之间。在编写代码时使用
Value	指定用户选择了哪一个按钮。例如,用户选择了第三个按钮,则该属性值就为 3

由于命令按钮组是作为一个整体对象放置在表单中,因此它的属性也是一个整体的属性,但是每个命令按钮执行的操作往往是不同的,因此会出现需要分别设置每个命令按钮的事件代码的情况。

具体方法:首先右击命令按钮组,在弹出的快捷菜单中选择“编辑”命令,此时按钮组中的每个按钮都可以单独选中了,然后单击需要修改的命令按钮,完成属性设置和代码编写工作。

要注意的是,由于命令按钮组和命令按钮都可以设置自己的 Click 事件,因此有可能出现两个 Click 事件并存的情况,此时系统会优先执行该命令按钮的 Click 事件,而不是命令按钮组的。为了避免混淆,建议不要对命令按钮组及命令按钮同时编写 Click 事件。

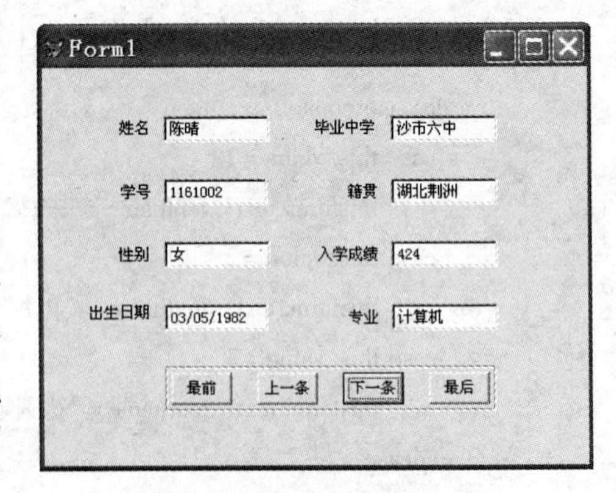

图 9-33 例 9-12 表单运行结果

【例 9-12】设计如图 9-33 所示表单,可以浏览及编辑学生记录信息,并且可以使用表单下部的命令按钮组前后翻动学生记录。

其操作步骤如下:

1）把“学生”表添加到表单的数据环境中，然后把数据环境中需要用到的表字段拖动到表单中，系统将自动生成相应的标签和文本框。

2）在表单 Form1 中添加命令按钮组控件 CommandGroup1。该控件设置一般需要使用生成器完成，对控件右击，在弹出的快捷菜单中选择“生成器”命令，打开“命令组生成器”对话框，如图 9－34a 和图 9－34b 所示，其设置方法与“选项组生成器”类似。

其中的“按钮”选项卡主要用于设置按钮的数目及按钮的标题文字或图形；“布局”选项卡用于设置按钮的布局方向，按钮间隔等排列方式。在本例中，只需按照图 9－34 设置“按钮”及“布局”选项卡的内容。

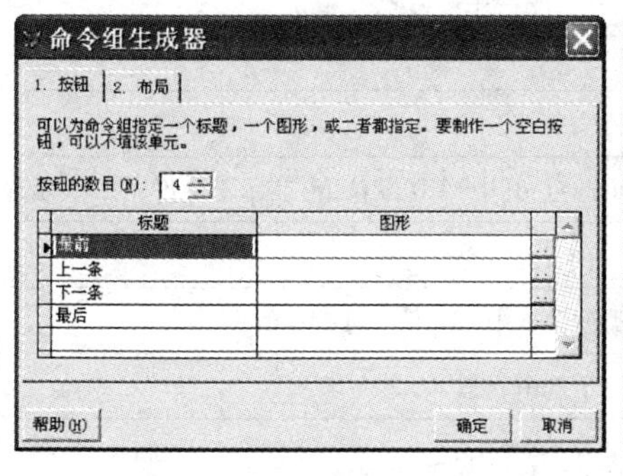

a)

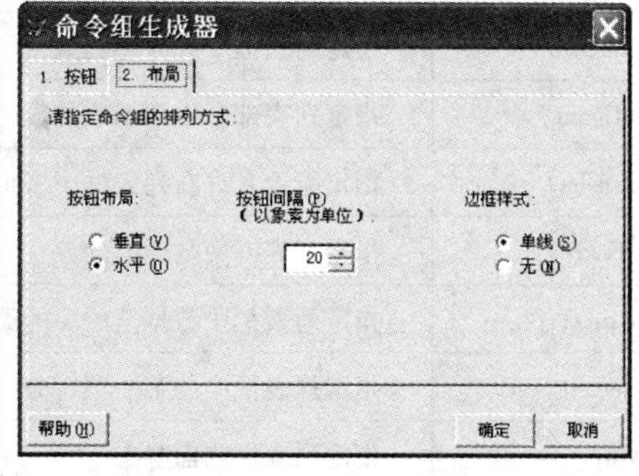

b)

图 9－34 “命令组生成器”对话框

a）“按钮”选项卡 b）“布局”选项卡

3）在 CommandGroup1 的 Click Event 中加入以下代码。

```
s = this. value                && S 为当前选中的按钮编号
do case
    case s = 1                 && 选中第 1 个按钮
      goto top
    case s = 2                 && 选中第 2 个按钮
      skip  - 1
      if bof( )                && 如果记录指针已经到达表头
        goto top               && 记录指针指向第一条记录
      endif
    case s = 3
      skip
      if eof( )
        goto bottom
      endif
    case s = 4
      goto bottom
  endcase
thisform. refresh              && 重新刷新表单，使各文本框显示新的内容
```

4）保存并运行表单。

9.3.8 列表框

列表框(List)可以包含多个选择项,其作用是显示一组待选值,让用户从中选择一个或多个值,并保存所选值到表的字段或变量中去。列表框的高度决定了可以同时看到多少个列表项,而不可见的列表项可以使用滚动条滚动显示。

列表框控件的常用属性如表 9-14 所示。

表 9-14 列表框的常用属性

属 性 值	说 明
ColumnCount	指定列表框中列对象的数目
ListCount	指定列表部分中数据项的数目
MultiSelect	指定能否允许在列表框中多重选定,其中 . F. (默认值)表示不允许;. T. 表示允许
RowSource	指定列表框中数据值的源
RowSourceType	指定列表框中数据值的源的类型。其中,有 10 个可设置值
Selected	指定列表框中的某一项十分处于选中状态
Value	指定列表框当前状态

通过设置 RowSource 属性及 RowSourceType 属性,可以用不同数据源中的项来绑定列表框。其中,RowSourceType 属性用于决定数据源的类型,其属性值及含义如表 9-15 所示。设置好 RowSourceType 属性后,再通过设置 RowSource 属性来指定列表项的数据源。

表 9-15 列表框 RowSourceType 的属性值

属性值	值源类型	说 明
0	无	默认值。此时由程序在允许时向列表框中添加内容
1	值	RowSource 属性设置逗号分隔的数据项类分别填充列
2	别名	RowSource 属性设置为表名,把打开表的一个或多个字段的值添加进列表框,用 ColumnCount 确定字段数
3	SQL 语句	RowSource 属性设置为 SQL SELECT 语句,把查询的结果填充进列表框
4	查询	RowSource 属性设置为一个查询文件,把查询的结果填充进列表框
5	数组	RowSource 属性设置为一个数组名,用数组填充列表框,数组的每一行对应一个列表项
6	字段	RowSource 属性设置为一个字段名或一系列用逗号隔开的字段名,用这些字段填充列表框
7	文件	RowSource 属性设置为一个当前目录下的文件名,把文件中的内容填充进列表框
8	结构	RowSource 属性设置为字段一个表名,用表结构中的字段名填充列表框
9	弹出式菜单	RowSource 属性设置为弹出式菜单名,用预先定义的弹出式菜单项来填充列表框

列表框控件的常用事件和方法如表 9-16 所示。

表 9-16　列表框常用事件和方法

事件和方法	说　明
AddItem	在列表框中添加一个列表项
Clear	删除列表框中所有列表项
Click Event	单击列表框时，触发该事件
RemoveItem	在列表框中删除一个列表项
InteractiveChange Event	当用户使用鼠标或键盘改变列表框的值时，触发该事件

【例 9-13】设计如图 9-35 所示表单，要求可以在表单左侧列表框显示所有学生的姓名，在表单右侧显示所选学生的详细信息。

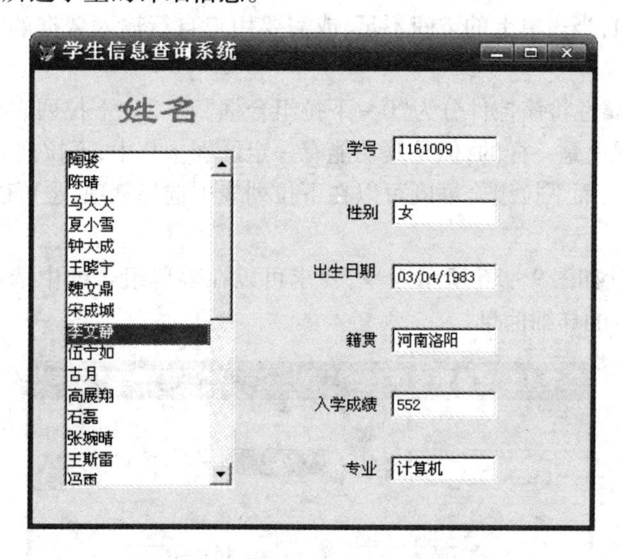

图 9-35　例 9-13 表单运行结果

其操作步骤如下：

1）把表单 Form1 的 Caption 属性设置为“学生信息查询系统”。

2）在表单 Form1 中添加标签控件 Label1，其属性设置如下。

```
Caption = "姓名"
FontName = "隶书"
FontSize = 24
ForeColor = 255,0,0
```

3）把学生表添加到表单的数据环境中，然后把数据环境中需要用到的表字段拖动到表单中，系统将自动生成相应的标签和文本框，并对齐各控件。

4）在表单 Form1 中添加列表框控件 List1，其属性设置如下。

```
RowSourceType = 6 - 字段
RowSource = 学生 . 姓名
```

列表框的属性设置也可以使用生成器来完成，要弹出生成器只需对控件右击，在弹出的快捷菜单中选择“生成器”命令即可。

5）在 List1 的 Interactivechange 方法中加入以下代码。

```
thisform. refresh                && 每次用户选择了不同的列表项时,表单自动刷新
```

6）保存并运行表单。

9.3.9 组合框

组合框(ComboBox)以下拉列表的方式提供若干个项目供用户选择。这样的选中输入可以很好地减少输入工作量,并保证输入数据的正确性。组合框与前面的列表框功能上十分相似,因此它们属性也大部分相同,只是组合框不提供多重选择功能,没有 MultiSelect 属性。

组合框只显示一个当前选定项目,当单击其右端的下拉箭头时才显示项目列表,因此可以节省表单的显示空间;当表单上的空间不足,或需要用户自行输入数据的时候,通常使用组合框,而非列表框。

组合框的 Style 属性将该控件分为"0 - 下拉组合框"和"2 - 下拉列表框"两种类型。这两种类型的组合框外观上是一样的,但是其功能有一定区别。其中,下拉列表框仅可以在下拉列表中选择已有的某项,而下拉组合框既可以在下拉列表中选择某项,也可以直接在组合框中由人工输入一个值。

【例 9 - 14】设计如图 9 - 36 所示表单,要求可以在表单组合框中选择学生的姓名,在表单下侧显示所选学生的详细信息。

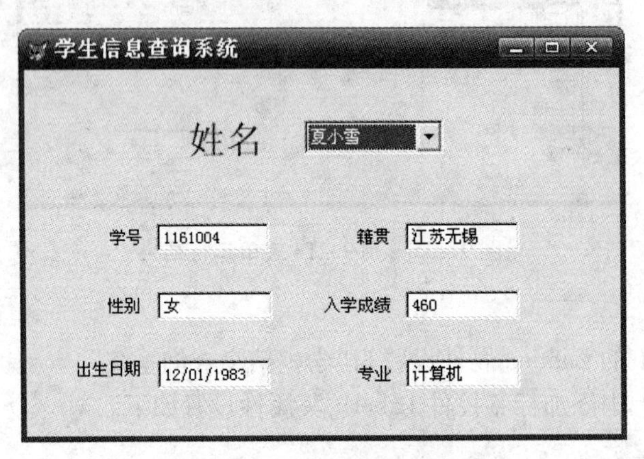

图 9 - 36　例 9 - 14 表单运行结果

其操作步骤如下:

1）把表单 Form1 的 Caption 属性设置为"学生信息查询系统"。

2）在表单 Form1 中添加标签控件 Label1,其属性设置如下。

```
Caption = "姓名"
FontSize = 20
```

3）把学生表添加到表单的数据环境中,然后把数据环境中需要用到的表字段拖动到表单中,系统将自动生成相应的标签和编辑框。

4）在表单 Form1 中添加组合框控件 Combo1,其属性设置如下。

```
Style = 2 - 下拉列表框
```

RowSourceType = 6 - 字段
RowSource = 学生 . 姓名

5）在 Combo1 的 Interactivechange 方法中加入以下代码。

```
thisform. refresh
```

6）保存并运行表单。

9.3.10 微调控件

微调控件(Spinner)用于接受给定范围之内的数值输入。它既可以使用键盘输入,也可以通过单击右端的上下箭头调整当前值输入。

微调控件的常用属性如表 9 - 17 所示。

表 9 - 17 微调控件的常用属性

属 性 值	说 明
Increment	指定用户在每次单击向上或向下箭头时增减的数值
KeybordHighValue	指定用户能够用键盘输入的最大值
KeybordLowValue	指定用户能够用键盘输入的最小值
SpinnerHighValue	指定用户单击向上箭头时,能够达到的最大值
SpinnerLowValue	指定用户单击向上箭头时,能够达到的最小值
Value	设置或返回当前值

9.3.11 计时器

计时器(Timer)是一个在设计表单时常用的控件。计时器在设计时,是可见的,便于设置属性;但在运行时不可见,因此它的位置、大小等属性是无意义的。

计时器允许以一定的时间间隔重复地执行某些操作。它通过检查系统时钟,确定是否到了某一任务的时间。在表单中还可以加入多个计时器,以控制不同的特定事件的发生。

计时器控件的常用属性如表 9 - 18 所示。

表 9 - 18 计时器的常用属性

属 性 值	说 明
Enabled	指定计时器是否开始计时
Interval	指定两个计时事件之间的间隔时间,mm 为单位
Height	指定或返回控件的高
Width	指定或返回控件的宽

计时器中最重要的事件是 Timer 事件,该事件是在经过 Interval 属性中设定的毫秒数后自动触发,当然 Enabled 属性必须为 . T. 。

【例 9 - 15】设计如图 9 - 37 所示表单,要求在表单上有一个向左移动的字幕,表单右下方有一个显示当前时间的时钟。

其操作步骤如下:

1）在表单 Form1 中添加标签控件 Label1，其属性设置如下。

```
AutoSize = .T.
Caption = "双计时器演示表单"
FontSize = 20
```

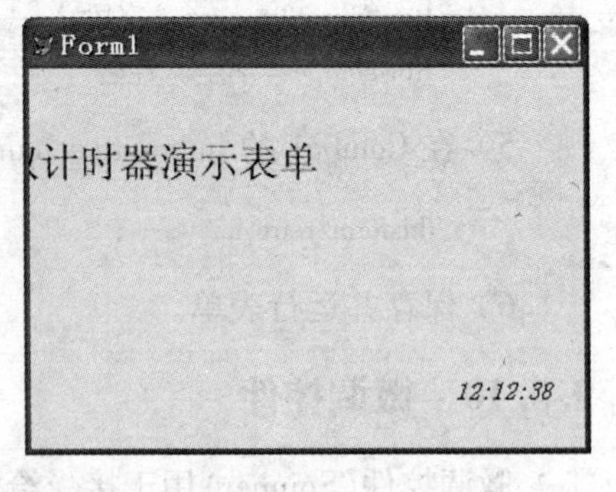

图 9－37　例【9－15】表单运行结果

2）在表单 Form1 中添加标签控件 Label2，其属性设置如下。

```
AutoSize = .T.
FontSize = 12
FontItalic = .T.
```

3）在表单 Form1 中添加计时器控件 Timer1，其属性设置如下。

```
Interval = 100
```

4）在表单 Form1 中添加计时器控件 Timer2，其属性设置如下。

```
Interval = 1000
```

5）在 Timer1 的 Timer Event 中加入以下代码。

```
if thisform. label1. left + thisform. label1. width < 0
                                    && 文字已经完全超出左边界的情况
    thisform. label1. left = thisform. width
else
    thisform. label1. left = thisform. label1. left - 5
endif
```

6）在 Timer2 的 Timer Event 中加入以下代码。

```
thisform. label2. caption = time( )
```

7）保存并运行表单。

9.3.12　表格

表格(Grid)控件可以用来在表单中显示或修改数据表中的记录。一个表格包含若干个列(Column)，每一列又包含一个表头(Header)和文本框(Text)，表头用于显示字段的标题，文本框用于显示字段的内容。表格的常用属性如表 9－19 所示。

表 9－19　表格的常用属性

属 性 值	说　明
AllowAddNew	指定是否允许在表格中添加新记录
ColumnCount	指定表格的列数，默认值为－1，表示显示数据表的所有列
Columns	用于存取表格中列控件的数组。该数组下标的取值范围介于 1 到 ColumnCount 之间。在编写代码时使用

（续）

属 性 值	说 明
DeleteMark	指定表格是否显示删除标记列。默认值为 .T.
Enabled	指定表格是否可用
RecordSource	指定表格的数据来源
RecordSourceType	指定与表格建立联系的数据源的打开方式。有5种方式
ReadOnly	指定表格的内容是否允许修改

其中 RecordSourceType 的属性值说明如表 9－20 所示。

表 9－20 RowSourceType 的属性值

属 性 值	值 源 类 型	说 明
0	表	把 RowSource 属性设置的表名作为数据源
1	别名	把 RowSource 属性设置的已打开的表作为数据源
2	提示	在表单运行中由用户根据提示选择表格的数据源
3	查询	RowSource 属性设置为一个查询文件，把查询的结果作为数据源
4	SQL 语句	RowSource 属性设置为 SQL SELECT 语句，把查询的结果作为数据源

表格是一个容器，里面放着列控件，列控件的常用属性如表 9－21 所示。

表 9－21 列控件的常用属性

属 性 值	说 明
ControlSource	指定列要连接的数据源，通常为表的一个字段
CurrentControl	指定在列控件中用于显示活动单元格值的控件，默认值为 Text1
Sparse	确定 CurrentControl 属性是影响列控件中所有的单元格还是只影响活动单元格

列控件可以根据单元格的值类型来选择合适的显示控件。例如，如果单元格的值是逻辑类型的时候（如团员否），列控件可以使用复选框来显示该内容。

列控件中还包含标题控件和单元格控件，也可以有自己的一组属性、事件和方法。这种控件的组合，为表格控件提供了多样化的数据显示方式和灵活的数据操作方式。

创建表格的方法有以下两种。

1. 由数据环境创建表格

该方法操作十分简单，具体操作步骤如下：

1）打开表单的“数据环境设计器”。

2）把要使用到的数据表添加入“数据环境设计器”中。详细操作方法请参考本章第 9.2.2 节。

3）用鼠标把需要生成表格的数据表拖动到表单中即可，若只需要部分字段，可选中所需多个字段（按住 <Ctrl> 键），然后一起拖动到表单中。

2. 用“表格生成器”创建表格

当需要创建一个自定义的表格的时候，一般要用到“表格生成器”。

“表格生成器”包含表格项、样式、布局和关系等4个选项卡。其中,“表格项”选项卡用于指定要在表格中显示的字段;“样式”选项卡用于指定表格的显示样式;“布局”选项卡用于指定列标题及表示字段值的控件;“关系”选项卡用于指定多表之间的关系。

【例9-16】设计如图9-38所示表单,用于浏览所有学生信息。

Form1

学生表信息

学号	姓名	性别	年龄	团员否	入学日期	专业
99010201	王利	女	19	☑	09/01/99	城市经济
99010202	赵小风	男	20	☑	09/01/99	城市经济
99020301	李民	男	19	☐	09/01/99	经济法
99020302	李小平	男	18	☑	09/01/99	经济法
98030401	王亮	男	20	☐	09/05/98	金融
98030402	杨红莉	女	21	☑	09/05/98	金融
97040101	王敏	女	21	☑	09/10/97	保险
97040102	李萍	女	22	☑	09/10/97	保险

图9-38　例9-16表单运行结果

其操作步骤如下:

1)在表单Form1中添加标签控件Label1,其属性设置如下。

```
Caption = "学生表信息"
FontSize = 16
```

2)在表单Form1中添加表格控件Grid1。对Grid1右击,在弹出的快捷菜单中选择“生成器”命令,打开“表格生成器”对话框,如图9-39所示。

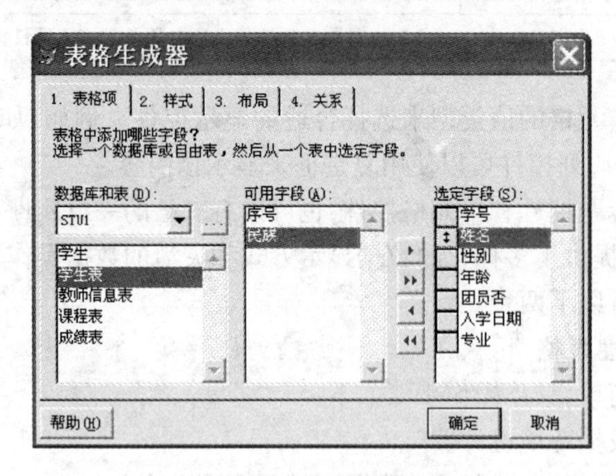

图9-39　“表格项”选项卡

3)在“表格项”选项卡中,选择合适的数据库及数据表,在本例中选择“STU1”数据库和“学生表”数据表。然后单击右箭头按钮把需要显示的字段移动到“选定字段”框内,并可修改字段显示的顺序。

4)在“样式”选项卡中,选择“浮雕型”样式。

5）在“布局”选项卡中，首先单击“团员否”字段，然后在控件类型中选择“复选框”，并且通过拖动鼠标修改“学号”、“姓名”和“性别”等列到合适宽度，如图 9－40 所示。

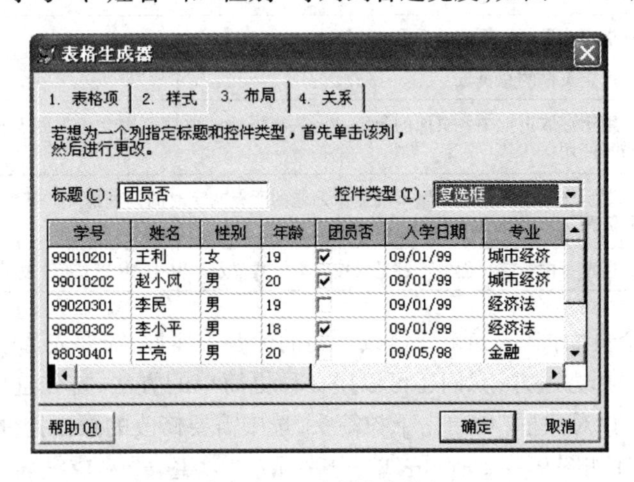

图 9－40 “布局”选项卡

6）单击“确定”按钮完成表格创建。

7）在表单中右击表格，在弹出的快捷菜单中选择“编辑”命令，此时表格处于正在编辑状态，在表格外围会出现一圈绿色的斜线框。

8）单击“姓名”列中除标题外的单元格，此时“属性”栏的“对象框”显示 Column2 字样，表示当前正在编辑第二列的属性，如图 9－41 所示。

9）把 Column2 的 BackColor 属性设置为 128，128，255。

10）保存并运行表单。

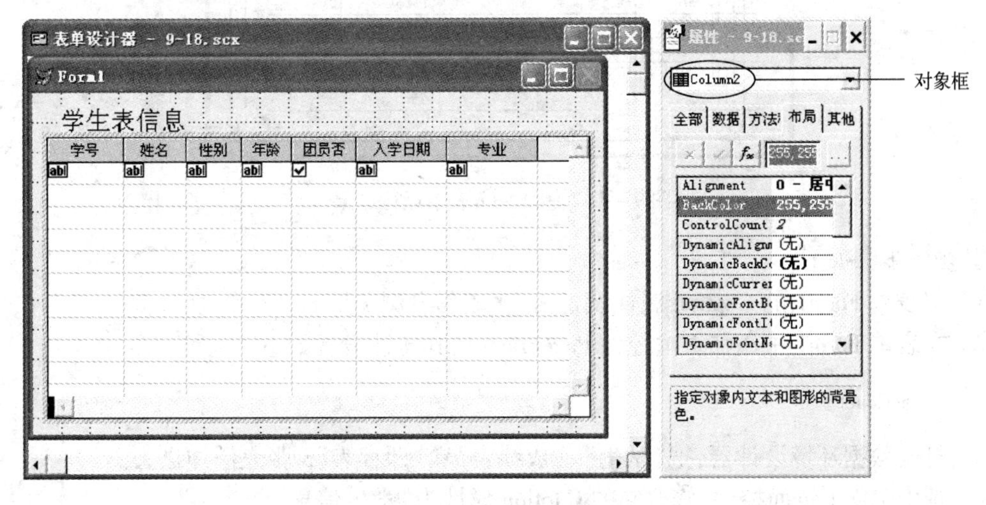

图 9－41 修改表格第二列的属性

9.3.13 页框

页框(Page Frame)是包含页面的容器，它定义了页面的位置和页面的数目，是一个在扩展表单面积和分类显示控件方面非常实用的工具。页框的常用属性如表 9－22 所示。

表 9-22　页框的常用属性

属 性 值	说　明
ActivePage	指定或返回页框内活动页的页码
PageCount	指定页框的总页数
Pages	用于存取页框中各页面的数组。该数组下标的取值范围介于 1 到 PageCount 之间。在编写代码时使用
TabStretch	指定当页面的标题位置不够显示标题的所有文字时的处理情况。其中,0(默认值)表示显示部分标题文字;1 表示多行显示所有文字
TabStyle	指定页框所有页面的标题是否按两端方式显示。其中,0(默认值)表示两端;1 表示非两端

页框内包含多个页面控件,如果要修改页面的标题等属性,需要先选中页面控件。除了用类似表格列控件的选择方法外,我们还可以用一种更简单的方法,首先选中激活页框控件,然后直接在"属性"栏的"对象框"中单击下拉箭头,选中需要修改的页面控件即可。

【例 9-17】设计如图 9-42 所示表单,分别显示"学生表"、"成绩表"和"课程表"3 张表的内容。

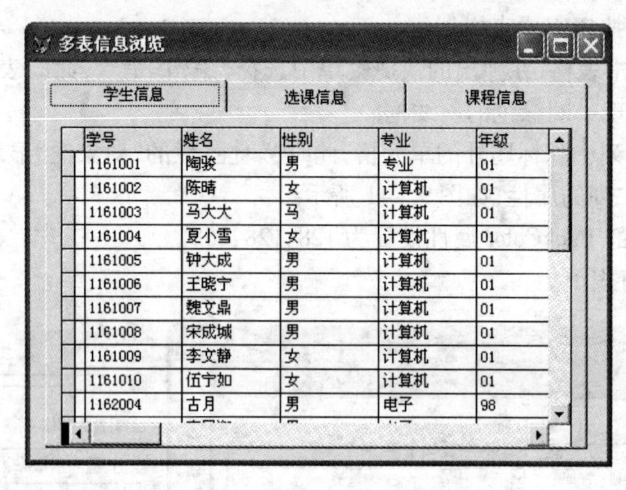

图 9-42　例 9-17 表单运行结果

其操作步骤如下:

1) 把表单 Form1 的 Caption 属性设置为"多表信息浏览"。

2) 在表单 Form1 中添加页框控件 PageFrame1,其属性设置如下。

```
PageCount = 3
```

3) 打开数据环境设计器,把"学生"、"成绩表"和"课程表"3 张表添加进去。

4) 选中 Page1 页面控件,修改它的 Caption 属性为"学生信息"。

5) 在 Page1 控件处于选中状态下,把"学生"拖动到页框的第一页(Page1),将自动生成一个表格,调整表格至合适大小。注意:要往某个页面添加控件,必须是在该页框处于编辑选中状态下才能进行。

6) 选中 Page2 页面控件,修改它的 Caption 属性为"选课信息",把用"成绩表"表生成的表格添加进去。

7）选中 Page3 页面控件，修改它的 Caption 属性为“课程信息”，把用“课程表”表生成的表格添加进去。

8）保存并运行表单。

9.3.14 图像、线条和形状

图像、线条和形状等控件用于在表单上设计显示图像和图形，主要用于美化表单界面。

1. 图像

利用图像（Image）控件可以很方便地在表单中添加多种格式的图像文件，其常用属性如表 9-23 所示。

表 9-23 图像的常用属性

属 性 值	说 明
Height	指定控件的高度
Picture	指定要添加的图像文件
Stretch	设置图像的显示方式。其中，0（默认值）表示裁剪，超出控件部分的图像将被去掉；1 表示等比填充，图像保留原来的比例；2 表示变化填充，图像调整到与控件大小一致
Width	指定控件的宽度

2. 线条

利用线条（Line）控件可以直接在表单的指定位置画出所需要的直线，如实线、虚线和点线等。线条的常用属性如表 9-24 所示。

表 9-24 线条的常用属性

属 性 值	说 明
BorderStyle	指定线条的线型。其中 0 表示透明；1（默认值）表示实线；2 表示虚线；3 表示点线；4 表示点划线；5 表示双点划线；6 表示内实线
BorderColor	指定线条的颜色
BorderWidth	指定线条的粗细，单位是像素点
LineSlant	设置斜线的走向。其中“\”表示左上往右下斜；“/”表示右上往左下斜

3. 形状

利用形状（Shape）控件可以直接在表单上画出各种图形，如矩形、圆形等。图形的常用属性如表 9-25 所示。

表 9-25 形状的常用属性

属 性 值	说 明
Curvature	设置形状拐角的曲率，取值范围是 0～99，其中，0 表示直角；99 表示圆或椭圆
FillColor	指定形状的填充色
FillStyle	指定形状的填充样式。其中，0 表示实线；1（默认值）表示透明；2 表示水平；3 表示垂直；4 表示向上对角线；5 表示向下对角线；6 表示交叉线；7 表示对角交叉线
SpecialEffect	指定形状是平面的还是三维的，只有当 Curvature = 0 时有效

9.3.15 ActiveX 控件

ActiveX 是微软公司提出的有关控件的技术标准，ActiveX 控件就是指符合 ActiveX 标准的控件，其数量已经超过了 1000 种。如在 Windows 的 system 文件夹中含有大量带 .OCX 扩展名的文件，都是 ActiveX 控件。

在 VFP 中，把 ActiveX 类控件分为 ActiveX 控件和 ActiveX 绑定控件。

1. ActiveX 控件

ActiveX 控件（OleControl）的功能是向应用程序中添加 OLE（Object Linking and Embedding）对象，所以又称为 OLE 控件。OLE 是对象链接与嵌入的英文缩写，即把一个对象以链接或嵌入的方式包含在其他的 Windows 应用程序中，如 Word，Excel 等。

从表单控件工具栏中单击 ActiveX 控件，然后在表单上拖动或单击，将弹出一个"插入对象"对话框，如图 9－43 所示。

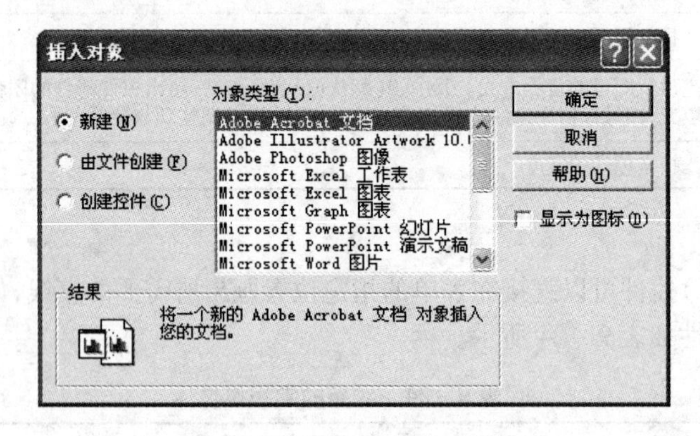

图 9－43 "插入对象"对话框

(1)"新建"选项

该选项的作用是在表单上新建对象，这种对象是某种对象类型的文档。用户在"对象类型"列表框中选择某种文件类型后单击"确定"按钮，VFP 将会自动打开相应的应用程序，供用户输入对象的内容。例如，如果选定是 Microsoft Excel 工作表对象类型，那么系统将会自动运行 Excel 程序，供用户建立 Excel 文件。

(2)"由文件创建"选项

选定该选项时，用户必须指定一个存在的文档，作为对象放置在表单上。

(3)"创建控件"选项

选定该选项时，用户须指定一个 ActiveX 控件放在表单上，此时"插入对象"对话框将显示控件类型列表，供用户选择。这些控件都是表单控件工具栏以外的可供选用的控件，用户选定某项后单击"确定"按钮，选定的控件就会出现在表单上。

2. ActiveX 绑定控件

ActiveX 绑定控件（OleBoundControl）与 OLE 容器控件一样，可向应用程序中添加 OLE 对象，它又称为 OLE 绑定控件。与 OLE 容器控件不同的是，OLE 绑定型控件绑定在一个通用型字段上。绑定型控件是表单或报表上的一种控件，其中的内容与后端的表或查询中的某一字段相关联。

我们一般用绑定控件显示数据表中的通用型字段的内容。

【例9-18】设计如图9-44所示表单,能够浏览带图片信息的教师信息表。

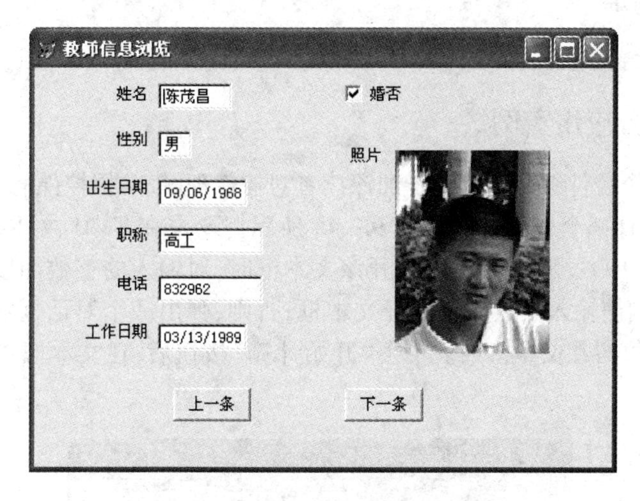

图9-44 例9-18表单运行结果

从表单控件工具栏中单击ActiveX绑定控件,然后在表单上拖动或单击,即可把控件放置在表单上。把设置ControlSource属性设置为数据表中的通用型字段(如照片),则可以显示该字段的内容。

其操作步骤如下:

1) 把表单Form1的Caption属性设置为"教师信息浏览"。

2) 把"教师信息表"添加到表单的数据环境中,然后把需要用到的表字段拖动到表单中,系统将自动生成相应的标签和编辑栏或复选框。

3) 在表单Form1中添加ActiveX绑定控件OleBoundControl1,其属性设置如下。

```
ControlSource = 教师信息表. 照片
```

其实更方便的做法是,在数据环境中直接把照片字段拖动到表单中,系统会自动生成相应的ActiveX绑定控件。

4) 在表单Form1中添加两个命令按钮控件Command1和Command2,把它们的Caption属性分别设置为"上一条"和"下一条"。

5) 在Command1的Click Event中加入以下代码。

```
skip -1
if bof()                  && 如果已经到达表头的时候
 goto top
endif
thisform. refresh
```

6) 在Command2的Click Event中加入以下代码。

```
skip
if eof()
```

```
goto bottom
endif
thisform. refresh
```

7）保存并运行表单。

9.3.16　控件综合应用实例

本节将通过一个控件综合应用例子加深读者对控件理解，掌握控件的基本使用方法。

【例 9－19】设计一个表单外观如图 9－45 所示。要求在 Text1 文本框中输入一个整数（保存于全局变量 n 中）。当输入焦点离开该文本框时，对输入的整数加以判断，如果 n 的值大于 2 且小于 16，则使输入焦点顺利离开文本框；否则，弹出一个对话框加以提示，关闭对话框后输入焦点仍然停留在文本框内。单击“开始计算”按钮后，在文本框 Text2 中显示 n 的阶乘结果。

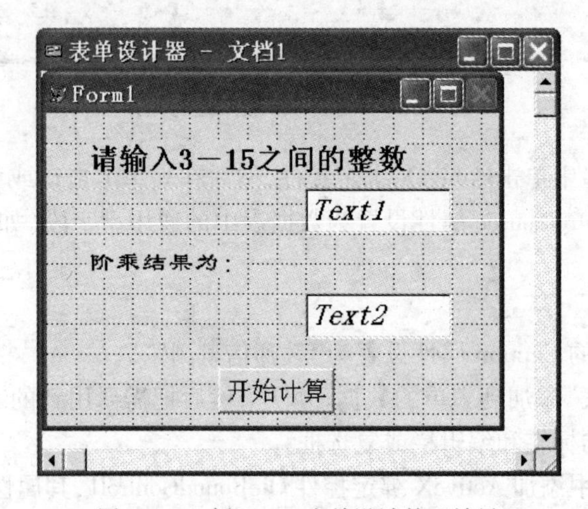

图 9－45　例 9－19 表单设计外观效果

其操作步骤如下：

1）添加标签控件 Label1，其属性设置如下。

```
Caption ="请输入 3 - 15 之间的整数"
FontSize = 18
FontBold =. T.
```

2）添加标签控件 Label2，其属性设置如下。

```
Caption ="阶乘结果为:"
Visible =. F.
FontSize = 16
FontName = 隶书
```

3）添加文本框控件 Text1，其属性设置如下。

```
FontSize = 18
FontItalic =. T.
```

4）选定 Text1 控件，右击，在弹出的快捷菜单中选择“复制”命令；在表单空白位置中右击，选择“粘贴”命令，此时系统会自动创建一个文本框，并命名为 Text2。

5）添加命令按钮控件 Command1，其属性设置如下。

```
Caption = "开始计算"
FontSize = 16
```

此时，表单设计外观如图 9-46 所示。

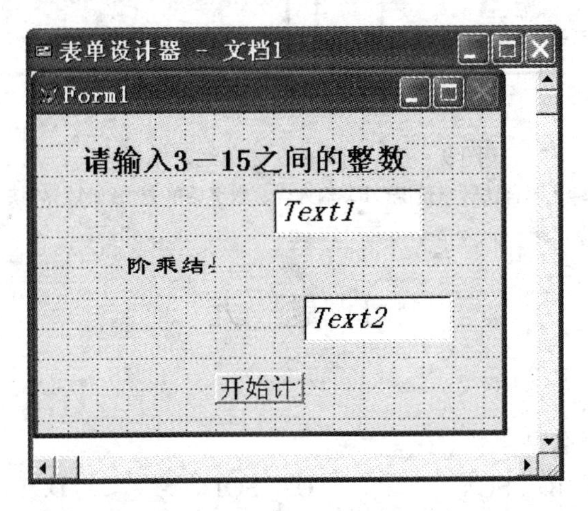

图 9-46　例 9-19 表单设计外观图（未布局）

6）开始进行控件布局调整。选定 Label2 控件，拖动其 8 个控制点，修改控件至合适大小。同样的方法，调整 Command1 控件大小。

7）选定 Label1，Label2 控件，单击“布局”工具栏中的“左边对齐”按钮。再选定 Text1，Text2 控件，单击“布局”工具栏中的“右边对齐”按钮。此时，得到如上图 9-45 所示效果。

8）开始编写事件代码。为 Text1 控件添加 Valid Event 代码，该事件是在控件失去输入焦点前发生。其添加的代码如下：

```
public n                                  && 声明全局变量 n
n = val(thisform.text1.value)             && text1 的内容是字符型数据，在此需要转换为数值型
if n < 3 or n > 15
    messagebox("请输入合法数字!")          && 弹出对话框
endif
```

9）为 Command1 控件添加 Click Event 代码。

```
sum = 1
for i = 1 to n
    sum = sum * i
next
thisform.text2.visible = .T.              && 把 text2 设置为可见
thisform.label2.visible = .T.             && 把 label2 设置为可见
thisform.text2.value = sum
```

10）保存并运行表单，如图9－47所示。

a)

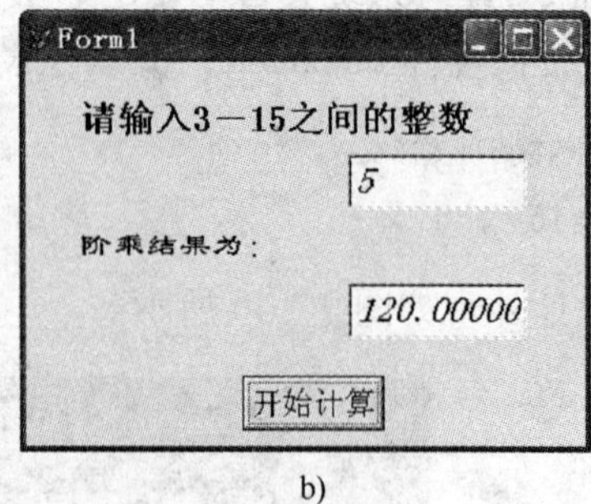

b)

图9－47　例9－19表单运行结果

a）输入不合法数字情况　b）输入合法数字后单击“开始计算”按钮

习　题　九

1．单选题

1）表单文件的扩展名是________。

A．.DBF　　B．.SCX　　C．.SCT　　D．.PJX

2）以下有关VFP表单的叙述中，错误的是________。

A．在表单上可以设置各种控件对象

B．所谓表单就是数据表清单

C．VFP的表单是一个容器类对象

D．VFP的表单可以用来设计类似于窗口或对话框的用户界面

3）在表单内可以包含的各种控件中，复选框的默认名称为________。

A．Command　　B．Check

C．Caption　　D．ComboBox

4）在VFP中，表单是________。

A．一个表中各个记录的清单

B．窗口界面

C．数据库中各个表的清单

D．数据库查询的列表

5）有关“文本框”于“编辑框”的区别，以下叙述错误的是________。

A．文本框只能用于输入数据，而编辑框只能用于编辑数据

B．文本框允许输入多段文本，而编辑框只能输入一段文本

C．文本框只能输入一段文本，而编辑框允许输入多段文本

D．文本框的内容可以是文本、数值等多种数据，而编辑框的内容只能是文本数据

6）在表单中，指定图像框控件所显示的图像文件内容的属性是________。

A．Caption　　B．Value

C．Streth　　D．Picture

7）假设一个表单中包含一个命令按钮，当单击命令按钮时，表单的标题修改为“按钮被按下”，则需要在命令按钮的 Click Event 中添加的正确代码是________。

A. This. Caption =“按钮被按下”

B. ThisForm. Caption =“按钮被按下”

C. ThisFormSet. Caption =“按钮被按下”

D. This. Parent. Form. Caption =“按钮被按下”

8）下列方法中具有刷新控件作用的是________。

A. Release　　B. Show　　C. Refresh　　D. SetFocus

9）在表单中加入一个复选框和一个文本框，编写复选框 Check1 的 Click Event 代码为 Thisform. Text1. Visible = This. Value，则当单击复选框后，________。

A. 文本框可见

B. 文本框不可见

C. 文本框是否可见有复选框的当前值决定

D. 文本框是否可见与复选框的当前值无关

10）要设置命令按钮的是否可用，应设置________属性。

A. Caption　　B. Enable　　C. Visible　　D. Default

2. 简答题

1）Visual FoxPro 有哪几种创建表单的方法？

2）什么是表单的数据环境？应该如何设置？

3）什么是方法、事件？

4）组合框可以分为下拉列表框和下拉组合框两种，它们有何异同？

5）表格控件的数据源分哪几类？

6）请设计一个简易抽奖机。

第10章　报表设计技术

在数据库应用系统中，除了屏幕输出数据处理结果外，打印报表是用户获取信息的另一条重要途径。在Visual FoxPro中打印数据，一般先建立一个报表，从数据表中提取内容，然后再打印报表。创建报表可以使用报表向导或报表设计器。报表向导提供基于单表的报表向导和一对多报表向导，并可以对数据进行分组与统计。报表设计器是进行可视化报表设计的唯一工具，可以用来修改报表或创建新的报表。

标签是一种多列报表布局，它具有为匹配特定标签纸而对列的特殊设置。在Visual FoxPro中，用户可以使用标签向导和标签设计器来创建标签。

本章从创建报表和标签入手，重点介绍利用向导或报表设计器创建报表定义文件的基本方法，讲述报表页面布局及报表域控件的一些使用方法。

10.1　报表设计基础

数据库中的数据不仅供人们查看和浏览，而且还可以根据需要以各种报表形式打印出来。

10.1.1　报表设计概述

设计报表的最终目的是要按照一定的格式输出符合要求的数据。报表文件的扩展名为.frx，该文件存储报表设计的详细说明，指定了存储的域控件、要打印的文本及信息在页面上的位置。每个报表还带有一个文件名相同但扩展名为.frt的相应备注文件，两个文件必须同时出现才能有用。

报表文件不存储每个数据字段的值，只存储数据源的位置和格式信息。每次运行报表时，数据项的值都可能不同，这取决于报表文件所用数据源的字段内容是否更改。

报表的两个基本要素是数据源和报表的布局。

1. 设置报表数据源

数据源指定了报表中的数据来源，可以是表、视图、查询或临时表，报表从数据源中提取数据，并按照布局定义的位置和格式输出数据。此外，报表中的数据还可能是表中某些数据的运算结果。

将数据源添加到报表数据环境中的步骤如下：

1）选择“文件”→“新建”命令，在弹出的“新建”对话框中选取“报表”单选按钮，然后单击“新建文件”按钮，启动报表设计器。

2）选择“显示”→“数据环境”命令，或单击“报表设计器”工具栏上的“数据环境”按钮，打开“数据环境设计器”。

3）右击“数据环境设计器”，从弹出的快捷菜单中选择“添加”命令，在弹出“打开”和“添加表或视图”对话框中，依次选定表或视图，然后单击“添加”按钮。

在“数据环境”中设定的作为报表数据源的表或视图，将会随着报表文件的打开而自动打开，并随着报表文件的关闭而自动关闭。

2. 设计报表布局

创建报表前，应该确定所需报表的格式。报表可能同基于单表的电话号码列表一样简单，或者复杂得像基于多表的发票那样。Visual FoxPro 6.0 中常规报表布局如表 10－1 所示。

表 10－1 常规报表布局

布局类型	说 明	示 例
列报表	每行一条记录，每条记录的字段在页面上按水平方向放置	分组/总计报表、财政报表、存货清单
行报表	一列的记录，每条记录的字段在一侧竖直放置	列表
一对多报表	一条记录或一对多关系	发票、会计报表
多列报表	多列的记录，每条记录的字段沿左边缘竖直放置	电话号码簿、名片
标签	多列记录，每条记录的字段沿左边缘竖直放置，打印在特殊纸上	邮件标签、名字标签

当选定了满足需求的常规报表布局后，便可以创建报表布局文件。

3. 报表设计的途径

在 Visual FoxPro 中，系统为用户提供了以下 3 种创建报表的方法。

1）报表向导：创建简单的基于单表或多表的报表。

2）快速报表：创建基于单表的简单报表。

3）报表设计器：修改已有的报表或新建报表。

对于简单的报表，可以使用前两种方法来创建；对于较复杂的报表，可以在前两种创建的基础上再用报表设计器进行修改和美化。如果直接用报表设计器来创建报表，则报表设计器先提供一个空白布局，用户可以从数据环境中将表或字段拖放到报表中。另外，还可以添加线条、矩形或图像等控件，生成更加灵活、具有个性的报表。

10.1.2 使用向导创建报表

创建报表就是定义报表的数据源和数据布局。“报表向导”是创建报表的最简单的途径。可通过回答一系列的问题来进行报表的设计，使报表的设计工作变得省时有趣。使用报表向导完成报表创建后，如果对设计不完全满意，还可使用“报表设计器”打开该报表，对其进行修改和完善。

Visual FoxPro 提供了以下两种类型的报表向导。

1）报表向导：用于创建基于单张表或视图的列报表或行报表。

2）一对多报表向导：创建包含一组主表记录及相关子表记录的报表。

现在通过一个例子说明如何使用 VFP 中的报表向导来生成一个报表。

1. 单表报表

【例 10－1】将“学生”表中各条记录的部分字段数据做一报表打印出来。

1）选择“文件”→“新建”命令，弹出如图 10－1 所示的“新建”对话框，选定“报表”单选按钮，然后单击“向导”按钮，弹出如图 10－2 所示的“向导选取”对话框。

选取其中的“报表向导”，单击“确定”按钮，弹出“报表向导步骤 1－字段选取”对话框，如图 10－3 所示。

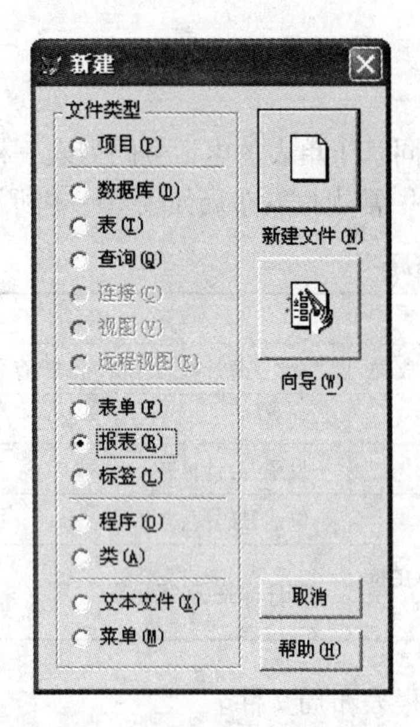

图 10－1　“新建”对话框

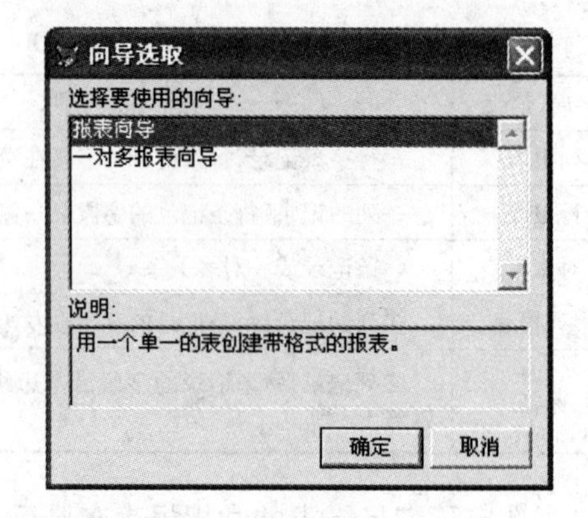

图 10－2　“向导选取”对话框

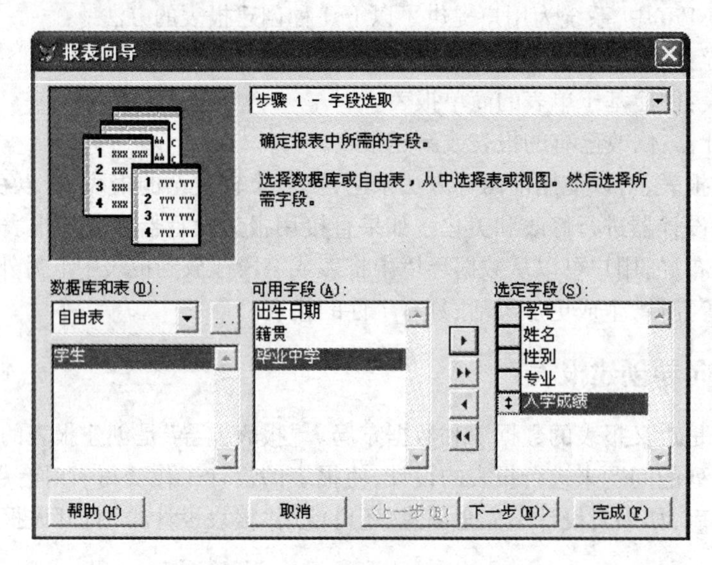

图 10－3　报表向导步骤 1－字段选取

2）选取数据表和字段。这一步要确定报表中的表或视图，并从中选取所要打印的字段。在图 10－3 中，单击“数据库和表”下拉列表框旁边的“…”按钮，在打开的对话框中选择所需的表。如果已经打开了数据库，则可在“数据库和表”下拉列表框中选取学生 . dbf 表。

这里选取“学生”表中的“学号”、“姓名”、“性别”、“专业”和“入学成绩”字段添加到“选定字段”列表框中。单击“下一步”按钮，弹出“报表向导步骤 2－分组记录”对话框，如图 10－4 所示。

3）设置分组记录。可以使用数据分组在报表中按照指定的顺序对表中成组的信息分类，最多可分 3 层。在“分组选项”中可指定分组级字段的分组间隔。此处按“专业”分组。

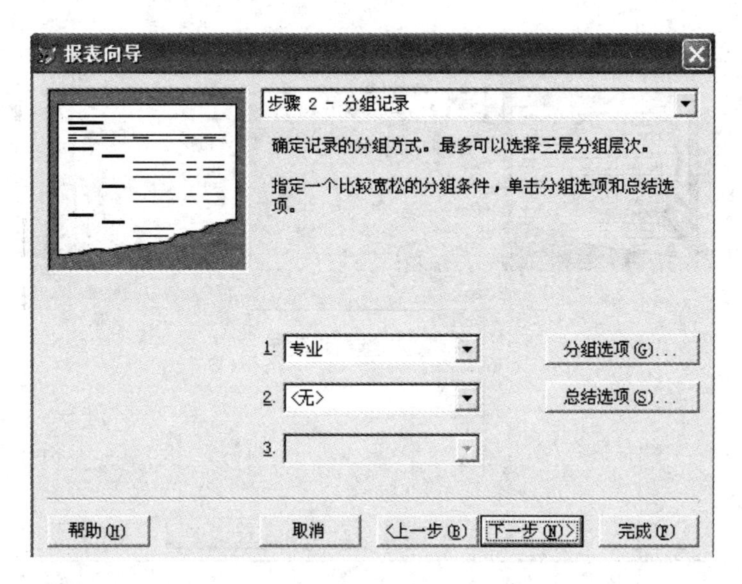

图 10－4　报表向导步骤 2－分组记录

在此对话框中还可以设置报表的小计和总计的统计项目。我们可以利用里面的计算类型来处理数值型字段，如对入学成绩进行平均值统计等。

单击“总结选项”按钮，弹出“总结选项”对话框，如图 10－5 所示。该对话框中的列表列出了所有选定的字段和要统计的项目。统计项目包含求和、求平均值、计数、求最大值和求最小值。本设计中选择“入学成绩”字段进行平均值统计，选中“入学成绩”字段对应的“平均值”复选框，此时复选框中出现“√”符号。

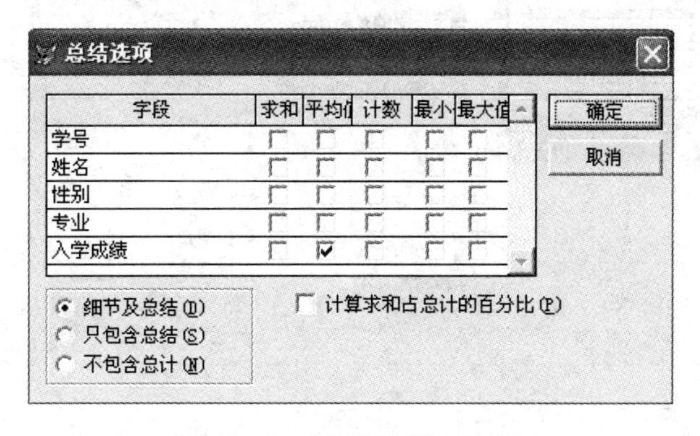

图 10－5　“总结选项”对话框

在对话框中还有“细节及总结”、“只包含总结”和“不包含总计”3 个选项，它们各自的含义如下。

- 细节及总结：按分组对选定字段数据进行分组和总结统计。
- 只包含总结：只对选定字段的全部数据进行总结统计，不进行分组统计。
- 不包含总计：不进行总结统计和分组统计。

本例中选择“细节及总结”项，分别进行分组小计和全部总计。

在图 10－5 中单击“确定”按钮，弹出“报表向导步骤 3－选择报表样式”对话框，如图 10－6 所示。

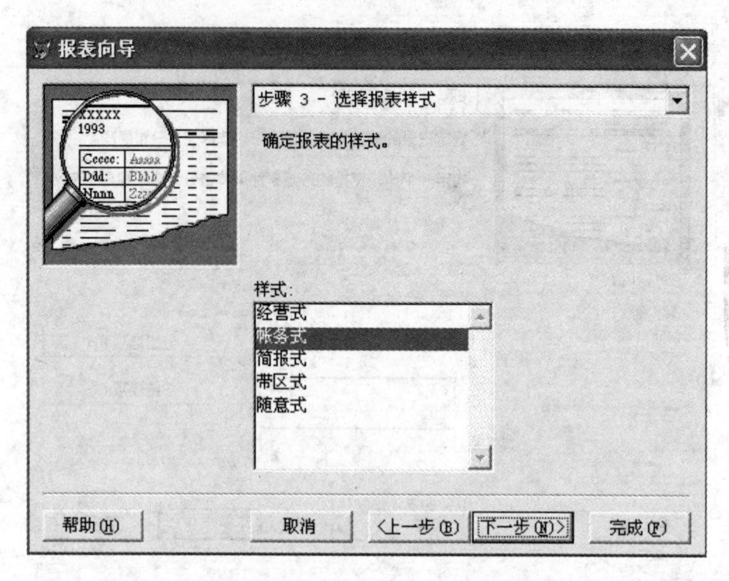

图 10－6　报表向导步骤 3－选择报表样式

4）选定报表样式。不同的报表样式区别主要反映在报表表头所使用的字体，以及各项间是否添加分隔线。本例选取“账务式”，单击“下一步”按钮，弹出“报表向导步骤 4－定义报表布局”对话框，如图 10－7 所示。

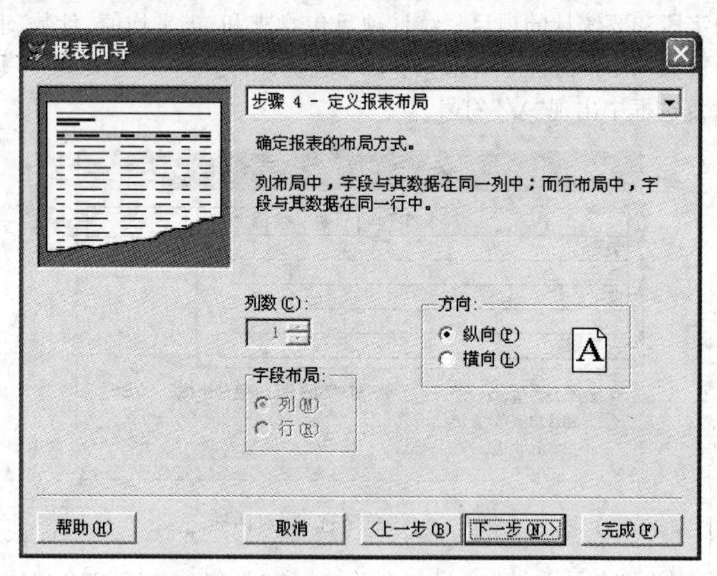

图 10－7　报表向导步骤 4－定义报表布局

5）定义报表布局。这一步所进行的选择取决于报表输出字段的多少及各字段的长度。如果字段较少且较短，可使用“列”字段布局。反之，则应采用“行”字段布局。本例“字段布局”选择“列”，“方向”选择“纵向”，单击“下一步”按钮，弹出“报表向导步骤 5－排序记录”对话框，如图 10－8 所示。

6）指定排序记录。通过该对话框，用户可指定通过报表输出数据时所使用的排序字段，以及这些字段的排列顺序（升序或降序）。在此，我们选择记录按“学号”按“升序”排列。单击“下一步”按钮，弹出“报表向导步骤6－完成”对话框，如图10－9所示。

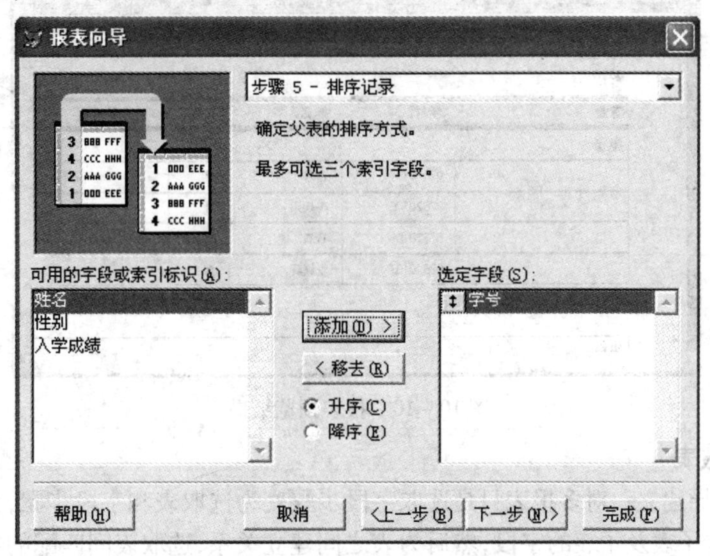

图10－8　报表向导步骤5－排序记录

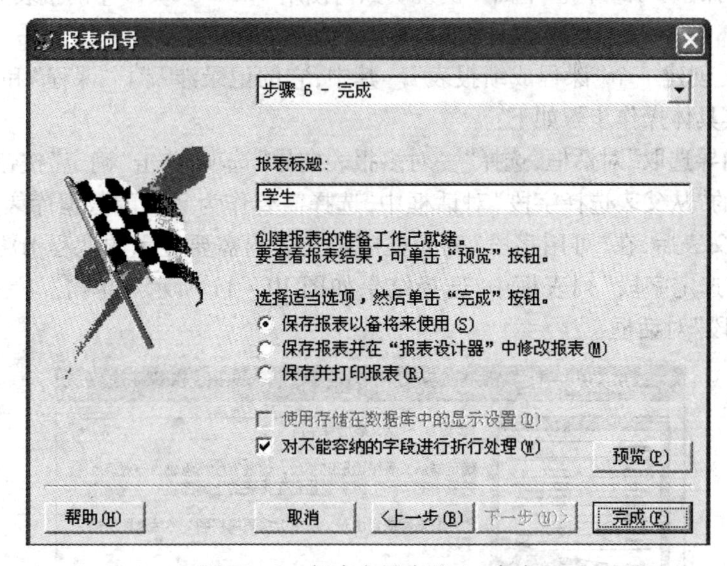

图10－9　报表向导步骤6－完成

7）预览及保存报表。在完成上面各步设置后，系统进入到最后一步。单击“预览”按钮，可观察报表设计结果，图10－10显示了在前面所进行的各项设计的预览结果。用户可通过“打印预览”工具栏选择预览比例，以及选择预览页。

由预览可以看出，该报表基本满足我们的要求，只是报表标题的位置和内容等需要稍加修改。

关闭预览后，在图10－9所示对话框的“报表标题”框中输入我们要的标题，并选择“保存报表并在‘报表设计器’中修改报表”单选按钮，以便进行进一步的修改。最后单击“完成”按钮，在“另存为”对话框中指定报表的文件名及保存位置，将设计完成的报表保存成扩展名为.frx的报表文件。

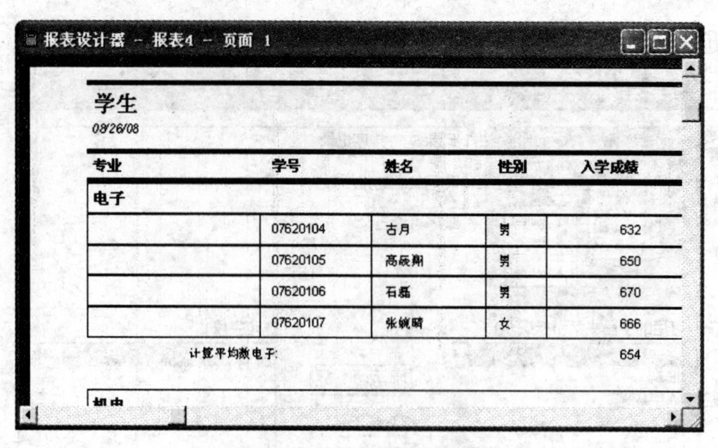

图 10-10　报表预览结果

2. 一对多报表

利用报表向导建立一对多报表只是选取字段步骤变为选取表和字段步骤,先选父表及父表中的字段,接着选子表及子表的字段,然后为表之间建立关系,选取表间匹配的字段。后面的操作基本与上面的操作步骤相同。下面举例说明如何使用 Visual FoxPro 中的报表向导建立一对多报表。

【例 10-2】创建一个"课程成绩报表"。其中,它的记录涉及了"课程"和"学生选课"两个相关的表。其具体操作步骤如下:

1) 打开"向导选取"对话框,选择"一对多报表向导"选项,单击"确定"按钮。

2) 在打开的"从父表选择字段"对话框中,选择需要作为父表的数据库表,本例选择"课程"表。选择好父表后,在"可用字段"列表框中把父表内需要显示的课程 ID、课程名和类型 ID 字段移动到"选定字段"列表框中,选择结果如图 10-11 所示。单击"下一步"按钮进入"从子表选择字段"对话框。

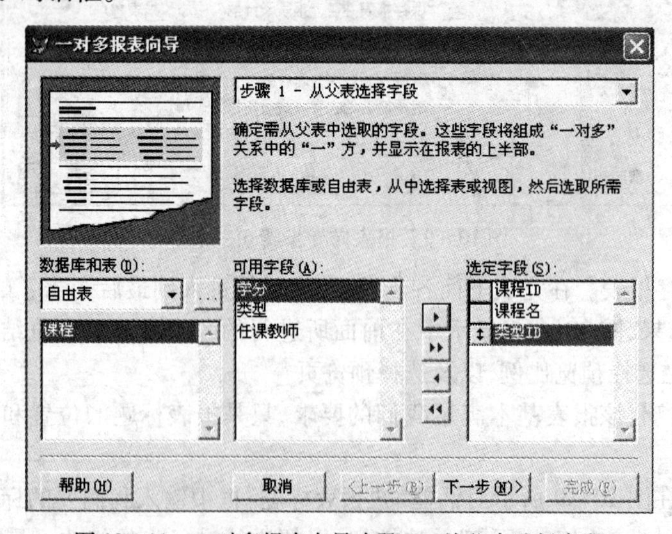

图 10-11　一对多报表向导步骤 1-从父表选择字段

3) 在"从子表选择字段"对话框中,选择需要作为子表的数据库表。子表就是一对多关系中的"多方"表。本例选择学生选课表,在"可用字段"列表框中把子表内需要显示的学号、课程 ID 名和成绩字段移动到“选定字段”列表框中，选择结果如图 10 - 12 所示。

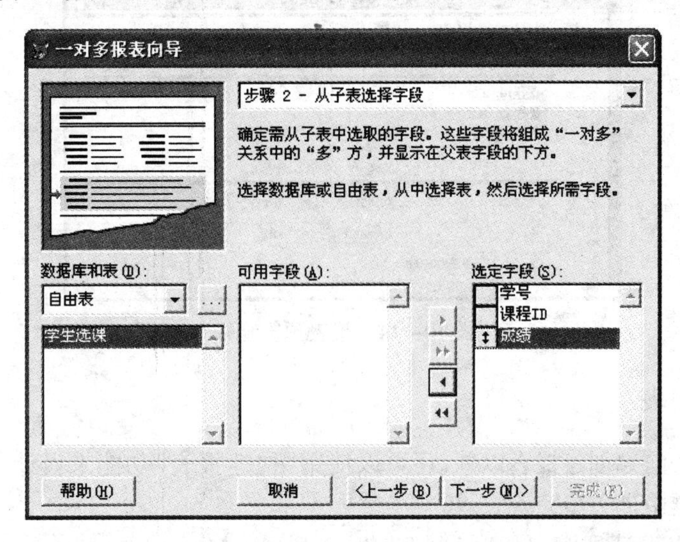

图 10 - 12　一对多报表向导步骤 2 - 从子表选择字段

4）单击“下一步”按钮，弹出如图 10 - 13 所示的“步骤 3 - 为表建立关系”对话框。根据两表的公共字段建立表间关系，本例的公共字段是“课程 ID”。

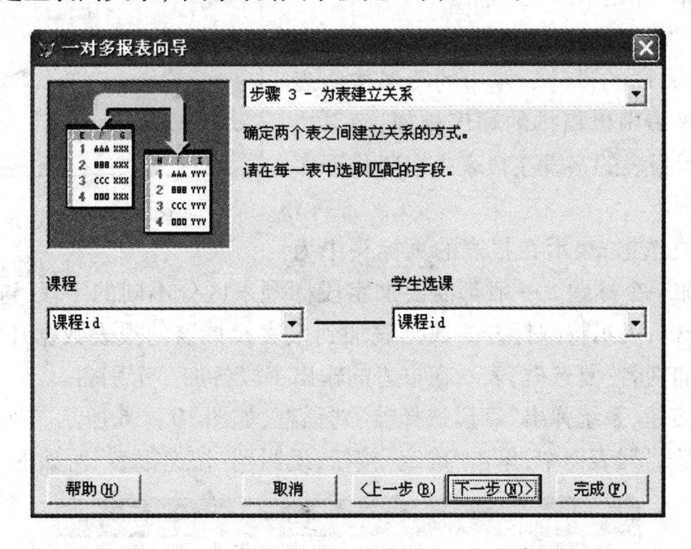

图 10 - 13　一对多报表向导步骤 3 - 为表建立关系

5）单击“下一步”按钮，弹出“步骤 4 - 排序记录”对话框。本例选择“课程 ID”为排序字段并升序排序。

6）单击“下一步”按钮，弹出“步骤 5 - 选择报表样式”对话框。本例选择报表样式为“简报式”，打印方向选纵向。单击其中的“总结选项”按钮，选择统计成绩的平均分，单击“确定”按钮返回到“步骤 5 - 选择报表样式”对话框。

7）单击“下一步”按钮，弹出“步骤 6 - 完成”对话框。在“报表标题”文本框中输入标题：课程成绩报表。单击“预览”按钮，在屏幕上显示出生成的如图 10 - 14 所示的报表。最后关闭预览，单击“完成”按钮。最后，保存文件。

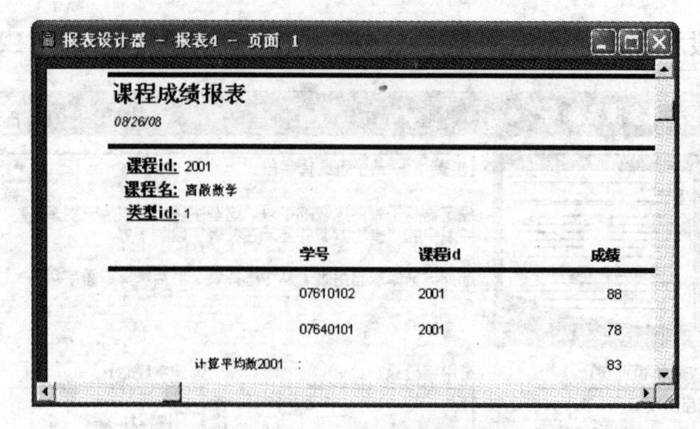

图 10－14　报表预览结果

10.1.3　快速报表

除了使用报表向导创建报表以外,还可以使用“快速报表”功能来设计一个报表模型,然后再在报表设计器中进一步完善它。

首先打开报表设计器窗口,选择“报表”→“快速报表”命令,系统弹出“打开”文件对话框,提示欲将哪个表作为报表的数据源,选择后系统接着弹出“快速报表”对话框,如图 10－15 所示。

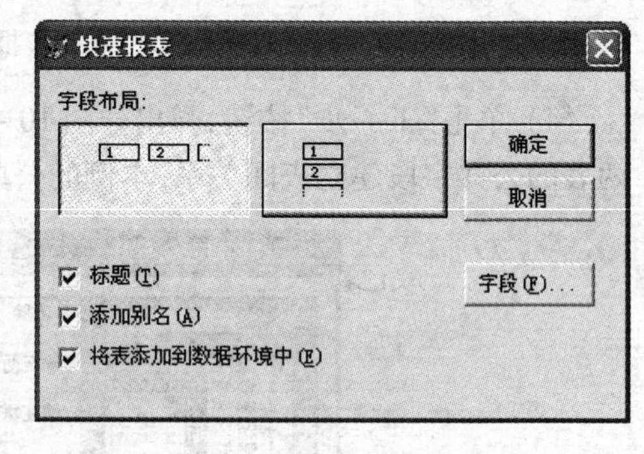

图 10－15　“快速报表”对话框

在“快速报表”对话框里有两个较大的图形按钮,它们用于报表布局的设计。左边的图形按钮表示报表的字段在报表中以横排的顺序排列,而右边的图形按钮则表示报表的字段在报表中以竖排顺序排列。默认选左侧。

选中“标题”复选框,表示在报表的页标头中为要输出的字段各加一个标题。一般都需要加字段标题来区分不同的字段;选中“将表添加到数据环境中”复选框,表示将刚打开的数据表加到报表设计器的报表数据环境中作为报表的数据源;选中“添加别名”复选框,表示在报表的输出字段各加一个别名。

单击“字段”按钮,系统弹出“字段选择器”对话框,如图 10－16 所示。把所要输出的表字段添加到“选定字段”列表框中,单击“确定”按钮,返回到“快速报表”对话框。

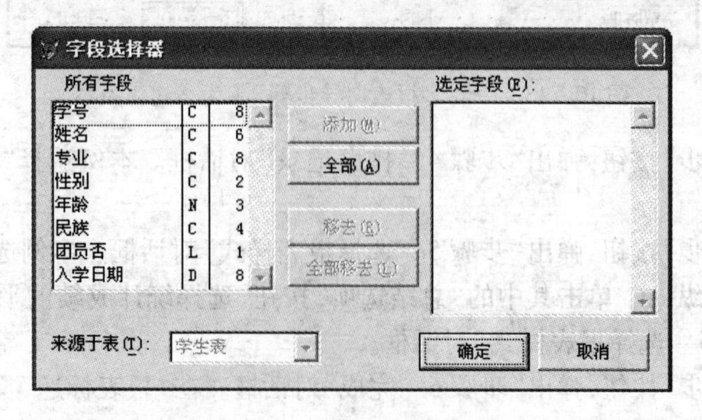

图 10－16　“字段选择器”对话框

单击“确定”按钮，系统会将刚才设定的布局结果显示在报表设计器里。

此时，一个报表设计已经基本完成。快速报表只适用于一般的报表，如要设计较复杂和美观的报表，还得使用报表设计器。

10.2 报表设计器

利用“报表向导”和“快速报表”只能创建模式化的简单报表，通常情况下若需要进一步加工报表，可采用报表设计器来编辑报表。VFP 中提供的报表设计器可以进行多种样式的排列，运用各种报表控件，可以设计出各种复杂的打印效果。

10.2.1 报表设计器窗口

1. 报表设计器的启动

采用下列几种方法均可启动报表设计器，并同时打开报表设计器窗口，如图 10-17 所示。

- 选择项目管理器的“文档”选项卡下的“报表”节点，单击右边的“新建”按钮，在弹出的“新建报表”对话框中单击“新建报表”按钮。
- 选择“文件”→“新建”命令，在弹出的“新建”对话框中选择“报表”，再单击“新建文件”按钮。
- 在命令窗口中执行“Create Report”命令或“Modify Report”命令。“Modify Report”命令用来修改已存在的报表。

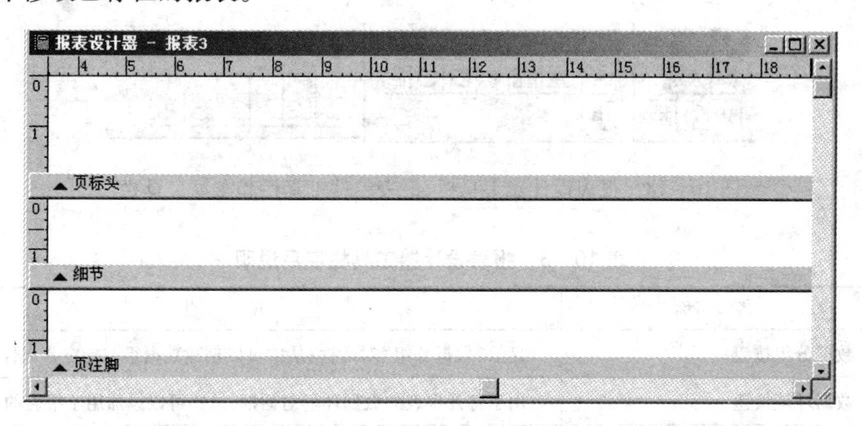

图 10-17 报表设计器窗口

2. 报表设计器中的带区

为了将数据放在合适的位置以便于打印，报表设计器将整个报表划分为若干个带区，系统会以不同的方式来控制打印各带区的内容。默认情况下，报表设计器只显示 3 个带区。表 10-2 列出了各带区的名称、打印效果及使用方法。

表 10-2 报表带区的名称、打印结果及使用方法

带区名称	打印结果	使用方法
标题	每报表一次	从“报表”菜单中选择“标题/总结”带区
页标头	每页面一次	默认可用

（续）

带区名称	打印结果	使用方法
列标头	每列一次	从“文件”菜单中选择“页面设置”，从中设置“列数 >1”
组标头	每组一次	从“报表”菜单中选择“数据分组”
细节	每记录一次	默认可用
组脚注	每组一次	从“报表”菜单中选择“数据分组”
列脚注	每列一次	从“文件”菜单中选择“页面设置”，从中设置“列数 >1”
页脚注	每页面一次	默认可用
总结	每报表一次	从“报表”菜单中选择“标题/总结”带区

3. 设置报表设计器的数据环境

若数据环境中含有多个表文件，我们一般使用一对多报表向导来完成。数据环境设计器的用法前面章节已经介绍过。

10.2.2 报表设计工具

为了方便用户的操作，报表设计器提供了3个工具栏：“报表设计器”工具栏、“报表控件”工具栏和“布局”工具栏，如图10-18所示。“布局”工具栏中各按钮的功能和使用方法与表单的“布局”工具栏完全相同。报表设计器工具栏和报表控件工具栏中各按钮的使用说明如表10-3和表10-4所示。

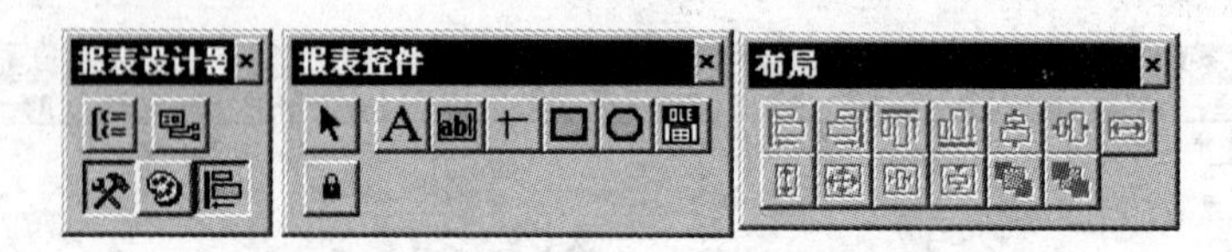

图10-18 报表设计器工具栏、报表控件工具栏和布局工具栏

表10-3 报表设计器工具栏使用说明

按钮	名称	说明
	数据分组按钮	显示“数据分组”对话框，从中可以创建数据组并指定其属性
	数据环境按钮	用于打开报表的数据环境对话框，从中可以添加用于报表的数据表
	报表控件工具栏按钮	显示或隐藏报表控件工具栏
	调色板工具栏	显示或隐藏调色板工具栏
	布局工具栏	显示或隐藏布局工具栏

表10-4 报表控件工具栏按钮使用说明

按钮	名称	说明
	选定对象	移动或更改控件的大小。在创建了一个控件后，会自动选定“选定对象”按钮，除非单击“按钮锁定”按钮
A	标签	创建一个标签控件，用于保存不希望用户改动的文本，如复选框上面或图形下面的标题

（续）

按　钮	名　　称	说　　明
abl	域控件	创建一个字段控件，用于显示表字段、内存变量或其他表达式的内容
十	线条	设计时用于在表单上画各种线条样式
	矩形	用于在表单上画矩形
	圆角矩形	用于在表单上画椭圆和圆角矩形
	图片/ ActiveX 绑定控件	用于在表单上显示图片或通用数据字段的内容
	按钮锁定	允许添加多个同种类型的控件，而不需多次按此控件的按钮

10.2.3　报表设计器中使用控件

在报表中看到的所有文字其实都是由报表的各种控件组成的。可以通过“报表控件”工具栏向报表中的各带区添加报表控件。

1. 标签控件

在报表中，标签一般用作说明性文字。例如，在报表的页标头带区内对应字段变量的正上方加入一标签来说明该字段表示的意义，或者对于整个报表的标题也可用标签来设置。

加入标签控件的方法：选择报表控件的“标签”按钮**A**，此时光标形状变成一条竖直线，表示可插入文本。移动光标至插入文本的位置上右击，即可进行文本输入。

加入了标签，设置标签文本后，随时可以更改文本的字体、颜色、背景色及打印选项等属性。若要修改文本的这些属性值，首先选定要更改的控件，然后选择“格式”菜单中的“字体”命令，弹出“字体”对话框，在该对话框中设置所要的格式。

若要更改标签文本的默认字体和字号，选择“报表”菜单下的“默认字体”命令，在弹出的“字体”对话框中设置即可。

2. 域控件

在报表中添加域控件，可以实现将变量（包括内存变量及数据表中的字段变量）或表达式的计算结果出现在报表中。

（1）添加域控件

在报表中添加域控件有以下两种方法。

方法一：从“数据环境设计器”窗口中添加：在“数据环境设计器”窗口中把要在报表中输出的字段直接拖放到设计中的报表的相应区域（如细节区）内即可。这些字段将自动生成对应的域控件。

方法二：从“报表控件”工具栏中添加：单击“报表控件”工具栏中的abl按钮，在报表设计器的相应区域单击或拖出一矩形框，弹出“报表表达式”对话框，如 10 - 19 所示。

此时可在“表达式”文本框中直接输入有关的字段名，或单击其右侧的“...”按钮，打开如图 10 - 20 所示的“表达式生成器”对话框。在其下部的“字段”框中双击所需的字段名，该字段名即自动出现在“报表字段的表达式”框中，然后单击“确定”按钮，返回到“报表表达式”对话框。

如果要输出的是系统变量，可在“变量”列表框中选择相应的变量（见图 10 - 20）。如果要输出的是函数和表达式，可在“报表字段的表达式”文本框中直接输入函数和表达式。

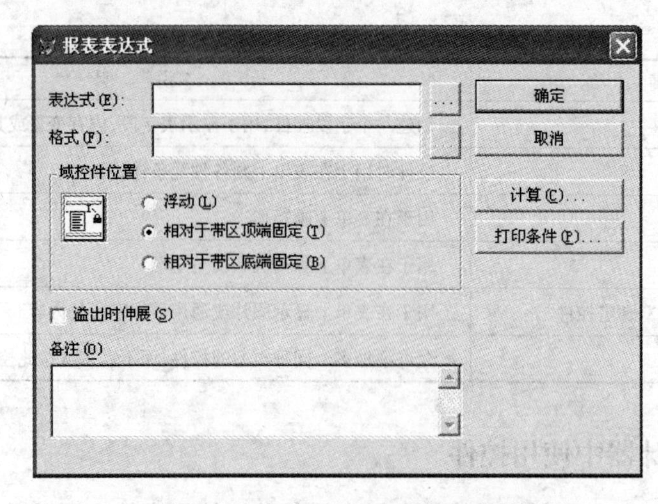

图 10－19 “报表表达式”对话框

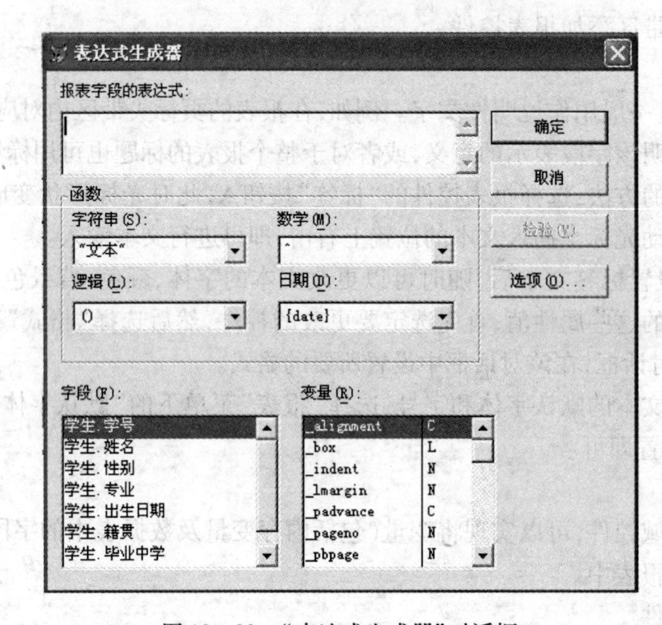

图 10－20 “表达式生成器”对话框

(2) 用域控件加入制表日期

在报表中常常要打印报表的制表日期,如在报表的标题带区右边加入制表日期。方法是在图 10－20 中的“日期”列表框中选择 date( )函数。

(3) 用域控件加入页码

在报表的页注脚区加入页码的方法:在“表达式生成器”对话框中的“变量”列表框中选择_pageno。

(4) 用域控件加入统计值字段

在报表中常常要对某些字段的值进行统计和汇总,如在报表的总结带区显示职工的总人数,方法是加入域控件后将该控件表达式设为 RecCount( ),或选定一个字段后再单击“计算”按钮,选择“计数”。

3. 线条、矩形和圆角矩形

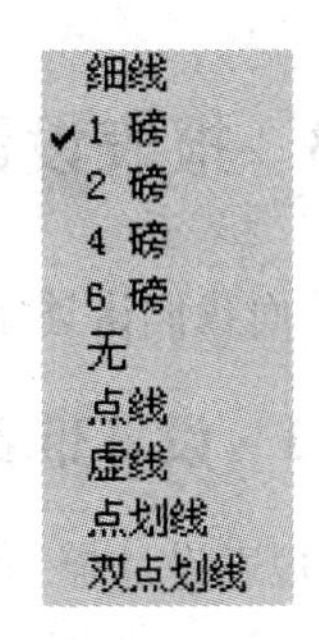

图 10－21　更改线条粗细及样式菜单

在设计报表时用得比较多的就是各种几何图形控件。如果一个报表只有数据和文本，不仅报表显得呆板不美观，而且还不便于用户查看报表结果。

加入各种几何图形控件方法：单击“报表控件”工具栏中的“线条”、“矩形”和“圆角矩形”按钮，然后在报表中相应的位置拖动鼠标即可。

线条、矩形和圆角矩形绘制出来后，若要更改其线条的粗细和样式，需要先选中图形，然后选择“格式”→“绘图笔”子菜单中的相应选项即可，下一级菜单如图 10－21 所示。

对于圆角矩形还可以进一步改变其样式。双击圆角矩形，在弹出的“圆角矩形”对话框中设置，如图 10－22 所示。

4. 图片/ ActiveX 绑定控件

OLE 为对象链接与嵌入技术，它本身并不存在于报表中。加入 OLE 对象后，只有在打印时才将 OLE 对象链接到报表，这样不仅节省了报表的存储空间，而且当 OLE 对象发生变化时，所发生的改变会直接反映到报表中来。OLE 对象可以是图片和声音，也可以是一个文档文件。

使用方法：单击“报表控件”工具栏中的“图片/ActiveX 绑定控件”按钮，然后在报表的某个带区内相应位置拖动鼠标，就会弹出“报表图片”对话框，如图 10－23 所示。

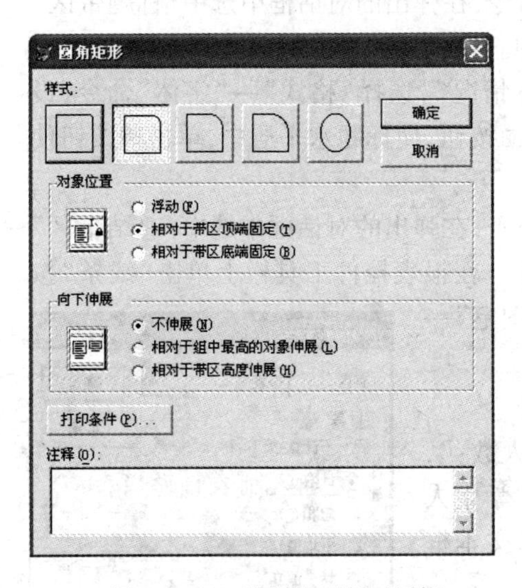

图 10－22　“圆角矩形”对话框

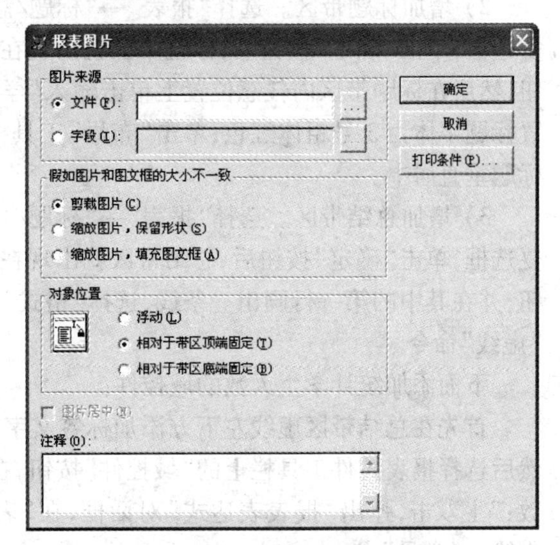

图 10－23　“报表图片”对话框

在“报表图片”对话框内有两种图片来源可供选择，即文件和字段。如希望要加入的图片不随记录的打印而改变，则选择“文件”单选按钮。如所加图片要随记录的不同而改变（如存储学生照片的通用型字段），则应选择“字段”单选按钮。

所插入的图片或 OLE 对象可能不会刚好合适，为了显示协调的图片，可将建立的图片剪裁或按一定比例缩放，有 3 个单选按钮可选，使其和控件的大小相适应。

10.3　报表设计实例

上面我们讲述了报表设计器的使用方法，这一节将通过几个典型实例来加以具体说明。

10.3.1　设计带表格线的报表

“报表设计器”创建的报表是不具有表格线的，下面举例说明如何设计一个带表格线的报表。

【例 10－3】设计一个带报表标题和表格线的学生情况报表。

其操作步骤如下：

1）使用快速报表创建方法，创建如图 10－24 所示的快速报表。

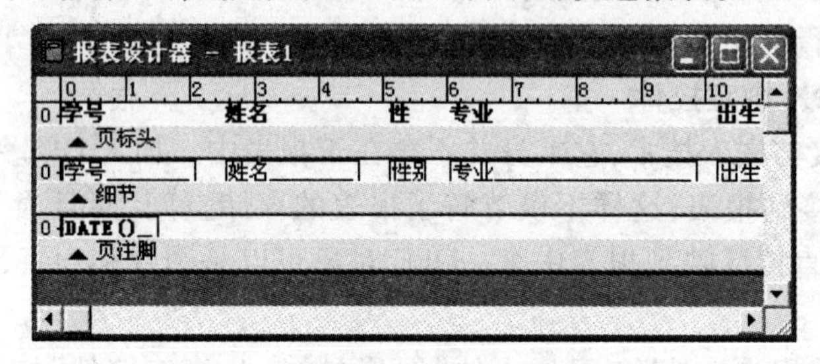

图 10－24　学生基本情况的快速报表

2）增加标题带区。选择“报表”→“标题/总结”命令，在弹出的对话框中选中“标题带区”复选框，单击“确定”按钮后，标题带区就出现在报表中。在报表控件工具栏上单击“标签”按钮，然后在标题带区内任意位置上单击输入“学生基本情况”，选择“格式”→“字体”命令，设置标题字体为 3 号粗体红色；单击“布局”工具栏中的按钮，使标题水平居中，单击按钮使标题垂直居中。

3）增加总结带区。选择“报表”→“标题/总结”命令，在弹出的对话框中选中“总结带区”复选框，单击“确定”按钮后，总结带区就出现在报表中。在报表控件工具栏上单击“线条”按钮，并在其中的第一行画出一条线，选择“格式”→“绘图笔”→“虚线”命令。

下面添加统计学生人数的域控件：

首先在总结带区虚线左下方添加标签文字“学生人数：”，然后选择报表控件工具栏上的“域控件”按钮，在标签“学生人数：”上双击，弹出“报表表达式”对话框，在“表达式”文本框中输入“学号”。

在“报表表达式”对话框中单击“计算”按钮，弹出“计算字段”对话框，如图 10－25 所示。选中“计数”复选框，单击“确定”按钮，返回“报表表达式”对话框。

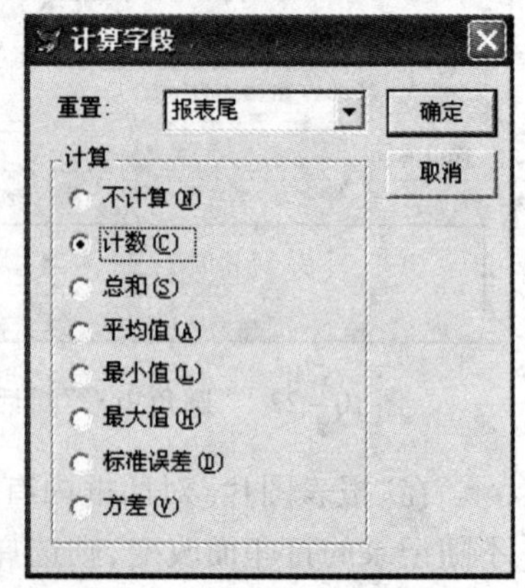

图 10－25　“计算字段”对话框

同样的方法，在总结带区中显示出入学成绩字段的平均值。

4）在标题带区第二行日期显示值的前面加入标签文字“制表日期：”，并把页注脚带区里的日期标签拖放其后。

5）把页注脚带区中页码显示值前面的标签文字“页”删除掉，然后在页码显示值前插入标签文字“第”，并在页码显示值的后面插入标签文字“页”。

6）调整各带区的高度。用鼠标拖动各带区的标识栏，使其高度达到合适。

7）绘制表格线。单击“报表控件”工具栏上的“线条”按钮，然后在报表上按需要画出表格线。调整后的效果如图 10－26 所示。

8）最后保存。单击“常用”工具栏上的“打印预览”按钮，效果图如图 10－27 所示。

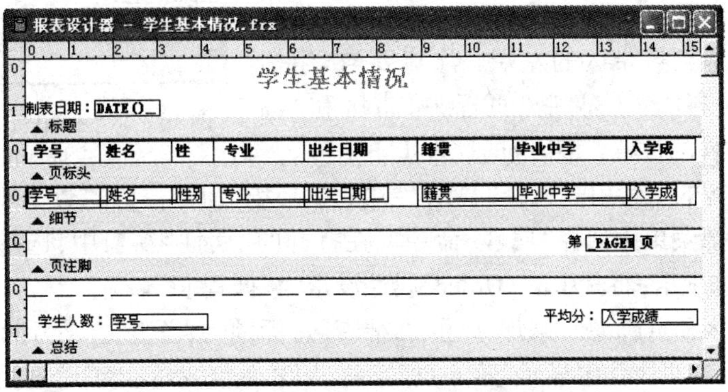

报表设计器 － 学生基本情况.frx
学生基本情况
制表日期：DATE()
标题
学号
姓名
性
专业
出生日期
籍贯
毕业中学
入学成
页标头
细节
第 PAGE 页
页注脚
学生人数：学号
平均分：入学成绩
总结

图 10－26　带报表标题和表格线的学生情况报表

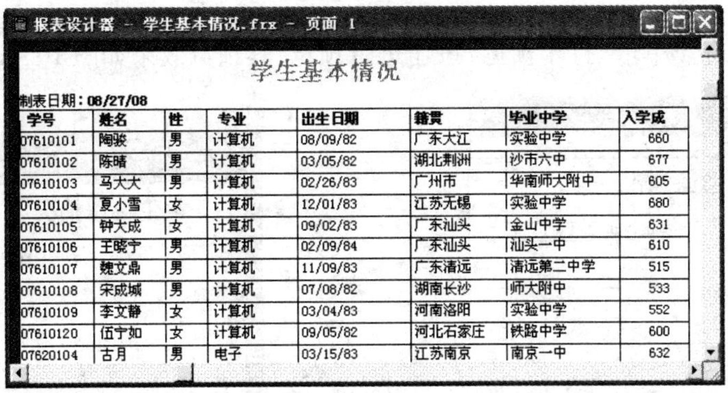

报表设计器 － 学生基本情况.frx － 页面 1
学生基本情况
制表日期：08/27/08
学号 姓名 性 专业 出生日期 籍贯 毕业中学 入学成
07610101 陶骏 男 计算机 08/09/82 广东大江 实验中学 660
07610102 陈晴 男 计算机 03/05/82 湖北荆洲 沙市六中 677
07610103 马大大 男 计算机 02/26/83 广州市 华南师大附中 605
07610104 夏小雪 女 计算机 12/01/83 江苏无锡 实验中学 680
07610105 钟大成 女 计算机 09/02/83 广东汕头 金山中学 631
07610106 王晓宁 男 计算机 02/09/84 广东汕头 汕头一中 610
07610107 魏文鼎 男 计算机 11/09/83 广东清远 清远第二中学 515
07610108 宋成城 男 计算机 07/08/82 湖南长沙 师大附中 533
07610109 李文静 女 计算机 03/04/83 河南洛阳 实验中学 552
07610120 伍宁如 女 计算机 09/05/82 河北石家庄 铁路中学 600
07620104 古月 男 电子 03/15/83 江苏南京 南京一中 632

图 10－27　学生情况报表的打印预览效果

10.3.2　设计分组报表

在报表设计时，有时需要以某个关键字段进行分类打印输出，也就是以组为单位进行输出，这样会使报表更加容易阅读。

数据分组后，报表布局将具有组标头和组脚注带区，可以向其中添加控件。通常在组标头带区包含进行分组的字段控件，组脚注带区包含组总计和组总结信息。

为了对数据进行分组输出，报表的数据源对这个分组关键字来讲，必须是有序的。报表在显示时并不排序记录，只是按照数据在数据源中的顺序进行处理。下面举例说明如何设计一个分组报表。

【例 10－4】设计一个单级分组报表，将学生选课 . dbf 表中的记录按“课程 ID”进行分组排列打印。

其操作步骤如下：

1）使用“快速报表”的方法生成一报表，完成后的形式如图 10－28 所示。

2）选择数据分组字段。选择“报表”→“数据分组”命令，在弹出的“数据分组”对话框中，单击“分组表达式”右侧的按钮，在弹出的“表达式生成器”对话框中选择“学生选课．课程 id”作为分组依据，单击“确定”按钮。

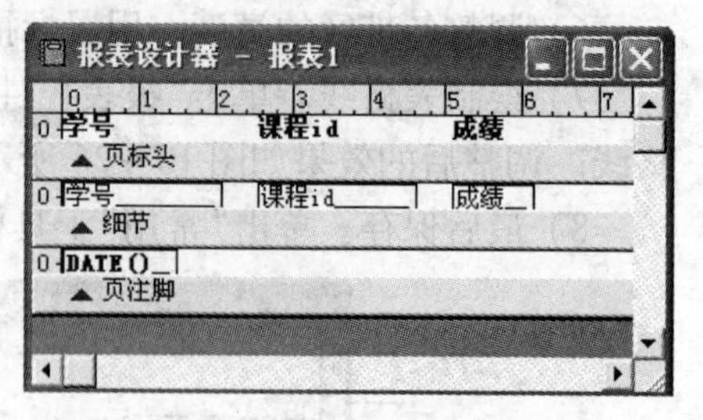

图 10－28　使用“快速报表”生成的学生选课情况报表

调整各带区的宽度，将“课程 id”字段域控件从细节带区拖放到“组标头”带区的左端，再将“页标头”带区的“课程 id”标签拖到该带区的左端。注意要与“组标头”带区的控件对齐。然后调整“页标头”带区和“细节”带区其他域控件的位置，使相应的控件上下对齐。

3）指定数据源的主索引。选择“显示”→“数据环境”命令，打开“数据环境设计器”窗口，右击，在弹出的快捷菜单中选择“属性”命令。在打开的“属性”窗口中，选择“Cursor1” 对象，然后打开“数据”选项卡，将其中的“Order”属性设定为“课程 id”。

4）设置标题区和页脚注。添加标题/总结带区，标题为“学生选课情况”，并设置好文字格式和控件位置。在页脚注中显示“第＊页”字样，VFP 系统变量_PAGENO 可返回报表的当前页号，表达式可设置为″第″ + ALLTRIM(STR(_PAGENO)) +″页″。调整后的效果如图 10－29 所示。

5）完成后保存。单击“打印预览”按钮进行预览，其预览效果如图 10－30 所示。

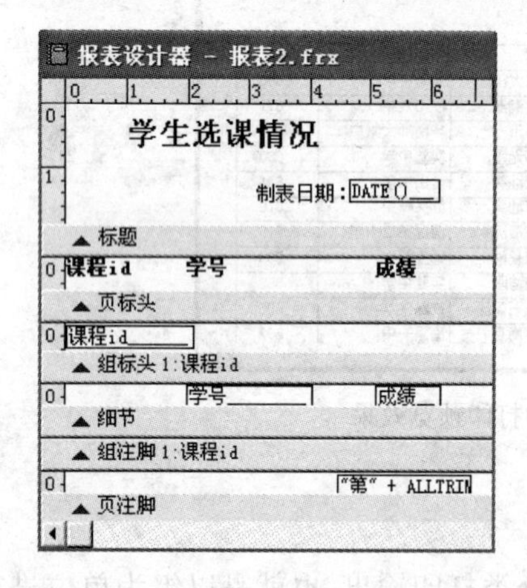

图 10－29　学生选课情况的单级分组报表

图 10－30　学生选课情况报表的打印预览效果

10.4　报表的输出

报表设计完成并保存后，就可以将报表输出到打印机、屏幕或文件中。

10.4.1　菜单方式打印报表

Visual FoxPro 的报表打印输出包括对记录打印范围和控件打印条件的设置。

1. 记录打印范围控制

要限制在报表中出现的记录数量，选择“文件”→“打印”命令，弹出“打印”对话框；再单击该对话框中的“选项”按钮，弹出“打印选项”对话框；再单击该对话框中的“选项”按钮。弹出“报表和标签打印选项”对话框，如图 10－31 所示。

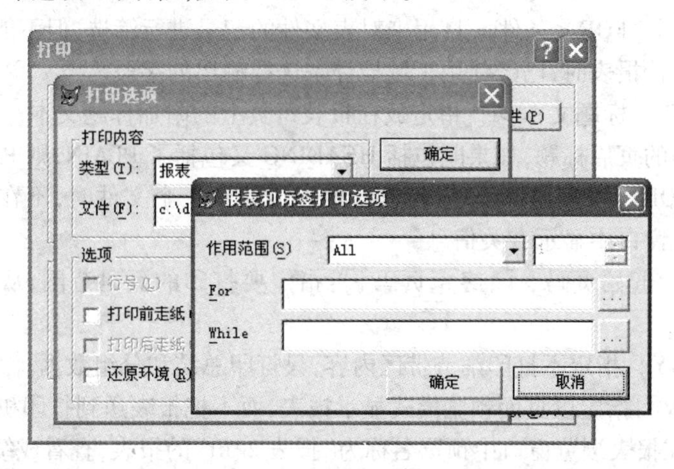

图 10－31 “报表和标签打印选项”对话框

要指定记录的范围可从“作用范围”下拉列表中选择。其中，各项说明如下。

- All：全部记录。
- Next：将从当前记录开始的连续若干个指定数目的记录，记录数目从列表后面的微调控件中指定。
- Record：将只打印在微调控件中指定记录号的记录。
- Rest：将打印从当前记录开始的表中全部剩余记录。

要指定满足一定条件的记录，可在 For 文本框中输入一个逻辑表达式。注意：在表达式中无须包含 For 命令。

如果使用 While 表达式选择记录，则直到找到第一个不满足条件的记录为止。当逻辑表达式的值为 .T. 时，开始打印；一旦为 .F.，则停止打印。这样有可能满足条件的记录没能全部打印出来。所以在选用它时应慎重，以免遗漏了某些记录。

2. 控件打印条件控制

双击报表中的某个控件，弹出相应的控件设置对话框，单击其中的“打印条件”按钮，将弹出“打印条件”对话框，如图 10－32 所示。

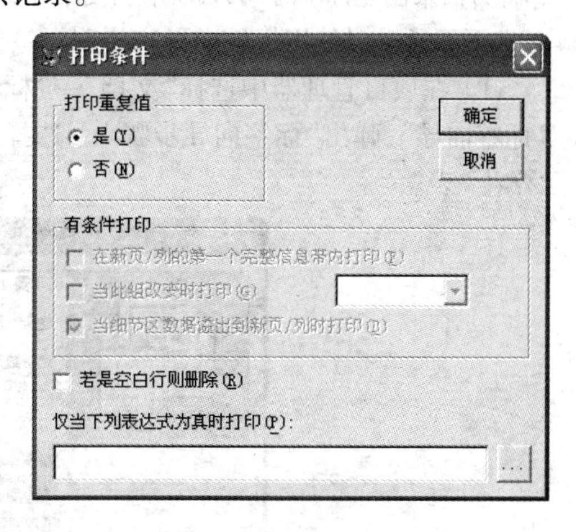

图 10－32 “打印条件”对话框

在该对话框中可设置是否输出可重复记录、空白行和指定打印条件。

10.4.2 命令方式输出报表

Visual FoxPro 中也可以使用 REPORT 命令进行报表输出。

格式：

REPORT FORM <报表文件名> [<范围>] [FOR <条件>] [HEADING <标题文本>] [PLAIN] [NOCONSOLE] [RANGE <起始页码>[,终止页码]] [SUMMARY] [PREVIEW]

说明：

1) [<范围>] [FOR <条件>]：用来对表文件的记录进行筛选，但不能筛选字段。因为在报表设计器中设计报表时，已经使用了域控件来选择输出的字段。

2) [HEADING <标题文本>]：指定放在报表每页上的附加标题文本；[PLAIN]只在报表的第一页打印附加的页眉标题，如果既包括 HEADING 又包括了 PLAIN，则 PLAIN 优先。

3) [NOCONSOLE]：指定当打印报表或将报表传输到一个文件时，不在 Visual FoxPro 主窗口或用户自定义窗口中显示有关信息。

4) [RANGE <起始页码>[,终止页码]]：指定要打印的页码范围，从起始页打印到终止页。

5) [SUMMARY]：指定不打印细节带区内容，只打印总结和分组数据。

6) [PREVIEW]：指定以页面预览模式显示报表，而不把报表送到打印机中。

【例 10-5】在报表浏览窗口中预览名称为“报表 2. frt”的报表，查看成绩及格的学生。

```
REPORT FORM 报表2 For 成绩 >=60 PREVIEW
```

10.5 标签设计技术

实际上，标签就是一种多列的报表。标签设定了相应的列位置，可以适应特定规格的标签纸。标签文件的扩展名为 . lbx，其创建和修改方法与报表基本相同。不同之处在于，无论用户使用那种方法来创建标签时，均必须指明使用标签的类型，它确定了标签设计器中“细节”区的尺寸。

下面通过对使用标签向导来说明标签文件的创建方法。

1) 在项目管理器中选择“文档”→“标签”选项，单击“新建”按钮，在弹出的对话框中选择“标签向导”，弹出“标签向导步骤 1 - 选择表”对话框，如图 10-33 所示。这里，表还是选择“学生“表。

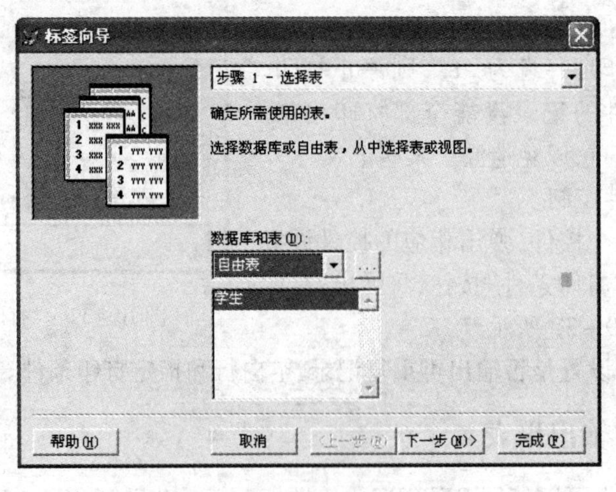

图 10-33　标签向导步骤 1 - 选择表

2）单击“下一步”按钮，弹出“标签向导步骤 2 – 选择标签类型”对话框，如图 10 – 34 所示。本例选择“Avery 4144”。

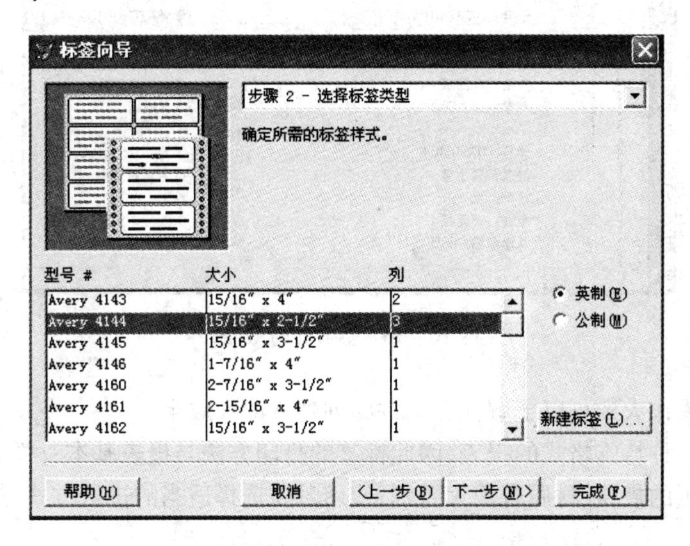

图 10 – 34　标签向导步骤 2 – 选择标签类型

3）单击“下一步”按钮，进入“标签向导步骤 3 – 定义布局”，如图 10 – 35 所示。要求用户选择将在标签中使用的字段及各字段间的分隔符（“ · ”、“，”、“-”、“：”、空格或换行）。

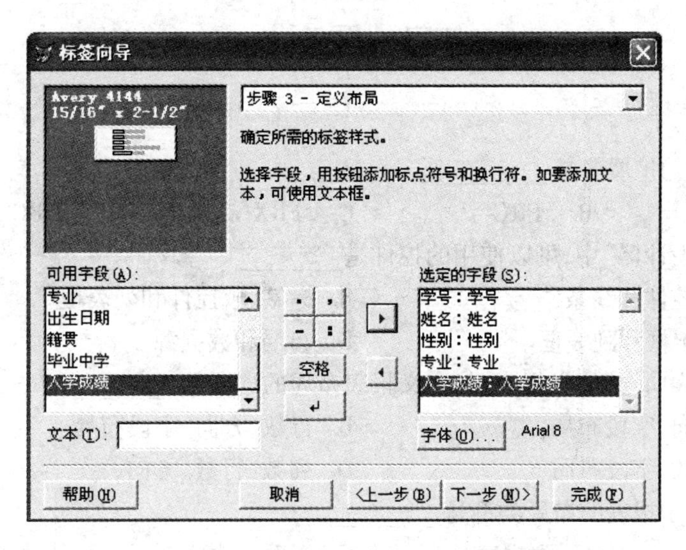

图 10 – 35　标签向导步骤 3 – 定义布局

先在文本框中输入“学号：”，单击▸按钮，则文本框中内容被送到“选定字段”列表框中，再在“可用字段”列表框中选中“学号”字段，单击▸按钮，则“选定的字段”列表框中就有“学号：学号”行。其他字段的添加方法也一样。

4）“标签向导步骤 4 – 排序记录”，要求用户选择排序字段。

5）“标签向导步骤 5 – 完成”，设置同报表的一样。单击“预览”按钮，用户可看到如图 10 – 36 所示的标签预览效果。

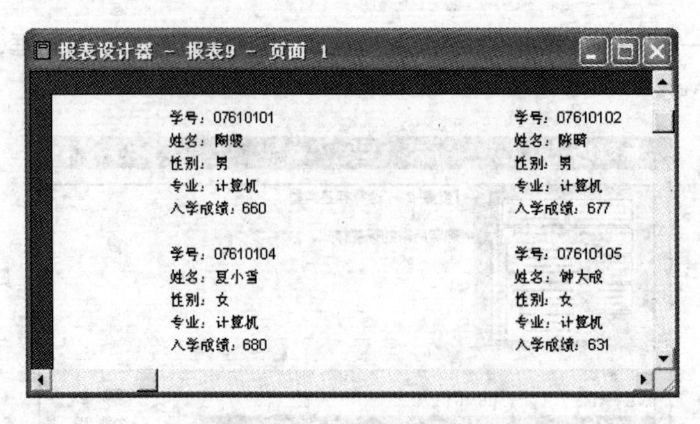

图 10－36 标签预览效果

通过上面的操作大致可以了解标签文件的创建方法和效果。

由于标签是一种特殊格式的报表，因此标签的打印方法与报表基本一样。需要注意的是，由于使用的标签纸的规格、材质有很大差别，使用时要选择适当的进纸方式，进行适当的设置，以免损坏打印机。

打印标签也有相应的命令，其格式为

```
LABEL FORM <标签文件名>
```

习 题 十

1. 选择题

1）报表文件的扩展名是________。

A. .QPR　　B. .PRG　　C. .FRX　　D. .DBC

2）在“报表设计器”中，可以使用的控件是________。

A. 标签、域控件和线条　　B. 标签、域控件和列表框

C. 标签、文本框和列表框　　D. 布局和数据源

3）使用“报表向导”定义报表时，定义报表布局的选项是________。

A. 列数、方向、字段布局　　B. 行数、方向、字段布局

C. 列数、行数、字段布局　　D. 列数、行数、方向

4）下列不属于报表的布局类型是________。

A. 行报表　　B. 列报表　　C. 一对多报表　　D. 多对多报表

5）在报表设计器窗口中，若要进行数据分组，则依据为________。

A. 查询　　B. 排序　　C. 分组表达式　　D. 以上都不是

6）关于报表的数据分组说法错误的是________。

A. 数据分组命令是在“报表”菜单下面

B. 进行数据分组设计前，报表输出的表应该排序

C. 若分别输出男女同学语文的平均分，则分组表达式的内容是“语文”字段

D. 输出分组统计数据的域控件应该设置在组注脚带区

7）下列叙述正确的是________。

A. 报表文件存储报表输出的数据,不存储报表的布局

B. 报表文件存储报表的布局,不存储报表输出的数据

C. 报表文件既存储报表的布局,不存储报表输出的数据

D. 报表文件存储报表的布局,报表备注文件存储报表输出的数据

8）预览报表的命令是________。

A. PREVIEW REPORT

B. REPORT FORM…PREWIVE

C. PRINT FORM PREWIVE

D. REPORT PREWIVE

9）为了能在报表的某个带区中显示出某字符串,可在该带区中加入________控件与其联系。

A. 矩形　　B. 编辑框　　C. 文本框　　D. 标签

10）下列关于报表的叙述中,错误的是________。

A. 可根据需要为报表添加报表标题的内容和相关的统计信息

B. 刚生成一个快速报表时,该报表包含有页标头、细节和页注脚 3 个带区

C. 最基本的报表控件是标签、命令按钮和文本框

D. 对一个报表来说,必定同时存在同名的 . FRX 和 . FRT 文件

2. 简答题

1）报表包含右哪些带区？各带区的作用分别是什么？

2）利用报表设计器来创建一个报表一般须经过哪些步骤？

3）报表设计器中有哪些报表控件？如何使用这些控件？

4）什么是标签？它与报表有何不同？

第11章　菜单设计技术

菜单是应用系统用户界面的重要组成部分,通常应用系统的用户最先接触到的就是其中的菜单系统。利用菜单,可以将前面章节创建的各个零散的应用模块有机地联系为一体。一个好的菜单系统应该很好地反映应用程序的功能,便于用户理解和使用应用程序。

本章将介绍如何使用 VFP 建立菜单。

11.1　菜单的基本概念

11.1.1　菜单的概念

使用 VFP 可以设计 Windows 风格的菜单(包括快捷菜单),它由一个主菜单和若干个子菜单组成。下面以 VFP 的系统菜单为例,说明菜单的有关概念,如图 11－1 所示。

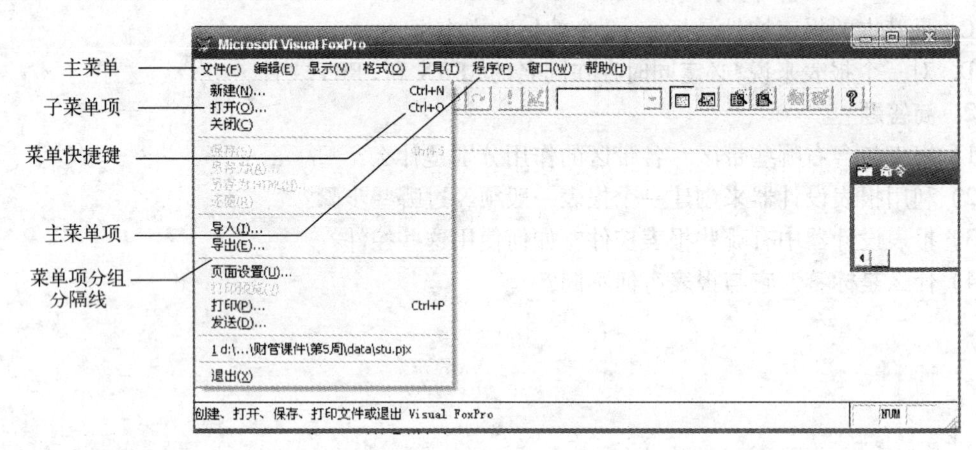

图 11－1　VFP 的系统菜单

菜单可以分为下拉菜单和快捷菜单,其中下拉菜单包括主菜单和子菜单,而快捷菜单是当用户在选定的内容上单击鼠标右键时出现的菜单。

11.1.2　菜单的设计

1. 菜单设计原则

1）根据用户任务组织菜单系统。

2）给每个菜单和菜单选项设置一个意义明了的标题。

3）按照估计的菜单项使用频率、逻辑顺序或字母顺序组织菜单项。

4）在菜单项的逻辑组之间放置分隔线。

5）给每个菜单和菜单选项设置热键或键盘快捷键。

6）将菜单上菜单项的数目限制在一个屏幕内,如果超过了一屏,则应为其中一些菜单项创建子菜单。

7）在菜单项中混合使用大小写字母，只有强调时才全部使用大写字母。

2. 菜单的设计步骤

1）菜单系统规划。

2）建立菜单和子菜单。

3）将任务分派到菜单系统中。

4）生成菜单程序。

5）测试并运行菜单系统。

11.2 菜单设计器

11.2.1 启动菜单设计器

在 VFP 中，可使用如下 3 种方法启动菜单设计器。

- 选择“文件”→“新建”命令，或单击常用工具栏上的“新建”按钮，从弹出的对话框中选中“菜单”选项，然后单击“新建文件”按钮。这时会弹出一个“新建菜单”对话框，单击“菜单”按钮可调出下拉菜单设计器，如图 11-2 所示。

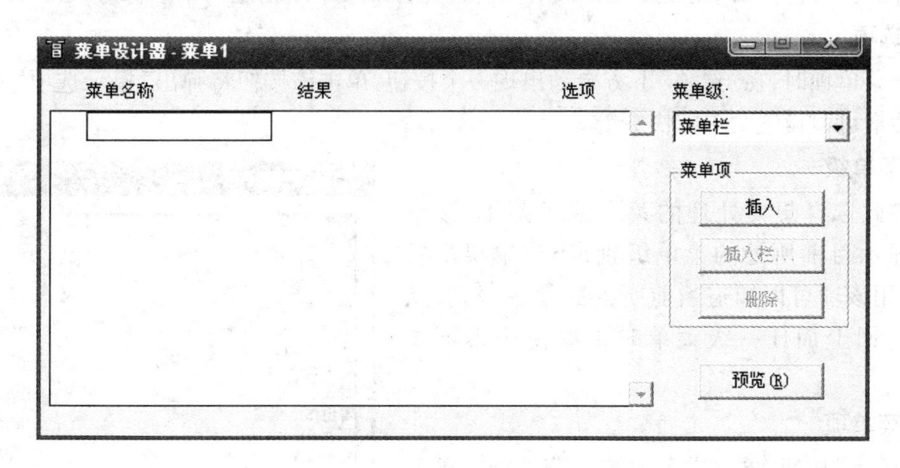

图 11-2 菜单设计器

- 在命令窗口中执行命令“CREATE MENU”，也可调出一个菜单设计器。
- 从项目管理器中选择“其他”→“菜单”项，然后单击“新建”按钮，从弹出的“新建菜单”对话框中单击“菜单”按钮，可调出下拉菜单设计器。

11.2.2 菜单设计器基本操作

使用菜单设计器可以创建菜单、菜单项、菜单项的子菜单和分隔相关菜单组的线条等。菜单设计器主要包括以下 6 部分。

1. 菜单名称

在这里可以输入菜单的标题，还可以通过在字母前添加“\<”来定义快捷键，如果用户未定义，菜单标题的第一个字母即被默认为快捷键。快捷键只有在菜单系统被激活以后才起作用。

若要对菜单项分组，在此栏中输入“\-”，便可创建一条分隔线。

每个菜单标题的前面有一个小方块，当鼠标在它上面单击时出现上下双箭头。这个按钮是标准的移动指示器，用鼠标拖动它可以改变当前菜单项在菜单列表中的位置。

2. 结果

结果用于指定选择该菜单项时执行的任务，如打开一个子菜单、执行一个命令或程序等，在菜单设计器中“结果”栏的下拉列表框有4个选项，分别对各项的具体说明如下。

- 子菜单：如果当前菜单项需要子菜单，则选择这一项。此时有两种情况，如果所定义的当前菜单项还未设计子菜单，选择该项后，其右侧会出现“新建”按钮，单击该按钮将进入新一屏“菜单设计器”设计子菜单；如果已经设置该菜单项的子菜单，其右侧会出现“编辑”按钮，单击可以修改子菜单。
- 命令：如果菜单项的任务是执行某个命令，则选择该项。此时右侧会出现一个文本框，用户可在此处输入要执行的命令。
- 过程：如果所执行的动作需要多条命令完成，而又无相应的程序可调用，那么应该选择该项。此时右侧将出现“创建”按钮，单击进入编辑窗口，在此输入过程代码。选择该菜单项时，将执行该过程。
- 填充名称：选择该项时，右侧会出现文本框，可在文本框中输入一个名字，这样在程序中可以引用它。如果不选择该项，系统也会为各个菜单项指定一个名称。

3. 选项

选择菜单项时，在“选项”下方自动出现一个按钮，单击该按钮将弹出“提示选项”对话框，用该对话框可以设置菜单的快捷键。

4. 菜单级

可在此选择想要处理的菜单或子菜单，该下拉列表显示目前所处的菜单级别，当菜单层次较多时，使用该项可以知道当前所处的菜单级别，从子菜单返回上面任一级菜单时也要使用本下拉列表。

5. 菜单项

- “插入”按钮：单击它可在当前菜单项的前面插入一个新的菜单项。
- “插入栏”按钮：单击它可显示“插入系统菜单栏”对话框，如图11-3所示。可从中选择VFP系统菜单项插入到当前菜单中。
- “删除”按钮：删除当前菜单项。

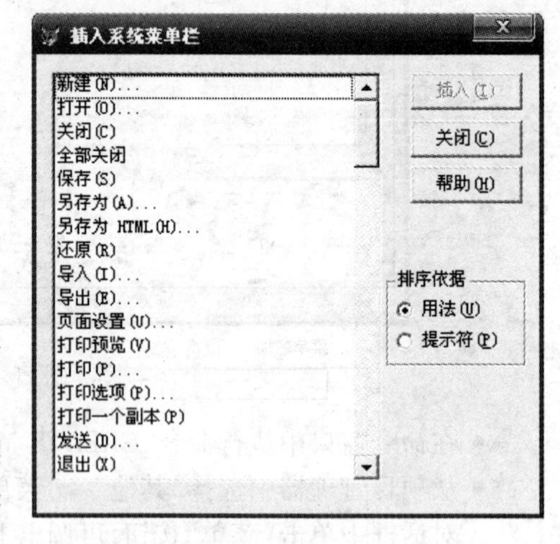

图11-3 “插入系统菜单栏”对话框

6. “预览”按钮

使用这个按钮可以预览所设计菜单的显示效果，此时预览设计的菜单会暂时覆盖VFP的菜单栏。可在预览的菜单中选择，检查菜单的层次关系及提示等是否正确，但这时的选择不会执行各菜单的相应动作。

【例11-1】请使用菜单设计器创建表11-1所示的菜单。

表 11 -1　菜单信息表

文　件	浏　览	打 印 报 表	维护数据(维护 a 班学生信息)	退　出
新建	浏览 a 班学生信息	预览报表		
关闭	浏览 a 班成绩表	打印报表		

其操作步骤如下：

1) 选择“文件”→“新建”→“菜单”→“新建文件”命令，打开“新建菜单”对话框，如图 11 -4 所示。

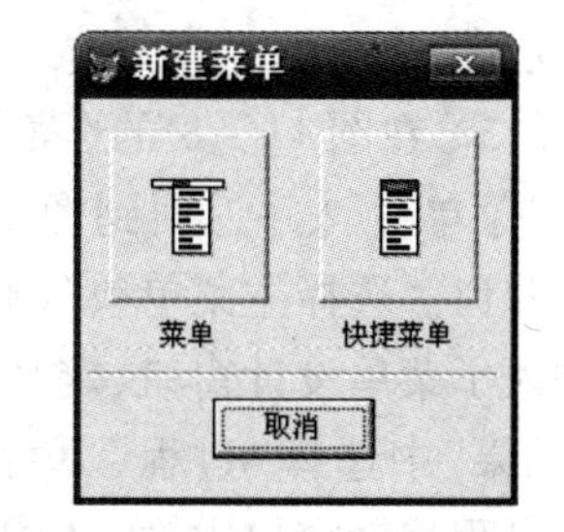

图 11 -4　“新建菜单”对话框

2) 在“新建菜单”对话框中，单击“菜单”按钮，进入“菜单设计器”窗口。

3) 在“菜单设计器”窗口中，定义主菜单中各菜单选项名，如图 11 -5 所示。

4) 在“菜单设计器”窗口中，选择主菜单项“文件”，单击“创建”按钮，进入“菜单设计器”子菜单设计窗口，如图 11 -6 所示。

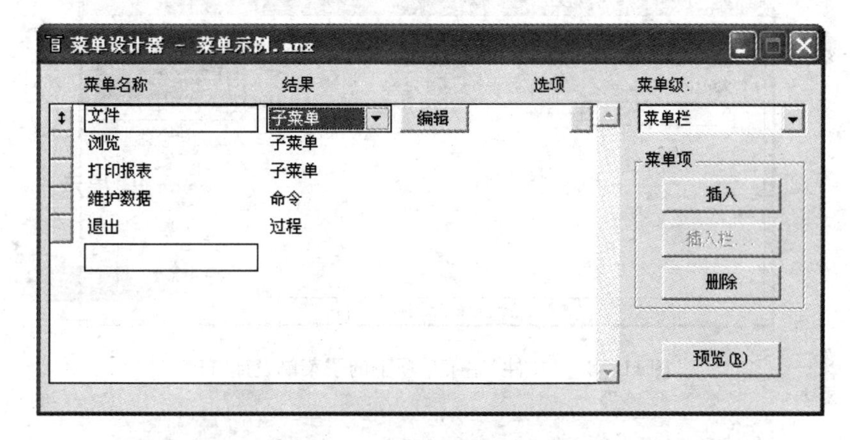

图 11 -5　“菜单设计器”窗口

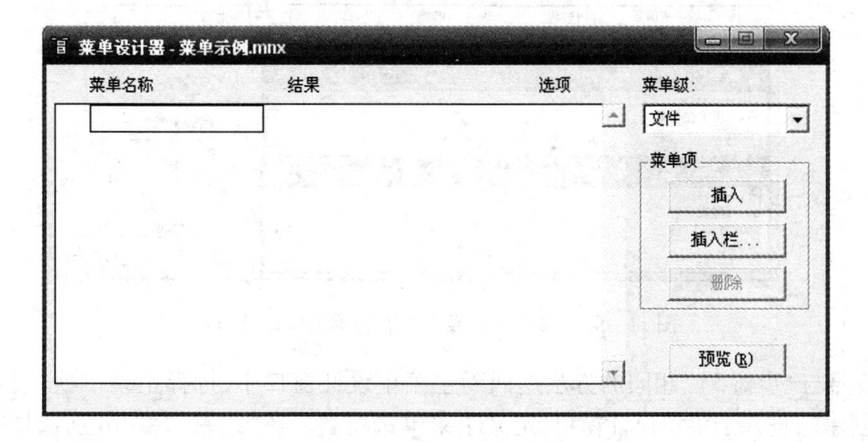

图 11 -6　菜单设计器 - 子菜单设计窗口

在图 11 -6 中，单击“插入栏”按钮，弹出如图 11 -7 所示的对话框。

在图 11 -7 所示对话框的列表框中，选择“新建(N)…”，然后单击“插入”按钮，插入与系统菜单项功能相同的“新建”菜单项，再用相同的方法插入“关闭(C)”菜单项，最后单击“关闭”按钮，关闭此对话框。此时在子菜单设计窗口中可见到已经插入的“新建”和“关闭”子菜单，如图 11 -8 所示。

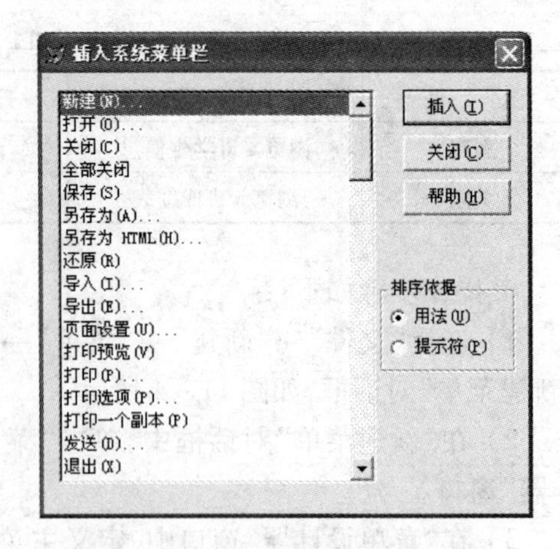

图 11 -7　“插入系统菜单栏”对话框

5）在图 11 -8 的“菜单级”下拉列表框中选择“菜单栏”，并返回到图 11 -5 所示的主菜单设计窗口。选择主菜单项“浏览”，单击“创建”按钮，进入子菜单设计窗口，定义各子菜单选项名，并在“结果”中选择“过程”，单击“新建”按钮，在弹出的过程编辑窗口中输入代码，如图 11 -9 所示。

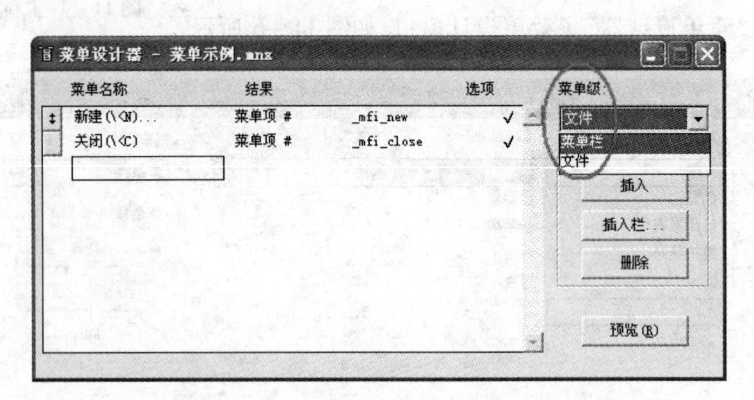

图 11 -8　“文件”主菜单项下的子菜单设计窗口

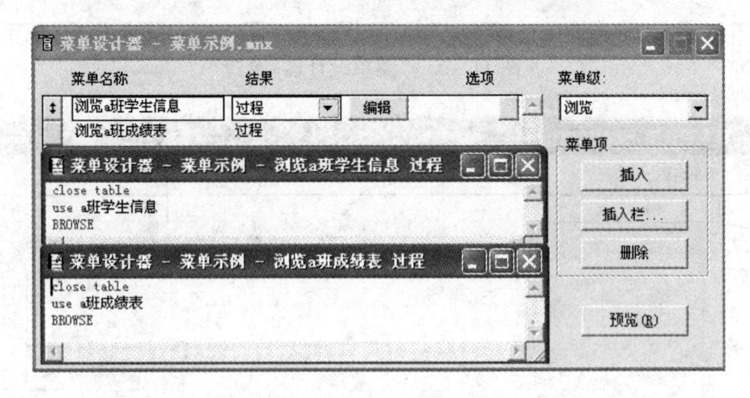

图 11 -9　“浏览”主菜单项下的子菜单设计窗口

6）按照与“步骤 5）”相同的方法返回到主菜单设计窗口中，选择主菜单项“打印报表”，再选择“创建”，进入子菜单设计窗口，定义子菜单选项名。在“结果”栏中分别选择“命令”选项，其中“预览报表”的命令选项中使用命令“report form a 班学生信息 Preview”实现预览“a 班学生信息”报表的功能；在“打印报表”的命令选项中使用命令“report form a 班学生信息 to printer”调用“a 班学生信息”报表并送往打印机，如图 11 -10 所示。

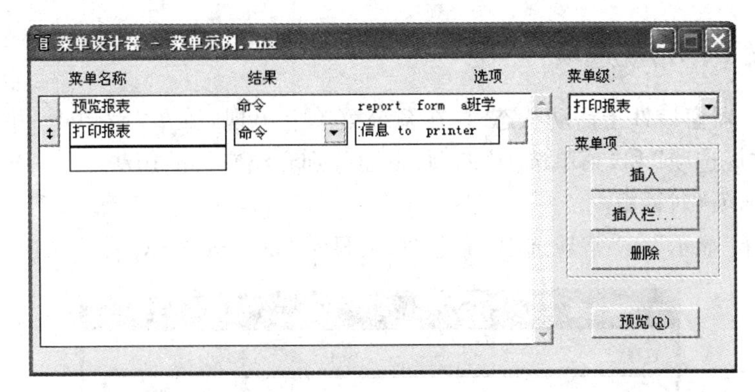

图 11－10 “打印报表”主菜单项下的子菜单设计窗口

注意：如果命令“report form a 班学生信息 Preview”中没加入参数“Preview”，则只能显示报表最后一页的内容，不能分页显示报表。

7）返回到主菜单设计窗口，选择主菜单项“维护数据”，在“结果”中选择“命令”，此时“选项”栏会出现一个输入框，在输入框中输入命令“do form A 班学生信息 . scx”，如图 11－11 所示。

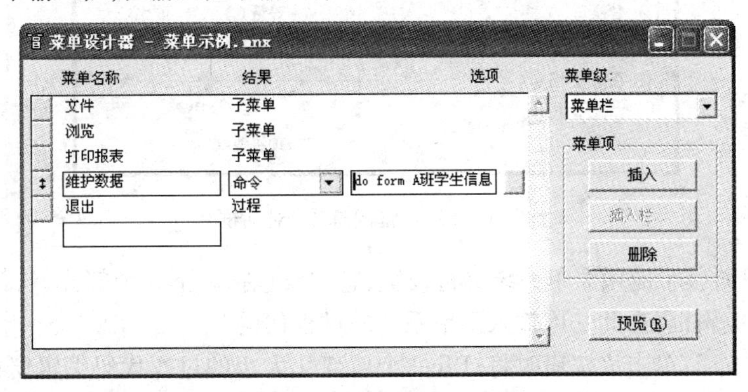

图 11－11 “维护数据”主菜单项的设置

8）选择主菜单项“退出”，在“结果”栏选择“过程”，此时右侧出现“新建”按钮，单击此按钮将调出命令编辑窗口，在弹出的窗口中输入以下命令，如图 11－12 所示。

```
SET SYSMENU TO DEFAUL && 恢复到 VFP 系统菜单。
QUIT
```

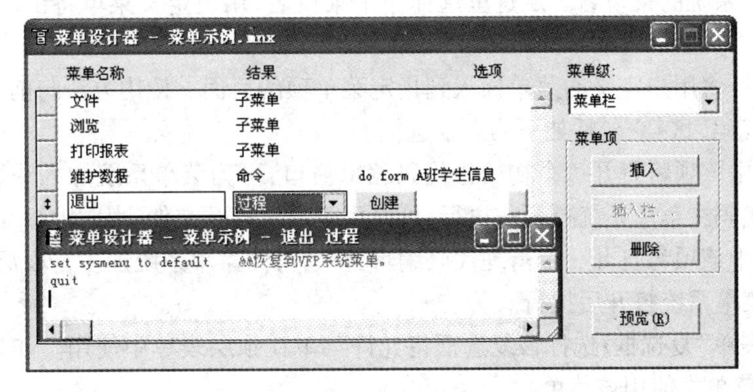

图 11－12 “退出”主菜单项的设置

11.2.3 定义菜单常规选项

当菜单设计器窗口处于活动状态时,在系统菜单上出现“菜单”菜单项,并且“显示”菜单中也新增了“常规选项”和“菜单选项”两项,下面分别介绍它们的用法。

1. “常规选项”对话框

当用户选择“显示”→“常规选项”命令时,将显示“常规选项”对话框,如图 11－13 所示。

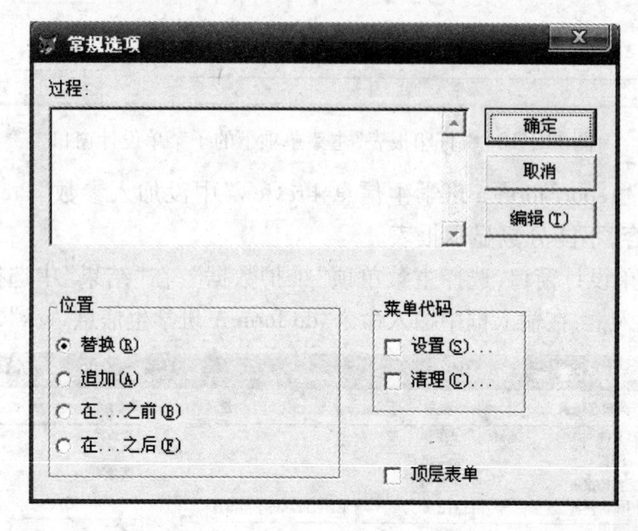

图 11－13 “常规选项”对话框

该对话框可对整个应用菜单系统进行设置,它主要包括以下 5 个部分。

1)“过程”编辑框:在此处可输入菜单系统的过程代码。

2)“编辑”按钮:单击该按钮时将打开一个可变化大小的过程代码编辑窗口,该编辑窗口可代替图 11－13 中的小过程框,用于输入过程代码。

3)“位置”区:它包括如下 4 个按钮。

- 替换:将系统菜单替换成用户定义的菜单系统。
- 追加:将用户定义的菜单附加在现有菜单项后面。
- 在…之前:将用户定义的菜单插入到指定菜单项的前面。选择该项后将弹出列表,列出当前菜单系统的菜单名。从这里选择一个菜单名,用户定义菜单将出现在该菜单项的前面。
- 在…之后:将用户定义的菜单插入到指定菜单项的后面。使用方法与前面类似。

4)“菜单代码”区:它包括如下两个复选框。

- 设置:选中该项将打开一个初始化代码编辑窗口,可为菜单系统加入一段初始化代码。初始化代码在菜单系统打开前执行,可以用于完成打开文件、声明内存变量等操作。
- 清理:选中该项将打开一个清理代码编辑窗口,可为菜单系统加入一段清理代码。清理代码在菜单系统打开后执行。

5)“顶层表单”复选框:选择该复选框将允许菜单在顶层表单中使用。如果未选定,只允许在 VFP 系统菜单中使用该菜单。

2. “菜单选项”对话框

当用户选择“显示”→“菜单选项”时，将显示“菜单选项”对话框，如图 11－14 所示。该对话框用于为菜单或菜单项指定代码。

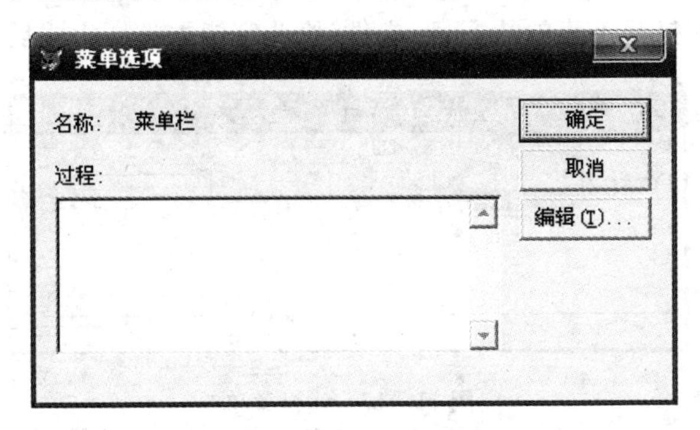

图 11－14 “菜单选项”对话框

11.2.4 生成和运行菜单程序

当用户通过菜单设计器完成菜单设计后，可以单击“预览”按钮查看效果，如图 11－15 所示。此时 VFP 的菜单已暂时被替换成用户所设计的菜单了。

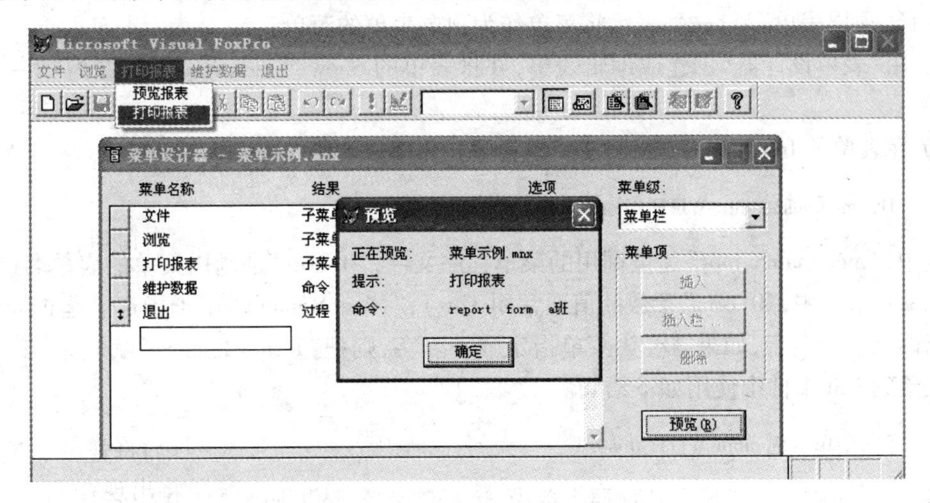

图 11－15 菜单“预览”效果

在设计菜单后，系统将保存设计结果，形成菜单文件(.mnx)。在菜单设计器打开的情况下，选择“菜单”→“生成”命令，可生成菜单程序文件(.mpr)，如图 11－16 所示。

图 11－16 “生成菜单”对话框

菜单文件(.mnx)文件是不能直接运行的,要运行菜单文件,可双击菜单的.mpr 文件,也可以选择"程序"→"运行"命令,在弹出的对话框中选择要运行的菜单程序即可。这时系统菜单被运行的菜单取代,如图 11-17 所示。可以通过运行每个菜单项来测试菜单是否正常运行。如果需要修改,则打开该菜单的.mnx 文件,修改完毕需重新生成后才可以运行。

图 11-17 运行菜单

11.3 在顶层表单中添加菜单

在用户所设计的顶层表单中添加菜单的步骤如下:

1) 在"菜单设计器"激活的状态下,选择"显示"→"常规选项"命令,在"常规选项"对话框中选择"顶层表单"复选框,表示将菜单作为顶层表单的菜单;

2) 用"表单设计器"创建或编辑表单,并将表单的 Show Window 属性设置为"2-作为顶层表单"。

3) 在表单的 Init 事件中,调用该菜单程序并传递以下两个参数。

```
DO menuname.mpr WITH 0Form,1AutoRename
```

其中,"menuname.mpr"是被调用的菜单程序文件,"0Form"是调用菜单的表单名(在顶层表单的 Init 事件中,"0Form"参数的值通常用 This);"1AutoRename"用于指定了是否为菜单取一个新的唯一的名字,如果需要为菜单指定唯一名字,则把"1AutoRename"赋值为.T.。即在顶层表单的 Init 事件中使用如下语句。

```
DO 菜单示例.mpr WITH this,.T.
```

将"菜单示例.mpr"加入到顶层表单中,运行该表单,结果如图 11-18 所示。

图 11-18 在顶层表单中运行菜单

11.4 创建快捷菜单

在 VFP 中,快捷菜单随处可见,只要在屏幕上某个区域或对象上单击鼠标右键,就会弹出快捷菜单,当前对象常用的操作将被快速展示出来。VFP 中提供了创建快捷菜单的功能。

1. 用快捷菜单设计器创建快捷菜单

创建快捷菜单的方法与创建菜单类似。选择"文件"→"新建"→"菜单"→"新建文件"命令,进入"新建菜单"对话框,选择"快捷菜单"项,将弹出快捷菜单设计器,如图 11-19 所示。

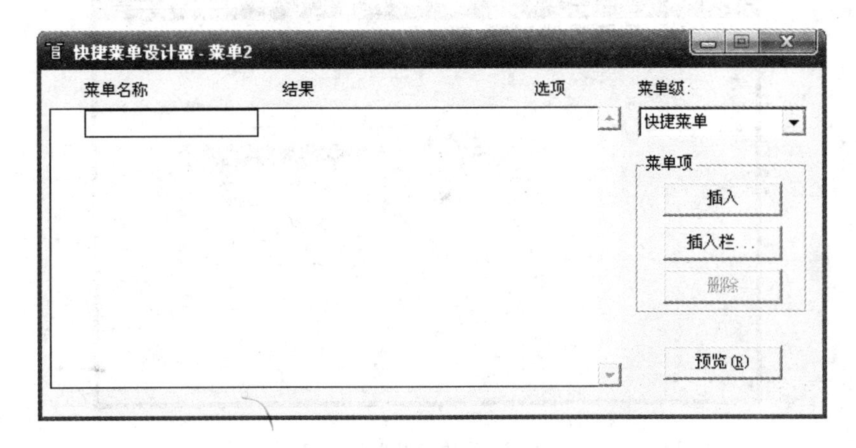

图 11-19 快捷菜单设计器

快捷菜单的设计方法与普通菜单类似,也可以将若干选定的系统菜单项插入其中,此时,用户只需要单击"插入栏…"按钮,打开"插入系统菜单栏"对话框,从中选择所需的菜单项,并且单击"插入"按钮即可。

【例 11-2】利用菜单设计器创建快捷菜单"快捷菜单示例.mnx",如图 11-20 所示。

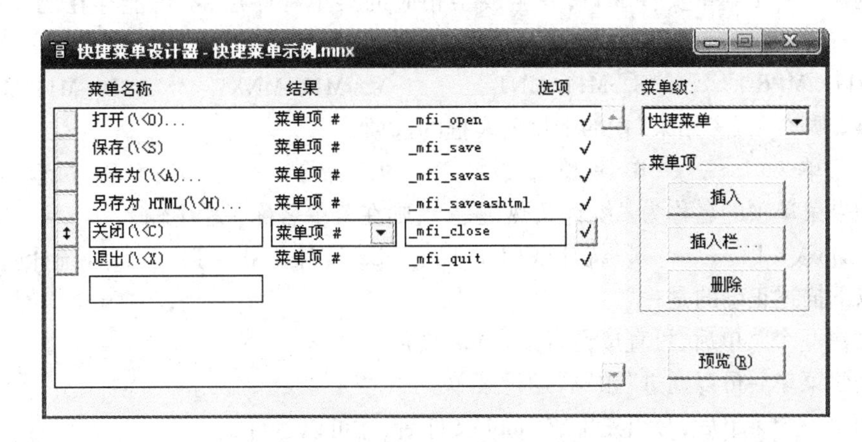

图 11-20 快捷菜单设计器

快捷菜单的生成方法跟前面介绍的方法一样,在此不再重述。

2. 将快捷菜单附加到控件中

为控件附加快捷菜单的操作步骤如下：

1）选择想要附加快捷菜单的控件，如选择上面创建的“顶层表单.scx”表单。

2）在表单“属性”窗口中选择“方法程序”选项卡，为 RightClick 事件添加如下代码。

```
Do 快捷菜单.mpr
```

3）保存表单的修改，运行表单，用鼠标右键单击表单中空白区域，即可弹出快捷菜单，如图 11－21 所示。

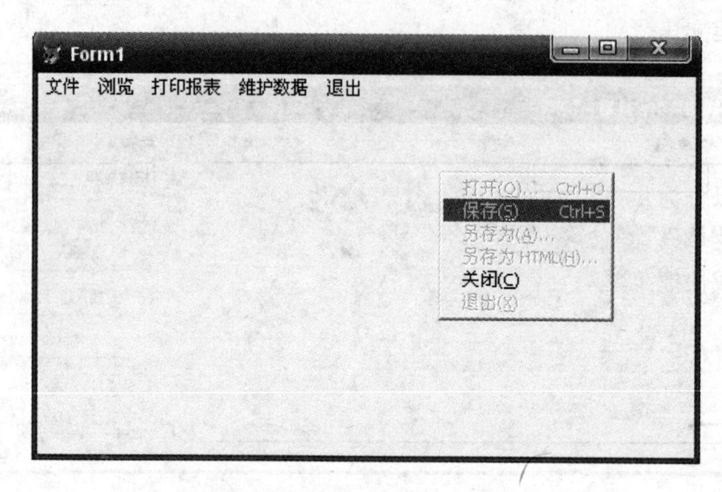

图 11－21　快捷菜单运行结果

习题十一

1. 单选题

1）创建了一个菜单文件 M11，并生成了相应的菜单程序后，不可能存在的文件是________。

A. M11. MPR　　B. M11. MNT　　C. M11. MNX　　D. M11 MCT

2）以下哪个不是“结果”栏的下拉列表框的选项________。

A. 子菜单　　B. 菜单名　　C. 命令　　D. 过程

3）如果菜单项的名称为“统计”，热键是 T，则在菜单名称一栏中输入________。

A. 统计(\<T)　　B. 统计(Ctrl ＋T)　　C. 统计（Alt＋T)　　D. 统计((\>T)

4）以下描述正确的是________。

A. 创建一个菜单后，可直接运行其.mnx 文件

B. 创建菜单后可以通过“预览”运行菜单

C. 创建一个菜单后，必须先生成.mpr 文件后，才可以运行

D. 以上答案均错误

5）假设已经生成了名称为 menu1 的菜单程序，执行该菜单程序的命令是________。

A. Do menu1　　B. Do file menu1　　C. Do menu1. Mpr　　D. Do menu1. Mnx

6）以下哪个是用户可创建的 Visual FoxPro 菜单________。

A. 普通菜单　　B. 快捷菜单　　C. 快速菜单　　D. 命令菜单

7）菜单设计器的“预览”按钮及“运行”菜单都可用来查看所设计菜单的结果，这两者的区别是________。

A. “预览”按钮所查看的菜单不能执行各菜单相应动作，而“运行”菜单则可以

B. “运行”菜单所查看到的菜单不能执行各菜单相应动作，而“预览”则可以

C. 两者都可以执行各菜单相应动作，只是显示结果不一样

D. 以上答案均错误

8）为表单建立快捷菜单时，调用快捷菜单的命令代码 DO mymenu. mpr，应该插入表单的________事件。

A. Init　　B. Load　　C. Click　　D. RightClick

2. 简答题

1）菜单可以分为几类？

2）如何用菜单设计器设计菜单？

3）如何生成快捷菜单？

第 12 章　学生信息管理系统开发实例

学习 Visual FoxPro,不仅仅是学习其基本操作和编程方法,更主要是能够用它开发出能实际应用的软件。在前面的各章节,读者已经学习了程序设计、表单、报表和菜单等功能的使用方法,但是如何使用这些功能开发一个完整的系统,则还需要进一步学习软件开发及应用程序构建和发布的方法。

本章通过一个实例——“学生信息管理系统”来介绍 VFP 数据库应用系统的开发过程,并将软件工程的一些重要知识融入其中。由于软件系统开发是一门很大的学科,知识面很广,本章只能求精求简,读者如果想深入学习,请阅读软件工程、数据库设计等方面的书籍。

12.1　数据库应用系统的开发步骤

要高效、准确地开发一个完整的数据库应用系统,一般需要从软件工程、数据库设计等方面来综合考虑问题。

一方面,由于系统开发是一个复杂的过程,因此必须有计划、有步骤的进行,传统的方法是使用瀑布模型,把系统开发过程划分为若干阶段,每一阶段的结果是下一阶段的基础,只有上一阶段的工作完成了,才能进入下一阶段的任务。

另一方面,由于系统中存放有大量的数据,因此必须参照数据库设计的范式理论,合理设计各个表的结构,减少数据冗余,提高存储和查询的效率。

本章使用的是传统的软件工程开发过程,它分为需求分析阶段、数据库设计阶段、应用程序设计阶段、软件测试阶段、应用程序生成和发布阶段及运行维护阶段。

1. 需求分析阶段

软件需求分析是软件开发生命周期的第一阶段,软件工程师所需解决的问题往往十分复杂。了解问题的本质可能是非常困难的,尤其是当系统是全新的时候。

需求分析的任务并不是确定系统应该怎样去实现,而仅仅是确定系统必须要完成哪些功能,也就是对目标系统提出准确、完整和规范化的要求。据统计,有大约一半的失败项目源于错误的需求分析。

需求分析就是对处理的对象进行系统调查,在完全弄清用户对新系统的确切要求后,用统一、规范的图表和书面语言表达出来,它是系统开发工作中最重要的环节之一。需求分析工作量很大,所涉及的业务、人、数据及信息都非常多。所以如何科学地组织和适当地着手开展这项工作是非常重要的。

为了更好地理解复杂的事务,人们通常采取建立事物模型的方法。软件的分析模型通常由一组模型组成,用数据流图、数据字典和功能结构图来描述。

2. 数据库设计阶段

在设计应用程序前,应该先组织好数据,一般都需要在系统中设置一个或多个数据库来完成。使用数据库可以带来不少好处,具体内容如下。

1）数据库按一定的逻辑结构存放大量数据，便于数据的集中统一管理，是实现系统数据集成的有效手段。

2）使用数据库的数据字典功能，可以设置库中各数据表的属性及表中各字段的属性。建立字段级、记录级规则，以及表间的操作完整性规则等，可以保证数据的安全性、一致性和可靠性。

3）在数据库中可以为多数据表建立永久关系，从而使这种关系在查询和视图中自动成为连接条件，并作为表单和报表的默认关系。同时，在其基础上能建立数据表之间的参照完整性。

数据库设计包括数据库的逻辑设计和物理设计两个步骤。一般先进行逻辑设计，再进行物理设计。

其中，数据库的逻辑设计的主要任务如下：

1）按照一定的规则将数据组织成一个或多个数据库，确定有多少个数据表，各表应包含的字段及其属性。

2）确定数据表的主关键字和其他关键字。

3）确定表之间的关系，并确定表间关联字段。

数据库的物理设计是用指定的数据库管理系统（DBMS）来创建和管理数据库及数据表，物理实现逻辑设计的内容。

3. 应用程序设计

在进行了需求分析和数据库设计两个阶段后，根据功能结构图，可以开始进行应用程序设计。目前，一般采用面向对象的方法进行程序设计。在设计过程中要考虑如何创建对象，利用对象来简化设计，并提高代码的可重用性。下面简要介绍 VFP 应用程序设计的步骤。

（1）创建自定义类

利用 VFP 的基类可以创建可靠的面向对象程序，也可以由用户来定义表单或控件的子类，为应用程序系统创建统一的，或具有独特风格的用户界面。此外，创建自定义类可以方便与简化应用程序的整体设计。

（2）用户界面设计

用户界面是与用户交流的主窗口，用户对系统的满意程度多数取决于界面功能是否完善友好。界面设计主要包括表单集、表单、菜单、工具栏及它们所包含的控件、命令菜单的设计。

一个对用户友好的数据库应用程序，大多需要提供一个菜单命令系统供用户选择执行操作；提供若干个表单界面供用户输入、浏览和修改数据；提供一些必要的操作提示和出错提示信息，并在用户操作失败后提供指引。

（3）编码

编码阶段主要是为定义的对象及控件编写事件过程代码，为方法程序添加代码。

（4）数据输出设计

数据输出可以是查询、报表、标签，也可以是通过 ActiveX 控件与其他 Windows 应用程序相互交换信息的模块。

（5）数据维护功能设计

一个功能完善的数据库应用系统应该包括数据库维护的功能，能够对数据库表及自由表的数据进行添加、删除或修改，对数据进行备份和还原。

4. 软件测试

在应用程序设计和创建的过程中,需要不断地对所设计的功能,包括菜单、表单、报表等模块进行测试。首先通过测试发现问题,然后再通过调试来纠正程序的错误,不断完善软件系统。

VFP 提供了专门的程序调试器,可以通过设置断点、跟踪程序运行等方式来测试程序,查找错误。启动程序调试器的方法是选择"工具"→"调试器"命令,或在命令窗口执行 DEBUG 命令。

在各功能模块通过测试后,就可以进行整个系统的综合测试,检查系统各方面是否达到预定的功能需求和性能要求。若不能满足要求,则需要重新回到前面的步骤再修改程序设计或需求分析。

5. 应用程序的生成和发布

一个应用程序设计完成后,为了将各个分别创建的程序模块有机地组合在一起,还必须将程序进行连编生成.EXE 文件,从而保证程序的完整性,同时还能增加程序的保密性。最后还需要对程序进行发布,制作成安装程序。

6. 运行维护

应用系统通过测试和试运行后,即可以投入实际运行。在实际运行的过程中,可能还会出现一些错误,或软件功能修改等情况,此时系统就必须进行一定的维护工作。因此,维护阶段就好比家电的保修阶段,是必不可少的。

12.2 学生信息管理系统的开发

12.2.1 需求分析

1. 背景概述

在当前信息技术迅猛发展的形势下,学生信息管理工作的信息化是十分重要的。使用计算机化的学生信息管理系统可以彻底改变目前学生信息管理工作的现状,能够提高工作效率,提供更准确、及时、适用和易理解的信息,能够从根本上解决手工管理中信息滞后、资源浪费等问题。

2. 系统功能模块划分

本系统主要用于管理学生的基本信息、课程及成绩信息,主要任务是对这些信息进行查询、添加、删除和修改操作。因此,本系统主要包括学生信息查询和学生信息维护两大部分。系统的功能划分为如下几大模块。

(1) 主界面模块

本模块提供学生信息管理系统的主菜单界面,供用户选择和执行各项任务。本模块中还应对进入本系统的操作人员进行用户名和密码的验证。

(2) 查询模块

本模块提供数据表信息的查询检索功能。包括学生基本信息查询、学生成绩查询、课程信息查询等子模块。对于学生信息查询,可以在输入学号后快速显示。

(3) 数据维护模块

本模块提供数据表信息的修改、添加、删除功能。包括学生基本信息表的维护、学生成绩表的维护及课程信息表的维护等子模块。

(4) 统计与报表模块

该模块提供各种统计信息与报表打印功能。

根据对以上功能模块的分析,再对上述功能进行模块化,从而得出系统功能模块图,如图 12－1 所示。

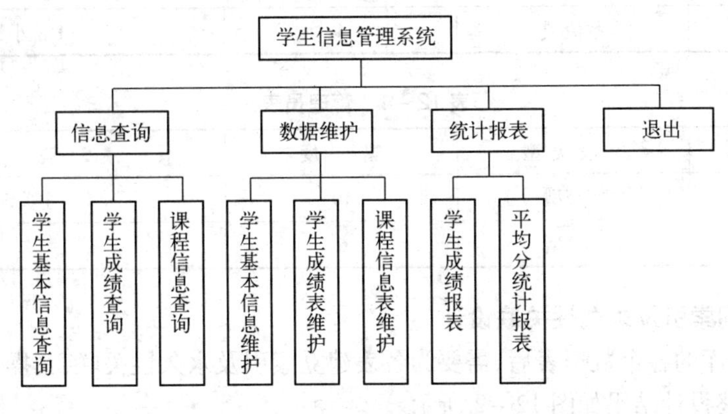

图 12－1　系统功能模块图

12.2.2　数据库设计

1. 数据库及数据表设计

根据项目需求分析及数据库设计原则,本系统需要创建一个学生信息数据库 Stu.dbc,并在该数据库中加入“学生表”、“课程表”、“成绩表”和“管理员表”4 张数据表。各数据表的结构如下:

表 12－1　学生表

字段名	字段类型	宽度	说明
学号	字符型	8	主关键字、建立索引
姓名	字符型	8	
性别	字符型	2	只能填“男”或“女”
专业	字符型	16	
民族	字符型	10	
年龄	整型	4	
团员否	逻辑型	1	
入学日期	日期型	8	

表 12－2　课程表

字段名	字段类型	宽度	说明
课程 id	字符型	8	主关键字、建立索引
课程名	字符型	20	
学分	整型	4	

表 12-3　成绩表

字段名	字段类型	宽度	说明
学号	字符型	8	外键,建立普通索引
课程 id	字符型	8	外键,建立普通索引
成绩	数值型	4	1 位小数位

表 12-4　管理员表

字段名	字段类型	宽度	说明
用户名	字符型	10	主关键字
密码	字符型	6	

2. 数据表间索引及永久性关联设计

创建好数据库的各个数据表后,需要为各表建立索引及永久性关联,其操作方法已在前面章节介绍过,最终设计结果如图 12-2 所示。

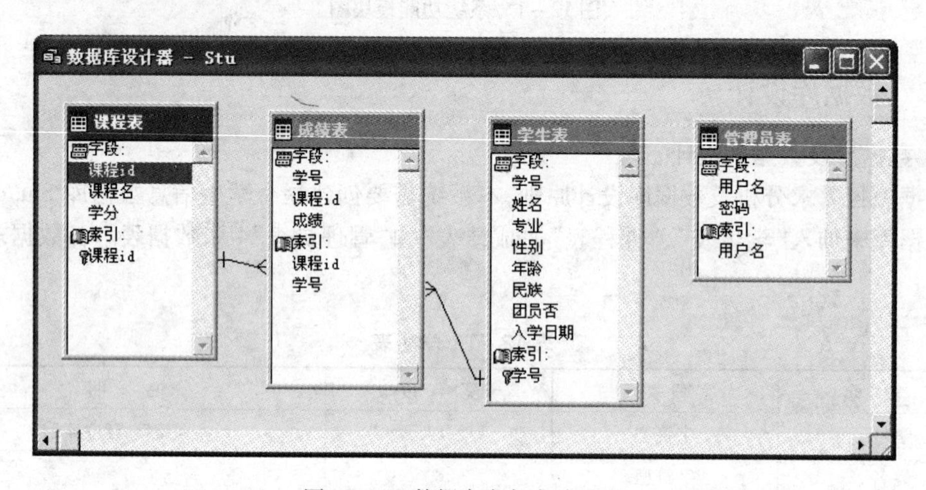

图 12-2　数据库中各表关系图

3. 数据库完整性设计

在数据库设计中,最后一步是对数据库的完整性规则进行定义,其定义结果如下。

1）为各个数据表中的一些关键字段设置为不允许为空值。

2）设置好成绩表中的“成绩”、学生表中的“年龄”等字段的取值范围。例如,成绩必须在 0~100 之间,“年龄”必须为 0~60 之间,“性别”必须为“男”或“女”。

3）为永久关联中各表的关联字段建立参照完整性。该操作可以保证数据表中数据的有效性和一致性。例如,成绩表中出现的“学号”必须是在学生表中存在。又如,如果要删除课程表中的某条记录,而该记录“课程 id”还出现在成绩表的某记录中,那么该次删除操作将不被允许。

选择“数据库”→“编辑参照完整性”命令,在弹出的对话框中按照图 12-3 所示的内容进行设置即可。

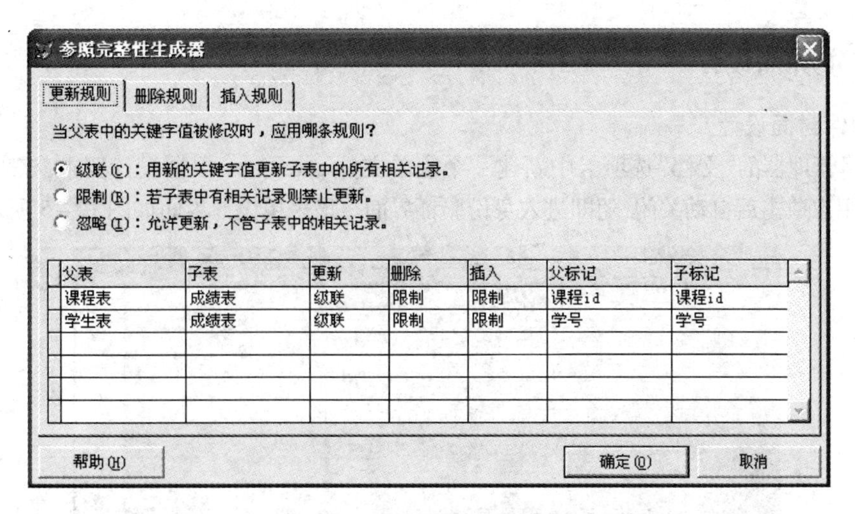

父表	子表	更新	删除	插入	父标记	子标记
课程表	成绩表	级联	限制	限制	课程id	课程id
学生表	成绩表	级联	限制	限制	学号	学号

图 12－3　参照完整性设置结果

12.2.3　创建项目及数据库

使用 VFP 开发包含较多文件和功能的系统时，一般都采用项目管理器来进行项目的管理。其创建项目的步骤如下：

1）创建一个用于存放系统所有相关文件的文件夹，如 E:\学生信息管理系统。

2）将 VFP 中的默认目录设置为以前创建的文件夹，如 E:\学生信息管理系统。

3）创建项目文件。选择“文件”→“新建”→“项目”命令，在弹出的“新建”对话框中选择新建项目文件。然后在弹出的对话框中选择好路径（如 E:\学生信息管理系统），并输入项目名（如 xsxxgl.pjx），最后单击“保存”按钮即可。

4）创建好项目后，出现“项目管理器”。选择“数据”→“数据库”项，然后可以单击“新建”按钮创建数据库，或者单击“添加”按钮，把已经创建好的数据库添加至项目中。添加数据库后的项目管理器如图 12－4 所示。

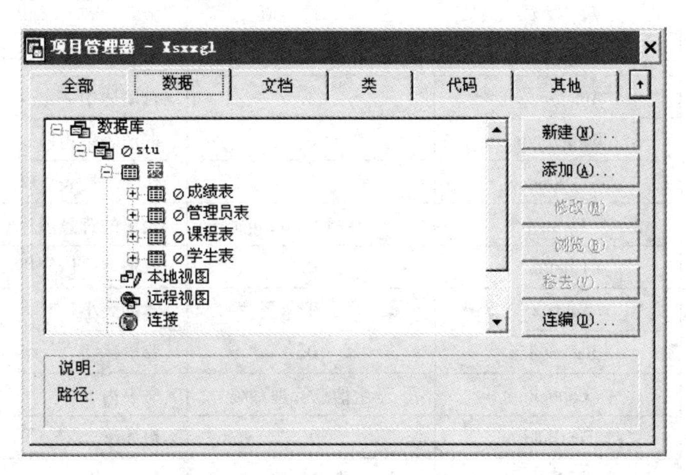

图 12－4　添加数据库后的项目管理器

12.2.4 主界面设计

1. 软件封面设计

在项目管理器的“文档”选项卡中新建一个表单文件 cover.scx，根据设计要求，该表单在运行 3 s后或在用户单击后自动关闭，随即进入身份验证界面。该表单设计界面如图 12 - 5 所示。

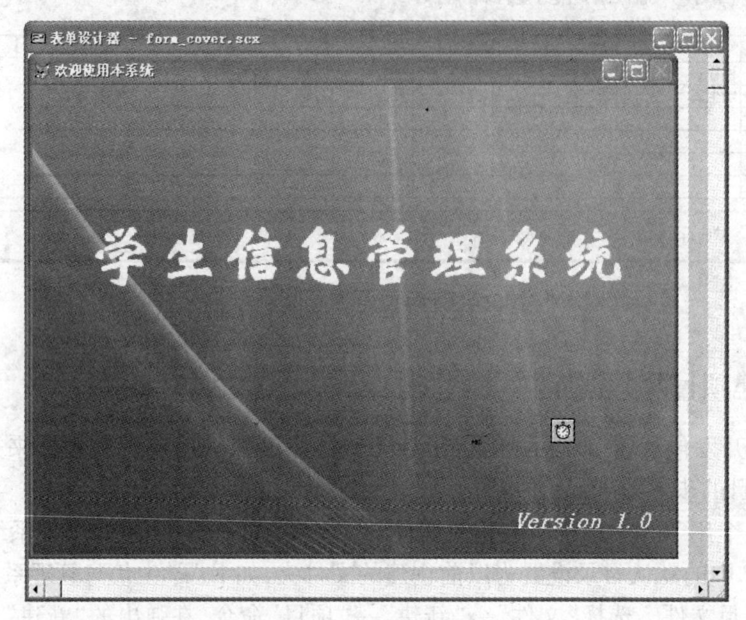

图 12 - 5 系统封面表单

其具体设计步骤如下：

1）为表单设置属性，并添加合适的控件，添加的控件及相关属性设置如表 12 - 5 所示。

表 12 - 5 “封面”表单控件属性设置

对　象	属　性	属 性 值	说　明
Form1	AlwaysOnTop	.T.	防止其他窗口遮住表单
	AutoCenter	.T.	自动居中
	BorderStyle	0	取消表单边框
	ShowWindow	2	作为顶层表单
	Picture	D:\VFP\cover.jpg	表单的背景图片
	TitleBar	0	取消表单标题栏
Label1	AutoSize	.T.	自动大小
	BackStyle	0	背景透明
	Caption	学生信息管理系统	文字内容
	FontBold	.T.	粗体
	FontName	华文新魏	
	FontSize	48	
	ForeColor	255,255,255	字体颜色

（续）

对　　象	属　　性	属 性 值	说　　明
Label2	AutoSize	. T.	自动大小
	BackStyle	0	背景透明
	Caption	Version 1.0	文字内容
	FontBold	. T.	粗体
	FontItalic	. T.	斜体
	FontName	宋体	
	FontSize	16	
	ForeColor	255,255,128	字体颜色
Timer1	Interval	3000	事件间隔时间 3 s

2）为了使封面表单在显示 3 s 之后自动关闭，并进入身份验证表单，必须为 Timer1 控件的 Timer event 添加如下代码。

```
thisform. release
do form form_login. scx      && form_login. scx 是身份验证表单的文件名
```

3）为了使用户在封面表单上单击后能自动关闭，并进入身份验证表单，必须为 Form1 的 Click event 添加如下代码。

```
thisform. release
do form form_login. scx
```

4）保存表单。

2. 身份验证模块设计

身份验证表单(form_login. scx)用于对登录用户进行身份验证，在输入正确的用户名及密码后，才能进入使用信息管理系统。表单运行界面如图 12－6 所示。

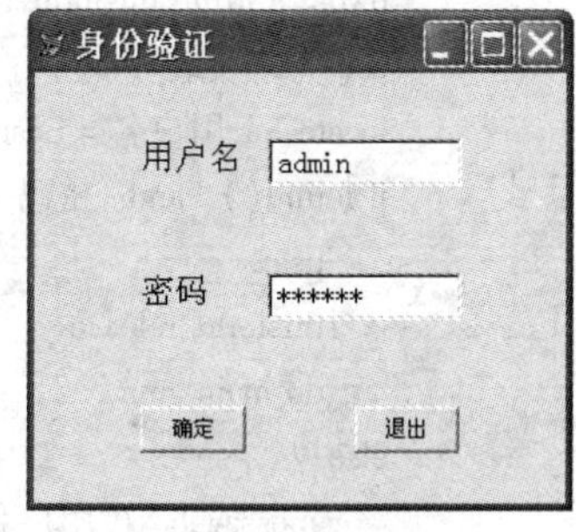

图 12－6　身份验证表单

其具体设计步骤如下：

1）为表单设置属性，并添加合适的控件，添加的控件及相关属性的设置如表 12－6 所示。

表 12－6　"身份验证"表单控件属性设置

对　　象	属　　性	属 性 值	说　　明
Form1	AlwaysOnTop	. T.	防止其他窗口遮住表单
	AutoCenter	. T.	自动居中
	Caption	身份验证	
	Closable	. F.	禁止窗口的关闭按钮
	ControlBox	. F.	关闭窗口的控制菜单图片
	MaxButton	. F.	禁止窗口的最大化按钮
	MinButton	. F.	禁止窗口的最小化按钮
	ShowWindow	2	作为顶层表单

(续)

对　象	属　性	属 性 值	说　明
Label1	AutoSize	. T.	自动大小
	Caption	用户名	文字内容
	FontSize	14	
Label2	AutoSize	. T.	自动大小
	Caption	密码	文字内容
	FontSize	14	
Text1	FontSize	12	
Text2	FontSize	12	
	PasswordChar	*	显示密码占位符
Command1	Caption	确定	
Command2	Caption	退出	

2）为 Command1 的 Click event 添加如下代码。

```
Lname = alltrim(thisform. text1. value)
pwd = alltrim(thisform. text2. value)
use 管理员表                          && 打开管理员表
locate for 用户名 = Lname
if found() . and. 密码 = pwd
    use                               && 登录成功,关闭数据表
    thisform. release                 && 关闭当前表单
    do main. mpr                      && 执行主菜单程序
else
    messagebox("用户名或密码错误,请重新输入!",0,"错误")
    thisform. text2. value = ""
    use
endif
```

3）为 Command2 的 Click event 添加如下代码。

```
answer = messagebox("是否确定要退出系统",4 + 32,"确定")
if answer = 6              && 如果用户单击了“确定”按钮
    thisform. release
    quit
else
    thisform. text1. setfocus
endif
```

4）保存表单。

12.2.5　信息查询模块设计

信息查询模块的主要任务是完成各种数据信息的查询,包括“学生基本信息查询”、“学生

成绩查询”和“课程信息查询”3 个子模块。需要为它们分别设计 3 个表单，分别为 form_query1. scx、form_query2. scx 和 form_query3. scx。由于 3 个表单的功能及结构类似，在此仅介绍“学生基本信息查询”表单的创建。表单运行界面如图 12－7 所示。

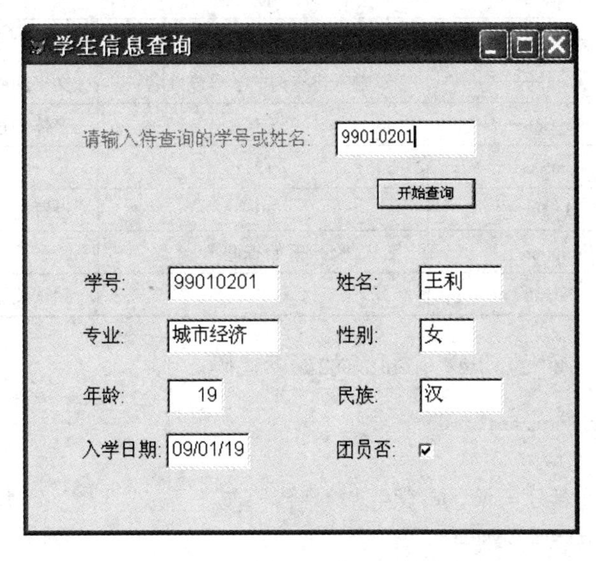

图 12－7　学生基本信息查询表单

其具体设计步骤如下：

1）为表单 form1 设置如下属性。

```
Caption = 学生基本信息查询
```

2）选择“表单”→“快速表单”命令，通过弹出如图 12－8 所示的“表单生成器”，可以快速地把学生信息表的字段添加入表单中。其中，字段名会转换成标签，字段内容会转换成编辑栏。自动转换后，字段与对应的表单控件是数据绑定的。

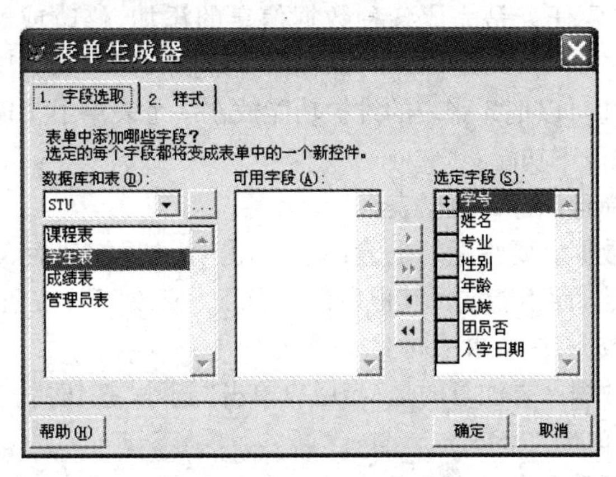

图 12－8　表单生成器

3）对生成的标签及编辑栏进行布局调整。

4）由于该表单只提供查询作用，并不需要数据修改功能，因此要把所有生成的编辑栏的 ReadOnly 属性设置为 . T. 。

5）在表单上添加剩下的控件，添加的控件及相关属性的设置如表 12－7 所示。

表 12－7 “学生信息查询”表单控件属性设置

对　象	属　性	属 性 值	说　明
Label1	AutoSize	.T.	自动大小
	Caption	请输入待查询的学号或姓名：	文字内容
	ForeColor	255,0,0	字体颜色
	FontSize	12	
Text1	Height	30	设置控件高度
Command1	Caption	开始查询	
	Default	.T.	默认按钮

6）为 Command1 控件的 Click event 添加如下代码。

```
sno = alltrim(thisform.text1.value)
scan
    if 学生表 . 学号 = sno .or. 学生表 . 姓名 = sno
        thisform.text1.value = ""
        thisform.refresh
        return
    endif
endscan
messagebox("该学生不存在!",0,"查找失败")
```

7）保存表单。

12.2.6 数据维护模块设计

数据维护模块的主要任务是完成各种数据信息的添加、修改或删除等操作。需要实现“学生基本信息维护”、“学生成绩维护”和“课程信息维护”3 个子功能。由于对 3 个数据表的数据维护功能相似，因此可以把 3 张表的维护功能放在一个表单中实现。

该表单应该能实现以下功能：

1）能够让用户选择维护什么数据表。

2）用户能够添加数据。要注意的是，当用户单击“添加”按钮后，只能选择“保存”或“放弃”按钮保存修改的内容，而不能选择其他（如“删除”、“修改”等）按钮，以免误操作。

3）用户能够修改数据，注意事项同上。

4）用户能够删除数据。要注意的是，当用户单击“删除”按钮后，应该能弹出一个对话框让用户确认，以免误操作。

5）用户能手动刷新数据表。

根据以上分析，建立数据维护表单（maintenance.scx），表单设计界面如图 12－9 所示。

其具体设计步骤如下：

1）为表单设置属性，并添加合适的控件，添加的控件及相关属性的设置如表 12－8 所示。

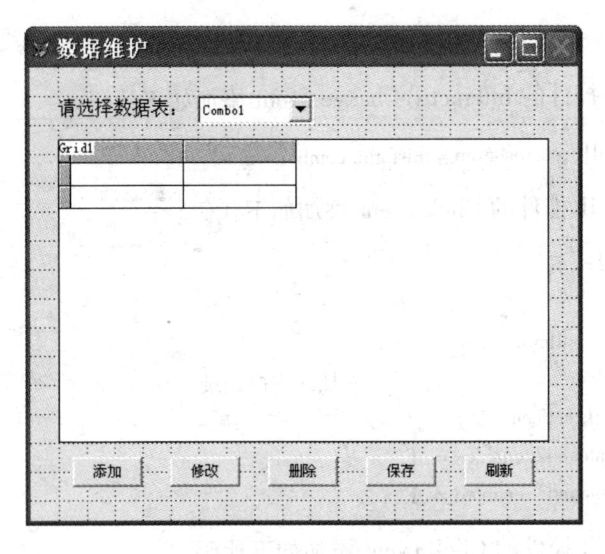

图 12-9　数据维护表单

表 12-8　“数据维护”表单控件属性设置

对　　象	属　　性	属 性 值	说　　明
Form1	Caption	数据维护	
Label1	AutoSize	.T.	自动大小
	Caption	选择数据表:	
Command1	Caption	添加	
Command2	Caption	修改	
Command3	Caption	删除	
Command4	Caption	保存	
Command5	Caption	刷新	
Grid1	AllowAddNew	.T.	允许添加新记录
	DeleteMark	.F.	在表格中不显示删除标记
	ReadOnly	.T.	表格只读
	RecordSourceType	1	设置数据源以别名打开方式
Combo1	Style	2	下拉列表框方式

2）为 Form1 控件的 Init event 添加如下代码。

```
public state                          && 添加全局变量,用来记录当前用户的操作状态,其中0表
                                      && 示初始状态;1表示正在添加数据;2表示正在修改数据
this.combo1.additem("学生表")         && 为组合框添加数据项
this.combo1.additem("课程表")
this.combo1.additem("成绩表")
this.combo1.additem("管理员表")
this.combo1.value ="学生表"
state =0                              && 初始化操作状态变量
```

```
this. grid1. recordsource = "学生表"      && 表单初始显示学生表的内容
```

3）为 Combo1 控件的 InteractiveChange event 添加如下代码。

```
thisform. grid1. recordsource = thisform. combo1. value
```

4）为 Command1 控件的 Click event 添加如下代码。

```
this. enabled = . F.
state = 1
thisform. grid1. allowaddnew = . F.
append blank                      && 插入空白记录
thisform. grid1. setfocus
thisform. command2. enabled = . F.
thisform. command3. enabled = . F.
```

5）为 Command2 控件的 Click event 添加如下代码。

```
this. enabled = . F.
state = 2
thisform. grid1. allowaddnew = . F.
thisform. grid1. readonly = . F.
thisform. command1. enabled = . F.
thisform. command3. enabled = . F.
```

6）为 Command3 控件的 Click event 添加如下代码。

```
answer = Messagebox("真的要删除当前记录吗?",4 + 32,"确认删除")
if answer = 6
    delete
    pack
endif
thisform. refresh
```

7）为 Command4 控件的 Click event 添加如下代码。

```
if state = 1 . or.  state = 2          && 如果以前正处于添加或修改状态
    flush                              && 将表中的数据存入磁盘
endif
thisform. command1. enabled = . T.
thisform. command2. enabled = . T.
thisform. command3. enabled = . T.
thisform. grid1. readonly = . T.
thisform. grid1. allowaddnew = . T.
```

8）为 Command5 控件的 Click event 添加如下代码。

```
thisform. refresh
```

9）保存表单。

12.2.7　统计报表模块设计

1. 学生成绩报表

学生成绩报表用于打印出每位学生的每门课程的成绩。其具体设计步骤如下：

1）在项目管理器中新建一个报表文件(rep_score.frx)。将学生表、成绩表和课程表添加至报表的数据环境中，并建立关联。

2）利用报表控件工具栏在报表设计器中添加标签、直线等内容，再从数据环境中把相应的字段拖动到细节带区，调整好各个控件的布局，最后为“页注脚”带区添加一个域控件，表达式为“页码”+alltrim(str(_pageno))，得到如图12-10所示的报表设计器样式。

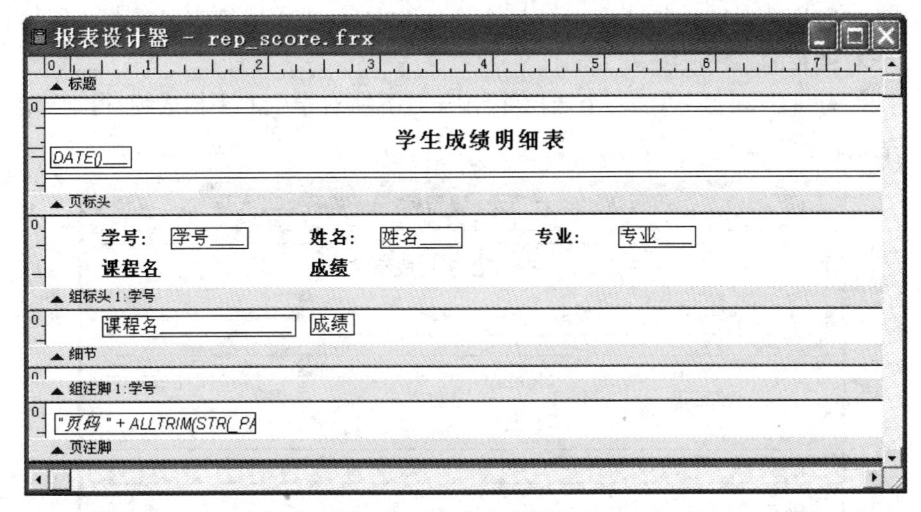

图12-10　学生成绩报表

报表的预览效果如图12-11所示。

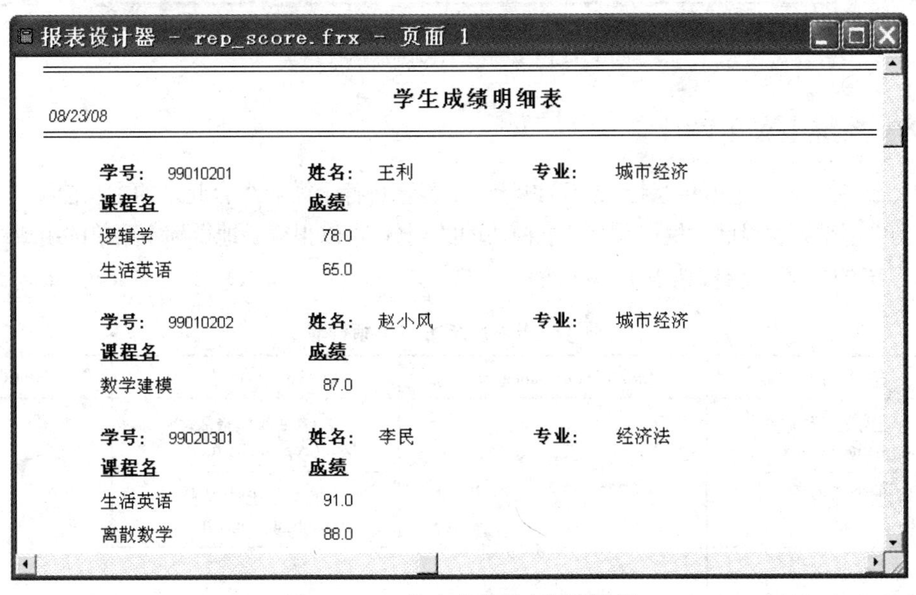

图12-11　学生成绩报表预览效果

2. 平均分统计报表

平均分统计报表用于统计出每位学生的平均成绩。其具体设计步骤如下：

1）在项目管理器中新建一个报表文件 rep_average. frx。将学生表、成绩表添加至报表的数据环境中，并建立关联。

2）在报表设计器中，选择"报表"→"标题/总结"命令，选中"总结带区"复选框，单击"确定"按钮，添加总结带区。

3）在报表设计器中，选择"报表"→"数据分组"命令，将分支表达式设置为学生表．学号，按学号进行分组。

4）利用报表控件工具栏，在报表设计器中相应位置添加标签、直线等内容，再从数据环境中把相应的字段拖动到细节带区，调整好各个控件的布局，其中成绩字段需要分组计算，得出每个学号所有课程的平均成绩。

5）最后，为"总结带区"添加一个域控件，用于计算所有学生的平均成绩，得到如图 12－12 所示的报表设计器样式。

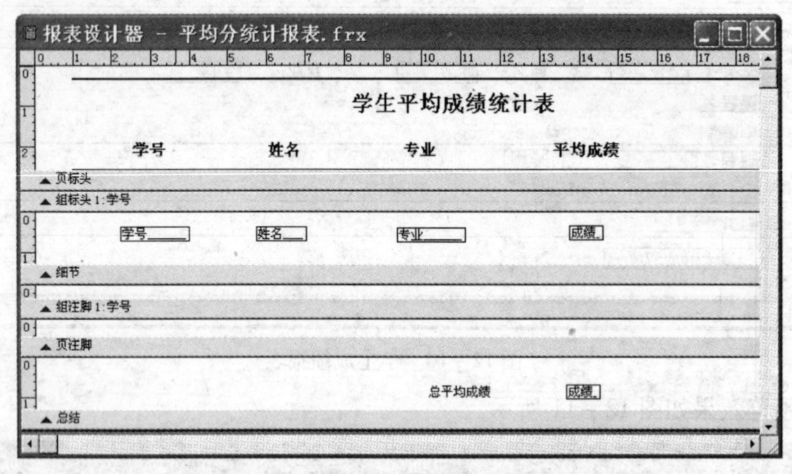

图 12－12　学生平均成绩统计报表

12.2.8　系统主菜单设计

在完成各个功能模块的设计后，应该设计一个能够将各个模块组合起来的主功能菜单，形成一个完整的应用系统主界面。根据系统功能模块图的划分，可以很容易地得到主菜单的组成结构。

本系统的主菜单结构如表 12－9 所示。

表 12－9　系统主菜单结构表

查　询	维护(maintenance. scx)	统 计 报 表	退出(Quit)
学生信息查询 (form_query1. scx)		学生成绩报表 (rep_score. frx)	
学生成绩查询 (form_query2. scx)		平均分统计报表 (rep_average. frx)	
课程信息查询 (form_query3. scx)			

其具体设计步骤如下：

1）在项目管理器中选择“其他”选项卡，然后选择新建菜单，弹出的菜单设计器。

2）把表 12－9 的内容填入菜单设计器中，如图 12－13 和图 12－14 所示。

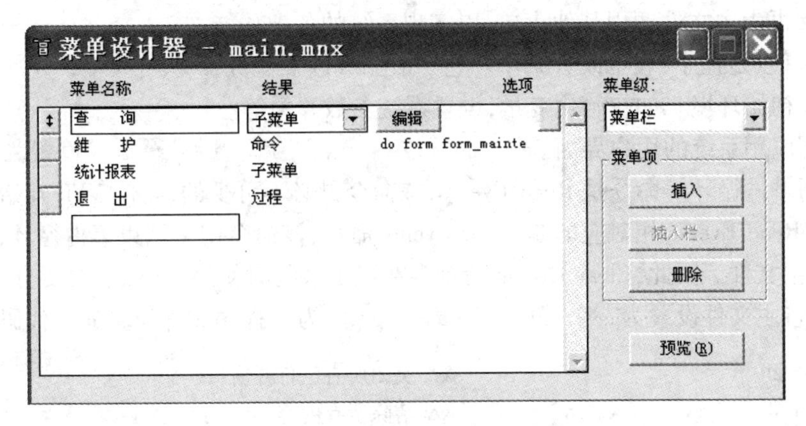

图 12－13 菜单设计器——主菜单

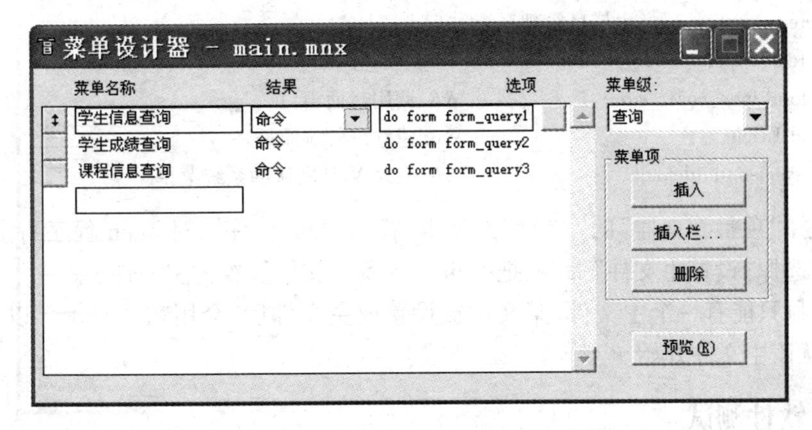

图 12－14 菜单设计器——查询子菜单

其中，“结果”栏为“子菜单”，表示该层菜单下还有下一级子菜单；而“结果”栏为“命令”，则表示单击该选项会执行一条命令。

命令的内容可以是运行某表单，如“do form maintenace. scx”，也可以是运行某报表，如“report form rep_score. frx”。

3）由于“退出”菜单项为一个过程，因此需要把“退出”菜单项的“结果”栏设置为“过程”。并为该过程添加如下代码。

```
clear
close all
clear events          && 结束事件循环，与主程序的 Read Events 命令相对应
quit
```

4）保存文件，文件名为 main. mnx。

5）建立菜单文件后，选择“菜单”→“生成”命令，生成菜单程序文件为 main. mpr。

12.2.9 建立主程序

一个数据库应用系统一般由若干个表单、程序、菜单等组成。运行系统时，首先运行的是主文件，然后再由主文件调用其他表单，以实现系统的各项功能。

主文件可以是程序、表单或者菜单。它一般完成以下任务：

1）设置初始环境。如初始化变量，设置系统参数开关等。

2）调用应用系统的用户界面。

3）控制事件循环。命令是 Read Events，该命令是必不可少的，它使 VFP 开始处理各种用户事件。与 Read Events 相对应的是 Clear Events 命令，该命令用于结束事件循环，将系统的控制权反还到主文件。因此，Clear Events 命令多在退出系统时使用。

本系统将主文件设置为一个程序文件 main. prg。为该程序文件设置如下代码：

```
close all                          && 关闭所有已打开窗口
clear all                          && 清除所有内容
set talk off
_screen. caption ="学生信息管理系统"
_screen. visible =. F.
do form form_cover. scx            && 调用封面窗口
Read Events                        && 建立事件响应循环
set sysmenu to default             && 恢复 VFP 默认的系统菜单
```

最后选择“项目管理器”的“代码”选项卡，找到 Main 程序。对 Main 程序右击，在弹出的快捷菜单中选择“设置主文件”命令，把 main. prg 程序文件设置为主文件。

每个项目只能有一个主文件，某文件被设置成主文件后，会用粗体显示。以后要运行系统，都会先从该主文件开始。

12.2.10 软件测试

在应用程序设计和创建的过程中，需要不断地对所设计的功能，包括菜单、表单和报表等模块进行测试与调试，也称为模块测试阶段。该阶段所发现的往往是编码和详细设计的错误。

模块测试完成后，需要把经过测试的模块放在一起形成一个子系统来测试。检查模块相互间的协调和通信功能是否正常，该阶段的测试称为子系统测试。

子系统测试完毕后，需要把各子系统装配成一个完整的系统来测试，此时发现的往往是软件设计中的错误，也可能发现需求说明中的错误。

最后再经过验收测试，确认系统能够满足用户的需要。该阶段的测试也称为确认测试。

关系重大的软件产品，在验收后往往并不立即投入生产性运行，而是同时运行新开发出来的系统和将被它取代的旧系统，以便比较新旧两个系统的处理结果，这个阶段称为平行运行阶段。

软件测试中所用到的关键技术主要有白盒测试技术与黑盒测试技术。由于受本书篇幅所限，在此不进行详细介绍，读者如果想深入学习，请阅读软件工程方面书籍。

12.3 应用程序的生成与发布

12.3.1 应用程序的生成

当一个项目的各个模块设计完成并经过测试后,需要对它们进行连编工作。连编就是把一个项目文件所管理的所有文件编译并连接成一个应用程序文件。连编生成的应用程序文件可以是扩展名为 APP 或 EXE 的文件。

其中,扩展名为 APP 的文件,只能在安装有 VFP 系统的环境中运行;而扩展名为 EXE 的文件,则可以摆脱这个限制,在 Windows 中独立运行,而且运行的速度也相对较快,但缺点是,文件相对较占系统空间。

在项目管理器中单击"连编"按钮,将会弹出"连编选项"对话框,如图 12-15 所示。

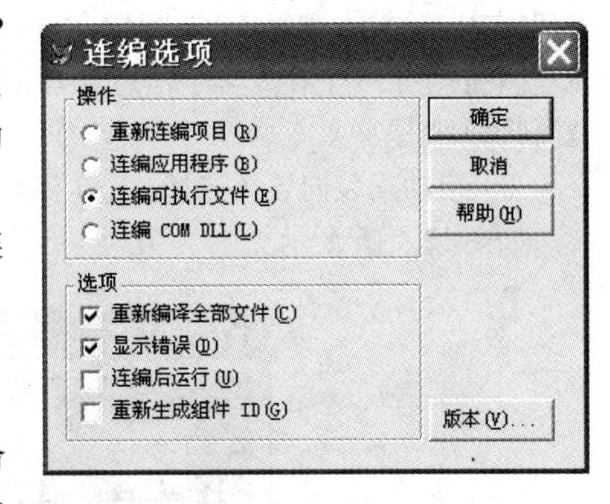

图 12-15 "连编选项"对话框

对该对话框的选项进行具体说明如下。

1. **"操作"选项组**

- 重新连编项目:该选项对应于 Build Project 命令,用于编译项目中所有文件,并生成扩展名为 PJX 和 PJT 的文件。
- 连编应用程序:该选项对应于 Build App 命令,用于连编项目,并生成扩展名为 APP 的程序文件,该文件只能在 VFP 的环境中运行。
- 连编可执行文件:该选项对应于 Build Exe 命令,用于连编项目,并生成扩展名为 EXE 的可执行文件。该文件可以在 Windows 系统中独立运行。
- 连编 COM DLL:使用项目文件中的类信息,创建一个扩展名为 DLL 的动态链接库文件。该选项一般用得较少。

2. **"选项"选项组**

- 重新编译全部文件:重新编译项目中的所有文件,并对每个源文件创建其对象文件。
- 显示错误:连编完成后,在一个编辑窗口中显示编译时的错误。
- 连编后运行:连编应用程序后,指定是否运行它。
- 重新生成组件 ID:安装并注册包含在项目中的自动服务程序(Automation Server)。该选项一般用得较少。

3. **"版本"按钮**

单击该按钮,将显示"EXE 版本"对话框,允许您指定版本号及版本类型。当从"连编选项"对话框中选择"连编可执行文件"或"连编 COM DLL"时,该按钮出现。

在本应用系统开发实例中,选择生成 EXE 可执行文件,选择参数内容如图 12-15 所示,得到 xsxxgl. EXE 文件。

12.3.2 应用程序的发布

现在,我们平时用到的各种各样的软件一般都带有安装程序,如 QQ、Photoshop 等软件,从而使用户能够方便地把这些软件安装到自己的计算机中。VFP 也提供了制作安装程序,这样的应用程序发布功能。

利用 VFP 提供的应用程序安装向导,可以十分方便地创建用于发布应用程序的安装盘。其操作步骤如下:

1)连编项目。连编生成一个可单独执行的 EXE 文件。

2)创建发布树目录。发布树目录是用来存放用户运行应用系统所需要的全部文件的,该目录及其子目录下的文件将会被压缩到安装盘映像文件中。

首先需要本地计算机中创建一个目录作为发布树目录。然后把应用系统所需的文件复制到发布树目录中,数据文件、图像文件最好分别放在不同的子目录下,方便整理。本例中,在 E:盘下创建了一个存放学生信息管理系统的发布树目录 XSXXGL,并把所有需要用到的文件复制到该目录中。

3)启动安装向导。选择“工具”→“向导”→“安装”命令,打开“安装向导”对话框(步骤1),如图 12-16 所示。

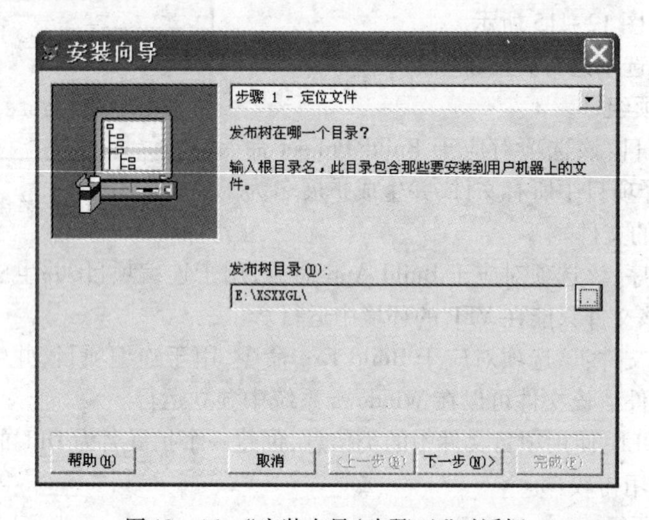

图 12-16 “安装向导(步骤1)”对话框

单击“...”按钮,可以选择一个目录作为发布树目录,本例选择“E:\XSXXGL”目录。选择好目录后,单击“下一步”按钮进入安装向导步骤 2,如图 12-17 所示。

4)指定组件。在该对话框中列出了应用程序需要用到的组件。第一项“Visual FoxPro 运行时刻组件”是必选的,因为“命令按钮”和“文本框”等控件都属于该类组件。其他项组件就看实际情况了,如果在应用程序中用到了 ActiveX 控件,那么第五项“ActiveX 控件”就需要选上;如果应用程序使用了 ODBC 连接远程数据源,那么第三项“ODBC 驱动程序”也应该选上。本例的设置如图 12-17 所示。

完成选择后,单击“下一步”按钮进入安装向导步骤 3,如图 12-18 所示。

5)磁盘映像。在该步骤中,需要选择一个目录作为发布子目录,用于保存指定类型的磁盘映像。首先在磁盘映像目录中指定一个已经存在的目录,根据实际的安装需要选择“磁盘映像”栏内的选项。本例的设置如图 12-18 所示。

完成选择后,单击“下一步”按钮进入安装向导步骤 4,如图 12-19 所示。

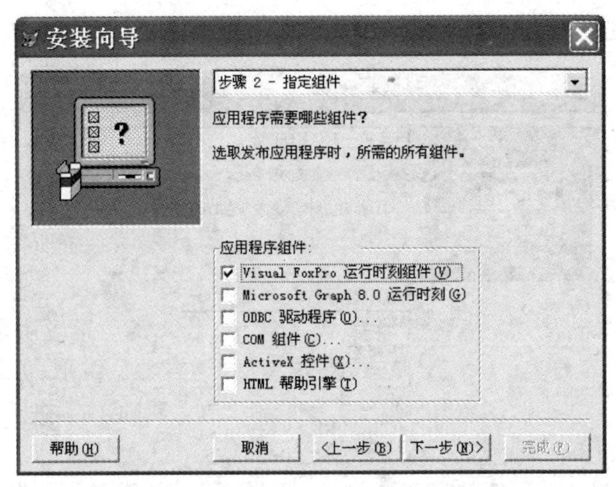

图 12－17　“安装向导(步骤 2)”对话框

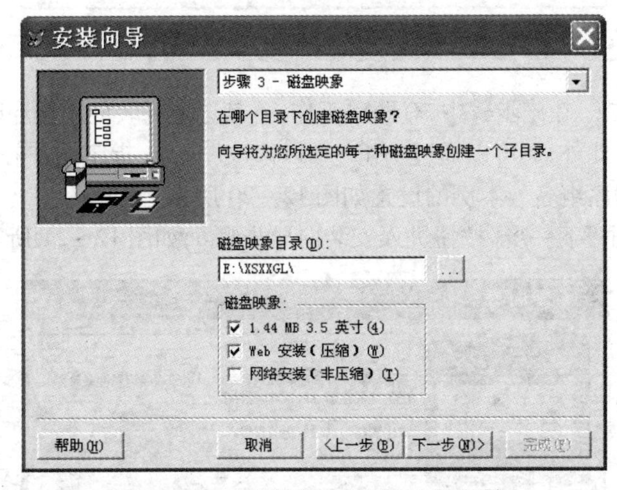

图 12－18　“安装向导(步骤 3)”对话框

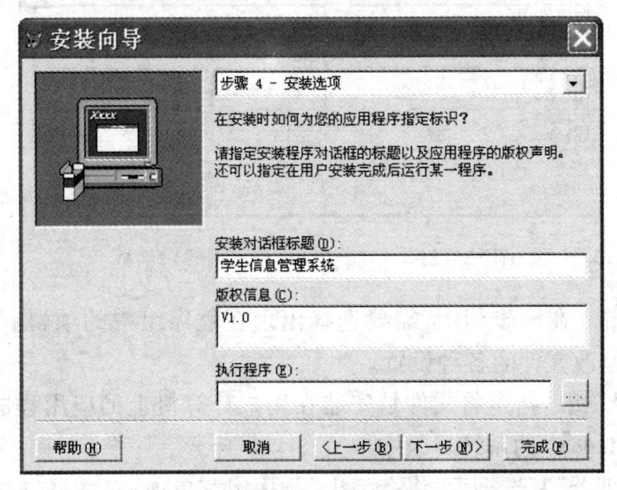

图 12－19　“安装向导(步骤 4)”对话框

6）安装选项。在该步骤中，可以设置安装程序的标题、版权信息等内容，还可以在“执行程序”框中指定一个在安装工作完成后立即运行的程序，本例的设置如图 12－19 所示。

完成选择后,单击“下一步”按钮进入安装向导步骤5,如图12-20所示。

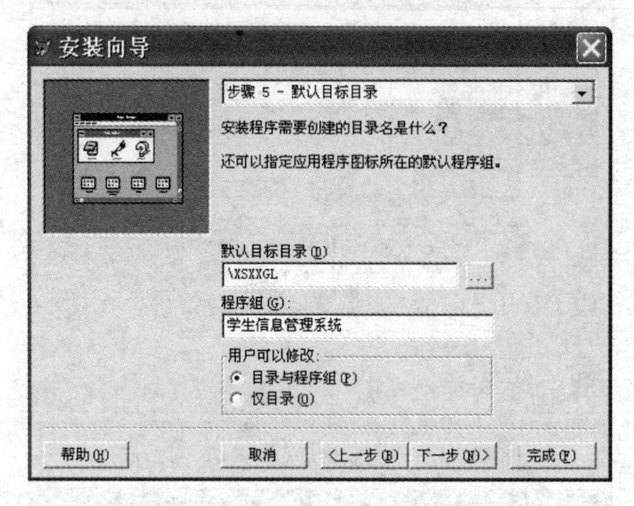

图12-20 “安装向导(步骤5)”对话框

7）默认目标目录。在该步骤中,有两项工作:一是选定安装应用程序时的默认目录,二是输入程序组的名称。此外,还可以通过“用户可以修改”选项,指定用户在安装程序时是否可以自行修改目录及程序组名。本例的设置如图12-20所示。

完成选择后,单击“下一步”按钮进入安装向导步骤6,如图12-21所示。

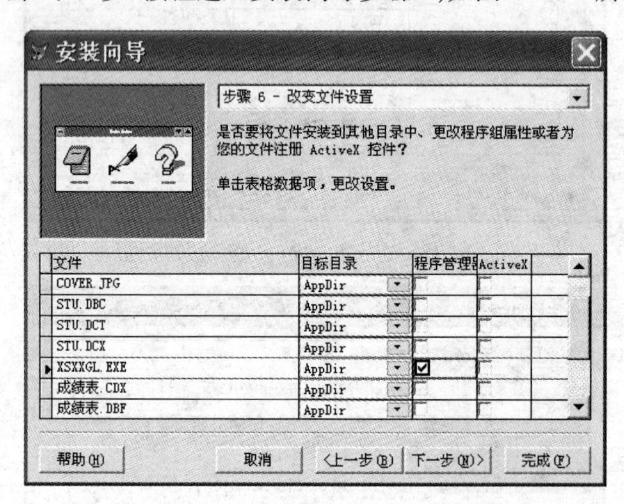

图12-21 “安装向导(步骤6)”对话框

8）改变文件设置。在该步骤中,需要选择出现在程序组中的项目。该对话框有一个表格,用户可以在上面修改文件的各种设置。

其中,“目标目录”用于指定将文件是安装在用户计算机上的应用程序目录中,还是Windows目录中,或是Windows的系统目录中。

在选中“程序管理器”复选框后,将会弹出“程序组菜单项”对话框,如图12-22所示。从中可以指定程序项属性说明、命令行及图标等属性。在本例中,为XSXXGL.EXE文件设置如图12-22所示的属性。

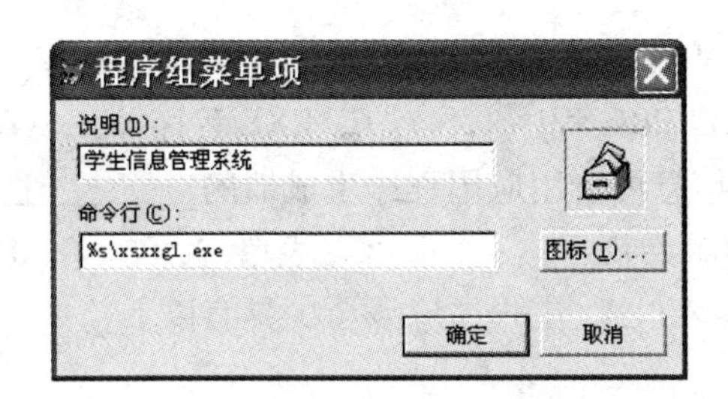

图 12-22 "程序组菜单项"对话框

"ActiveX"复选框用于在用户计算机上注册 ActiveX 控件。

完成选择后,单击"下一步"按钮进入安装向导步骤 7。

9) 完成。在该步骤中,如果以前在"步骤 3 磁盘映像"对话框中选择了"Web 安装(压缩)"复选框,则在此需要选中"生成 Web 可执行文件"复选框。最后,单击"完成"按钮即可。

在完成程序发布后,会弹出一个信息统计报告,如图 12-23 所示。

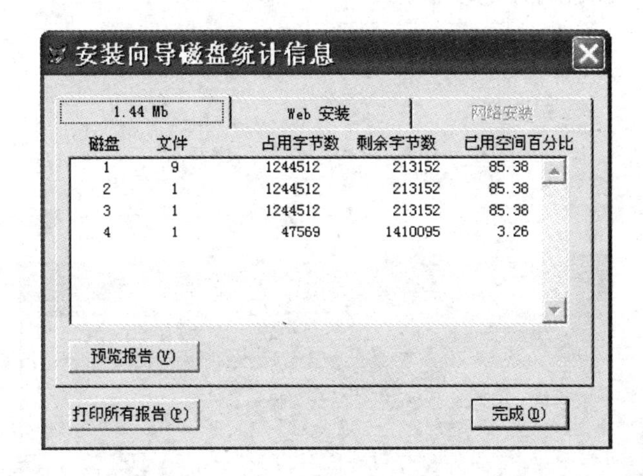

图 12-23 "安装向导磁盘统计信息"对话框

在磁盘映像目录中,可以看到目录 disk144 及 WebSetup 目录。其中,disk144 目录中的每个子目录可以分别复制到一个软盘上,安装从第一张盘开始;而 WebSetup 目录,则可直接运行 setup. exe 文件即可。

习 题 十 二

1. 单选题

1) 把一个项目编译成一个应用程序时,下面的叙述正确的是________。

A. 所有项目文件将组合为一个单一的应用程序文件

B. 所有项目包含文件将组合为一个单一的应用程序文件

C. 所有项目排除文件将组合为一个单一的应用程序文件

D. 由用户选定的项目文件将组合为一个单一的应用程序文件

2) 单击项目上的"连编"按钮,可以生成________文件。

A. . BAT　　B. . DAT　　C. . APP　　D. . SCX

3）连编后，可以脱离 Visual FoxPro 环境独立运行的程序是________。

A. APP 程序　　B. PRG 程序　　C. EXE 程序　　D. FXP 程序

4）设置版本、版权等信息可选用应用程序生成器的________选项卡。

A. 信息　　B. 常规　　C. 表单　　D. 数据

5）作为整个应用程序入口点，主程序应该至少具有以下________功能

A. 初始化环境

B. 初始化环境、显示和初始化用户界面

C. 初始化环境、显示和初始化用户界面，控制事件循环

D. 初始化环境、显示和初始化用户界面，控制事件循环、退出时恢复环境

2. 简答题

1）简述建立应用程序的一般步骤。

2）应用程序文件(. APP)与可执行文件(. EXE)有何区别？

3）简述连编一个应用程序的步骤。